机载通信导航设备测试与仪器

李文海 刘勇 唐曦 等编著

国防工业出版社

·北京·

内 容 简 介

本书介绍了机载通信导航设备的测试原理及相关通用、专用测试仪器。本书内容力求先进，突出概念和工程实用；论述力求深入浅出，条理清晰，便于理解。全书共分四部分：第一部分介绍机载通信导航设备的概念及典型设备；第二部分阐述典型机载通信导航设备的测试原理；第三部分介绍机载通信导航设备测试所需的通用仪器；第四部分介绍机载通信导航设备测试所需的典型专用测试仪器。

本书可作为从事装备测试诊断、维护保障以及计量检定等相关工作人员的培训或自学教材，也可作为高等院校仪器科学与技术、电子信息工程等专业师生的教学参考书。

图书在版编目(CIP)数据

机载通信导航设备测试与仪器/李文海等编著．
—北京：国防工业出版社，2024.9．—ISBN 978-7-118-13391-2

Ⅰ．V241

中国国家版本馆 CIP 数据核字第 2024NK1161 号

※

国防工业出版社出版发行
（北京市海淀区紫竹院南路 23 号　邮政编码 100048）
北京虎彩文化传播有限公司印刷
新华书店经售

*

开本 710×1000　1/16　印张 19¾　字数 354 千字
2024 年 9 月第 1 版第 1 次印刷　印数 1—1500 册　定价 156.00 元

（本书如有印装错误，我社负责调换）

国防书店：(010)88540777　　书店传真：(010)88540776
发行业务：(010)88540717　　发行传真：(010)88540762

前　言

　　机载通信导航设备是机载航空电子系统的重要组成部分，主要用于完成飞机与外界的通信、数据传输，飞机的导航和进场着陆引导，以及空中交通管制等任务。本书是根据装备维护保障工作中对机载通信导航设备的测试、测量以及相关知识的具体要求进行编写的，力求贴近装备维护保障的实际需求，紧跟电子信息技术的发展，使读者更好地了解和掌握机载通信导航设备的测试原理和测试方法，熟悉测试中用到的通用仪器和专用仪器的基本原理及使用方法，培养读者在科学实验和装备维护保障过程中正确选择相应的测量仪器仪表，制定合理可行的测试、测量方案，正确处理测量数据并获得最佳测试结果的能力。通过具体仪器原理的分析及操作使用，可以提高读者理论联系实际、分析问题、解决问题及独立解决工作中遇到的问题的能力，适应装备维护保障工作及人才培养的要求。

　　本书的内容由4大部分组成。

　　第1部分是机载通信导航设备介绍，对应本书第1章内容，主要包括通信导航系统的基本概念，以及机载超短波电台、机载短波电台、机载无线电罗盘、无线电高度表、微波着陆机载设备、塔康机载设备等与测试有关的主要技术指标及工作原理。

　　第2部分是机载通信导航设备测试原理，对应本书第2章内容，从装备维护保障中对装备进行功能性能测试的角度对典型通信导航设备的测试原理进行分析，具体包括机载超短波电台的测试原理、机载短波电台的测试原理、机载无线电罗盘的测试原理、无线电高度表的测试原理、微波着陆机载设备的测试原理、塔康机载设备的测试原理。在对测试原理进行分析的同时，重点介绍与维护保障工作相关的各机载设备的测试项目、所需的测试资源以及每个测试项目的具体测试方法与测试步骤。

　　第3部分是机载通信导航设备测试所需的通用测试资源，对应本书第3章内容，主要包括数字多用表、信号发生器、示波器、频谱分析仪、功率计、频率计等内容,重点介绍各仪器的主要技术指标、工作原理及典型使用方法,并结合具体工程实践,介绍各通用测试仪器中典型仪器的技术指标。

第4部分是机载通信导航设备测试所需的专用测试资源,对应本书第4章内容,包括无线电综合测试仪、无线电高度表测试模拟器、罗盘天线模仿仪、塔康/精密测距测试模拟器以及微波着陆模拟器,主要介绍各型专用测试仪器的技术指标及仪器的基本工作原理,力图简单实用。

本书第1、3章由李文海编写,第2、4章由刘勇、唐曦编写。吴忠德、孙伟超、文天柱、郭凯参与了书中部分内容的编写。李文海对全书进行了统稿,许爱强教授对全书进行了审校,唐曦、唐贞豪对全书进行了排版、校对等工作。

本书在编写过程中,参考了大量的相关资料,对于为本书提供资料的企业(公司)、参考文献的作者及提供资料的作者表示衷心的感谢。

由于作者水平有限,书中难免存在不妥之处,恳请读者批评指正。

编者

2024 年 3 月

目　　录

第1章　机载通信导航设备 ·· 1

1.1　通信导航系统的基本概念 ·· 1
　　1.1.1　通信系统的基本概念 ··· 1
　　1.1.2　通信系统的组成及分类 ··· 1
　　1.1.3　机载通信系统 ··· 6
　　1.1.4　导航的基本概念 ·· 8
　　1.1.5　导航的分类 ·· 9
　　1.1.6　无线电导航系统 ·· 9
　　1.1.7　机载通信导航设备的主要功能 ·· 13
1.2　机载超短波电台 ·· 14
　　1.2.1　概述 ·· 14
　　1.2.2　主要技术指标 ··· 14
　　1.2.3　设备组成及工作原理 ··· 15
1.3　机载短波电台 ··· 16
　　1.3.1　概述 ·· 16
　　1.3.2　主要技术指标 ··· 17
　　1.3.3　设备组成及工作原理 ··· 17
1.4　机载无线电罗盘 ·· 20
　　1.4.1　概述 ·· 20
　　1.4.2　主要技术指标 ··· 20
　　1.4.3　设备组成及工作原理 ··· 21
1.5　无线电高度表 ··· 23
　　1.5.1　概述 ·· 23
　　1.5.2　主要技术指标 ··· 24
　　1.5.3　脉冲式无线电高度表组成及工作原理 ··· 25

  1.5.4 调频连续波式无线电高度表组成及工作原理 ··············· 28
 1.6 微波着陆机载设备 ·· 34
  1.6.1 概述 ·· 34
  1.6.2 主要技术指标 ··· 35
  1.6.3 设备组成及工作原理 ·· 36
 1.7 塔康机载设备 ·· 40
  1.7.1 概述 ·· 40
  1.7.2 主要技术指标 ··· 41
  1.7.3 设备工作原理 ··· 41

第 2 章　机载通信导航设备测试原理 ································· 51

 2.1 机载超短波电台测试原理 ··· 51
  2.1.1 机载超短波电台接口信号分析 ····································· 51
  2.1.2 机载超短波电台主要测试项目 ····································· 52
  2.1.3 机载超短波电台主要测试资源 ····································· 52
  2.1.4 机载超短波电台测试原理分析 ····································· 54
  2.1.5 机载超短波电台主要测试项目的测试方法 ···················· 55
 2.2 机载短波电台测试原理 ·· 60
  2.2.1 机载短波电台接口信号分析 ·· 60
  2.2.2 机载短波电台主要测试项目 ·· 62
  2.2.3 机载短波电台主要测试资源 ·· 63
  2.2.4 机载短波电台测试原理分析 ·· 64
  2.2.5 机载短波电台主要测试项目的测试方法 ······················· 65
 2.3 机载无线电罗盘测试原理 ··· 71
  2.3.1 机载无线电罗盘接口信号分析 ····································· 71
  2.3.2 机载无线电罗盘主要测试项目 ····································· 72
  2.3.3 机载无线电罗盘主要测试资源 ····································· 72
  2.3.4 机载无线电罗盘测试原理分析 ····································· 74
  2.3.5 机载无线电罗盘主要测试项目的测试方法 ···················· 75
 2.4 无线电高度表测试原理 ·· 79
  2.4.1 无线电高度表接口信号分析 ·· 79
  2.4.2 无线电高度表主要测试项目 ·· 80
  2.4.3 无线电高度表主要测试资源 ·· 80
  2.4.4 无线电高度表测试原理分析 ·· 82
  2.4.5 无线电高度表主要测试项目的测试方法 ······················· 83

- 2.5 微波着陆机载设备测试原理 ... 87
  - 2.5.1 微波着陆机载设备接口信号分析 ... 87
  - 2.5.2 微波着陆机载设备主要测试项目 ... 88
  - 2.5.3 微波着陆机载设备主要测试资源 ... 89
  - 2.5.4 微波着陆机载设备测试原理分析 ... 90
  - 2.5.5 微波着陆机载设备主要测试项目的测试方法 ... 91
- 2.6 塔康机载设备测试原理 ... 96
  - 2.6.1 塔康机载设备接口信号分析 ... 96
  - 2.6.2 塔康机载设备主要测试项目 ... 97
  - 2.6.3 塔康机载设备主要测试资源 ... 98
  - 2.6.4 塔康机载设备测试原理分析 ... 100
  - 2.6.5 塔康机载设备主要测试项目的测试方法 ... 102

第3章 机载通信导航设备测试通用仪器 ... 106

- 3.1 电压测量及数字多用表 ... 106
  - 3.1.1 概述 ... 106
  - 3.1.2 直流电压的模拟测量 ... 111
  - 3.1.3 交流电压的模拟测量 ... 114
  - 3.1.4 直流电压的数字化测量及 A/D 转换 ... 129
  - 3.1.5 数字多用表 ... 142
- 3.2 信号发生器 ... 147
  - 3.2.1 概述 ... 147
  - 3.2.2 函数及任意波形信号发生器 ... 156
  - 3.2.3 脉冲信号发生器 ... 161
  - 3.2.4 射频合成信号发生器 ... 167
  - 3.2.5 微波与毫米波合成信号发生器 ... 184
  - 3.2.6 矢量信号发生器 ... 189
- 3.3 时域测量及示波器 ... 193
  - 3.3.1 概述 ... 193
  - 3.3.2 波形显示的基本原理 ... 197
  - 3.3.3 通用示波器 ... 208
  - 3.3.4 数字存储示波器 ... 214
- 3.4 频域测量及频谱分析仪 ... 224
  - 3.4.1 信号的频谱 ... 224
  - 3.4.2 频谱分析仪的主要用途及分类 ... 232

3.4.3　频谱仪的主要技术指标 ………………………………………… 233
　　3.4.4　滤波式频谱分析仪 …………………………………………… 235
　　3.4.5　外差式频谱分析仪 …………………………………………… 237
　　3.4.6　傅里叶分析仪 ………………………………………………… 239
　　3.4.7　频谱仪在频域测试中的应用 …………………………………… 240
3.5　功率测量及功率计 ……………………………………………………… 244
　　3.5.1　功率测量的基本概念 …………………………………………… 244
　　3.5.2　功率计的主要技术指标 ………………………………………… 246
　　3.5.3　功率测量的基本方法 …………………………………………… 249
　　3.5.4　平均功率的测量 ………………………………………………… 252
　　3.5.5　峰值功率的测量 ………………………………………………… 258
3.6　频率及时间测量 ………………………………………………………… 260
　　3.6.1　基本概念 ………………………………………………………… 260
　　3.6.2　频率测量 ………………………………………………………… 266
　　3.6.3　周期测量 ………………………………………………………… 272
　　3.6.4　时间测量 ………………………………………………………… 276
　　3.6.5　通用计数器 ……………………………………………………… 279

第4章　机载通信导航设备测试专用仪器 …………………………………… 281

4.1　无线电综合测试仪 ……………………………………………………… 281
　　4.1.1　概述 ……………………………………………………………… 281
　　4.1.2　无线电综合测试仪主要技术指标 ………………………………… 281
　　4.1.3　无线电综合测试仪基本原理 ……………………………………… 283
4.2　无线电高度表测试模拟器 ……………………………………………… 286
　　4.2.1　概述 ……………………………………………………………… 286
　　4.2.2　无线电高度表测试模拟器主要技术指标 ………………………… 286
　　4.2.3　无线电高度表测试模拟器基本原理 ……………………………… 287
4.3　罗盘天线模仿仪 ………………………………………………………… 290
　　4.3.1　概述 ……………………………………………………………… 290
　　4.3.2　罗盘天线模仿仪主要技术指标 …………………………………… 290
　　4.3.3　罗盘天线模仿仪基本原理 ………………………………………… 291
4.4　塔康/精密测距测试模拟器 …………………………………………… 293
　　4.4.1　概述 ……………………………………………………………… 293
　　4.4.2　塔康/精密测距测试模拟器主要技术指标 ……………………… 293
　　4.4.3　塔康/精密测距测试模拟器基本原理 …………………………… 294

4.5 微波着陆测试模拟器 …………………………………………………………… 300
　4.5.1 概述 ……………………………………………………………………… 300
　4.5.2 微波着陆测试模拟器主要技术指标 …………………………………… 300
　4.5.3 微波着陆测试模拟器基本原理 ………………………………………… 301

参考文献 ……………………………………………………………………………… 305

第1章　机载通信导航设备

1.1　通信导航系统的基本概念

1.1.1　通信系统的基本概念

从广义上讲，采用某种方式，通过某种传输媒质将信息从一地传递到另一地，均称为通信。按照传统的理解，通信的目的就是传递信息，而信息是消息中的有效内容，一般包含在消息中。消息是物质或精神状态的一种反映，在不同的时期有不同的表现形式，如语言、文字、音乐、数据、图片以及活动图像等。基于以上认识，通信又可以理解为"信息传输"或"消息传输"。

实现通信的方式手段多种多样，如常见的手势、语言、信号旗、消息树、烽火台，以及现代社会的电报、电话、广播、电视、遥控、遥测、因特网、数据和计算机通信等，都是消息传递、信息交流的手段和方法。随着技术的发展和应用的变化，目前的通信一般是指"电通信"，即采用电的技术手段，依靠电磁波，通过导线（如架空线、同轴电缆、光缆、波导）或自由空间等传输媒质将信息从一地迅速而准确地传递到另一地。基于以上理解，光通信也属于电通信，因为光也是一种电磁波。

1.1.2　通信系统的组成及分类

1.1.2.1　通信系统的组成

通信的目的是信息传输，将信息从信源发送到一个或多个目的地。对于电通信来讲，要将信息通过电的手段进行传输，必须将多种多样的信息转换为电信号，通过发送设备将电信号送入信道，经传输后在接收端通过接收设备将接收的电信号进行处理，送给信宿转换为原来的消息，具体如图1-1所示。

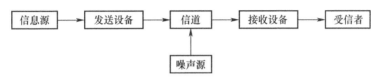

图1-1　通信系统的一般模型

(1) 信息源。信息源的作用是将需要传送的各种消息转换为电信号。根据输出信号的类型,信息源可以分为模拟信息源和数字信息源。模拟信息源输出的是连续的模拟信号,如常见的话筒;而数字信息源输出的是离散的数字信号,如各种计算机终端。

(2) 发送设备。发送设备将信息源发送的信号进行处理,使信号的频率特性、抗干扰能力、信号功率等指标满足发送要求,适合于通过传输媒质传输。因此,发送设备所包含的内容较多,包括变换、放大、滤波、编码、调制等。

(3) 信道。信道是一种物理媒质,用于将来自发送设备的信号传输到接收端。信道的特性决定了发送设备采用的信号变换方式。信道分为有线和无线两大类,无线信道可以是自由空间,有线信道则可以是电缆或光缆等。信道既给信号以通路,也对信号产生各种干扰和噪声,信道的固有特性以及引入的各种干扰和噪声直接影响通信质量。图1-1中的噪声源是信道中的噪声及分散在通信系统其他部分各自噪声的集中表示。噪声通常是随机的,它的出现干扰了正常的信号传输。

(4) 接收设备。接收设备的作用体现在对接收信号的放大和反变换(译码、解调等)两个方面,其最终目的是将发送端送来的原始电信号从受损的接收信号中正确恢复出来。

(5) 受信者。受信者也称为信宿,是消息传递的目的地。其功能与信源相反,把原始电信号还原为相应的消息。

图1-1所示的通信系统是单向传输通信系统,而通常作为信息交流的通信系统都是双向的,因此通信的两端都有收发设备,相应的信道也是双向传输的。另外,图1-1仅是概括地描述了一个通信系统的组成,反映了通信系统的共性。

1.1.2.2 通信系统的分类

基于分类标准,通信系统有以下几种不同的分类方法。

1) 按传输信号进行分类

如图1-2所示,按传输信号的特征进行分类,可以将通信系统分为模拟通信系统和数字通信系统两类。

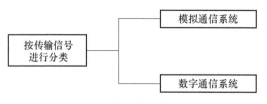

图1-2 按传输信号特征分类

(1) 模拟通信系统。模拟通信系统可用图1-3所示的模型表示,其中包含两种重要的变换。第一种变换是在发送端将连续的消息变换成原始的电信号,而在接收端进行相反的变换,以上变换分别由信源和信宿完成。此时的原始电信号通常称为基带信号,其含义是指信号的频谱一般是从零频开始,例如通常的话音信号频率范围为 300~3400Hz,图像信号的频率范围为 0~6MHz。基带信号能否直接传输与信道有直接关系,例如以自由空间为传输媒质的无线通信一般不能直接传输基带信号。出于信号传输及频带利用等方面的考虑,往往需要进行第二种变换,即在发送端把基带信号变换为适合在信道中传输的信号,并在接收端进行相应的反变换,这就是通常所说的调制和解调,电路中完成调制和解调功能的设备就是调制器和解调器。经过调制的信号称为已调信号,其基本特征是携带有信息并适合在信道中传输。

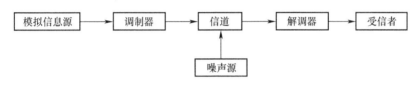

图 1-3 模拟通信系统模型

（2）数字通信系统。数字通信系统是利用数字信号传递信息的通信系统,其基本模型如图 1-4 所示。

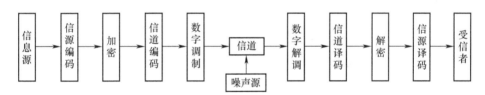

图 1-4 数字通信系统基本模型

① 信源编码与译码。信源编码的基本功能是提高信息传输的有效性,最常见的方法是通过某种数据压缩技术,以减少码元的数目,降低码元传输速率。通常情况下,码元的速率决定了传输所占用的带宽,而传输带宽又可以反映通信的有效性。信源编码的另一个功能是完成信号的模/数（A/D）转换,即当信源的输出是模拟信号时,信源编码器将其转换为数字信号。信源译码则是以上过程的逆过程。

② 信道编码与译码。数字信号经过信道传输后,受到噪声等的影响会产生差错,此时需要进行信道编码,以增强数字信号的抗干扰能力。信道编码器对传输的信息码元按一定的规则加入监督码元,进行所谓的"抗干扰编码"。接收端的信道译码器按相应的逆规则进行解码,并从中发现错误、纠正错误,提高通信系统的可靠性。

③ 加密与解密。加密与解密的目的是保证传输信息的安全。在发送端按照

某种规则或算法,人为地将被传输的数字序列扰乱,即加上密码,这种处理过程称为加密。在接收端则利用与发送端相同的密码对收到的数字序列进行解密,以恢复原有的信息。

④ 数字调制与解调。数字调制是把数字基带信号的频谱搬移到高频处,形成适合在信道中传输的高频信号。基本的数字调制方式有幅移键控(ASK)、频移键控(FSK)、相移键控(PSK)等。在接收端通常采用相干解调或非相干解调的方式,还原数字基带信号。

⑤ 同步。为保证数字通信系统有序、准确、可靠地工作,必须通过同步使收发两端的信号在时间上保持步调一致。按照同步的功用不同,同步可分为载波同步、位同步、群(帧)同步和网同步等。

需要说明的是,图 1-4 只是数字通信系统的一般化模型,实际的数字通信系统不一定包括图中的所有环节,一般的数字基带传输系统中无需调制和解调,图中也没有画出同步。

2) 按传输媒质进行分类

如图 1-5 所示,按电磁波传输媒质进行分类,可以将通信系统分为两类,即有线通信系统和无线通信系统。有线通信系统的传输媒质是导线(如同轴电缆、光纤等),无线通信系统的传输媒质是自由空间。

图 1-5　按传输媒质进行分类

(1) 有线通信系统。有线通信系统的传输媒质包括架空明线、同轴电缆、光纤等。早期的市内电话通信系统等均属于架空明线通信系统;长途载波电话通信系统、有线电视等均属于同轴电缆通信系统;目前常用的超远程海底光缆通信系统等均属于光纤通信系统。有线通信的优点是信息不易被截获,不易受自然和人为干扰,保密性较好,通信质量相对较高,但机动性、抗毁性较差。

(2) 无线通信系统。由于无线通信系统的传输媒质是自由空间,因此对于飞机、舰船、坦克等运动载体而言,无线通信系统是有效的信息传输手段。另外,无线通信系统还有建立迅速、机动灵活等诸多优点。而不足之处是传输的信号易被敌侦听截获和实施干扰,同时无线电波在空间传播的不稳定性会造成通信中断或通信质量下降。由于航空通信的特殊要求,用于空-地、空-空通信的机载通信系统,均为无线通信系统。

3）按工作波段进行分类

按工作波段进行分类，可以将无线通信系统分为甚长波通信系统、长波通信系统、中波通信系统、短波通信系统、超短波通信系统、微波通信系统等，具体如图1-6所示。

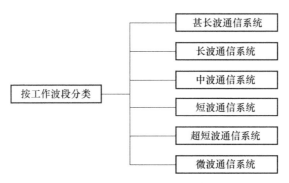

图1-6 按工作波段分类

（1）甚长波通信系统。频率范围为3～30kHz的无线通信系统称为甚长波通信系统。甚长波通信的主要优点是通信距离远、通信稳定可靠，尤其是在磁暴、太阳黑子爆发、核爆炸等极端情况下，短波通信等方式极不稳定，甚至会完全中断，而甚长波通信基本可以不受影响。另外，甚长波还具有一定的穿透海水的能力，一般能穿透15～30m的水深，因此甚长波通信系统还可以用于对水下潜艇的通信。与此相对应，甚长波通信系统的缺点也很明显，主要有发射及接收天线庞大、造价高、频带窄、通信容量小等。

（2）长波通信系统。频率为30～300kHz的无线通信系统称为长波通信系统。长波通信系统具有较远的通信距离，因此主要用于远航舰队以及地下岩层等的通信。另外，长波频段在远程无线电导航系统（如罗兰-C系统）中也获得成功应用。

（3）中波通信系统。频率为300～3000kHz的无线通信系统称为中波通信系统。中波通信系统主要用于无线电广播等领域。另外，中波频段在近程无线电导航系统（如无线电罗盘系统）中得到较好应用。

（4）短波通信系统。频率为3～30MHz的无线通信系统称为短波通信系统。短波通信系统的主要特点是通信距离远，可达数千千米远，因此短波通信是远距离无线通信的主要手段，被广泛应用在军事领域的航空通信中，例如机载短波电台是飞机上主要的远程话音、数据通信手段。但短波通信的可靠性和稳定性与昼夜、季节等天气变化有较大关系，特别是在发生磁暴、核爆炸时，短波通信会因电离层扰动而不稳定，甚至会完全中断。

（5）超短波通信系统。频率为30～300MHz的无线通信系统称为超短波通信系统。由于在该波段电磁波传播的主要方式为直线视距传播，因此作用距离较近。

但由于其良好的通信性能及研制、生产等方面的便利,因此超短波通信系统在军事领域的航空通信中得到广泛应用。机载超短波电台成为飞机上近程"空-空""空-地"通信的主要设备。另外,超短波频段在仪表着陆系统(ILS)等近程无线电导航系统中也得到较好应用。

(6) 微波通信系统。通常将频率高于300MHz的无线通信系统称为微波通信系统。微波通信系统的工作频段宽,通信容量大,工作稳定可靠。另外,微波通信系统在微波着陆系统(MLS)、卫星导航等现代无线电导航系统中也得到广泛应用。

4) 按调制方式进行分类

根据信道中传输的信号是否经过调制进行分类,可以将通信系统分为基带传输系统和带通(频带或调制)传输系统。基带传输系统是指在信道中传输的信号是未经调制的,如市内电话、有线广播等;而带通传输系统是指系统内传输的信号是经过调制的。调制一般包括连续波调制和脉冲调制,具体如表1-1所列。

表1-1 常见的调制方式及应用

序号	调制方式		主要应用
1	线性调制	常规双边带调幅(AM)	广播
2		双边带调幅(DSB)	立体声广播
3		单边带调幅(SSB)	载波通信、无线电台、数据传输
4		残留边带调幅(VSB)	电视广播、数据传输、传真
5	非线性调制	频率调制(FM)	微波中继、卫星通信、广播
6		相位调制(PM)	中间调制方式
7	数字调制	幅移键控(ASK)	数据传输
8		频移键控(FSK)	数据传输
9		相移键控(PSK、DPSK、QFSK)	数据传输、数字微波、空间通信
10		其他高效数字调制(QAM、MSK)	数字微波、空间通信
11	脉冲模拟调制	脉幅调制(PAM)	中间调制方式、遥测
12		脉宽调制(PDM)	中间调制方式
13		脉位调制(PPM)	遥测、光纤传输
14	脉冲数字调制	脉码调制(PCM)	市话、卫星、空间通信
15		增量调制(ΔM)	军用、民用数字电话
16		差分脉码调制(DPCM)	电视电话、图像编码

注:序号1-10属于连续波调制,序号11-16属于脉冲调制。

1.1.3 机载通信系统

由于航空通信的特殊性,机载通信系统一般是指空对地(海)以及空对空的无线电通信系统,因此机载的通信系统一般为无线电通信系统。

1) 机载无线电通信系统的作用

(1) 机载无线电通信系统主要用于完成飞机与地面之间、飞机与飞机之间以及机内机组人员之间(多成员机组时)的通话联络。

(2) 对于军用飞机,除完成上述基本通话联络功能外,还具有为通信提供抗干扰和保密,以及在编队之间、编队与指挥所之间进行数据通信,实现战术数据交换的功能。

2) 机载无线电通信系统的分类

如图1-7所示,根据通信频段及通信系统的功能,可以将机载无线电通信系统分为超短波通信系统、短波通信系统、卫星通信系统、机内通话系统以及战术数据链系统。

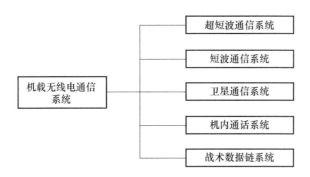

图1-7 机载无线电通信系统的分类

(1) 超短波通信系统。超短波通信系统是指超短波电台,有时也称为甚高频通信系统,主要工作在甚高频(VHF)频段,军用系统跨越到超高频(SHF)频段。超短波通信系统的标准民用频率范围是118~136MHz(扩展军用频率范围是108~156MHz),频道间隔一般为25kHz,主要完成AM/FM明/密话音通信、跳频/扩频通信话音及数传通信;该频段的军用海空协同通信频率范围是156~174MHz,主要完成FM明/密话音通信,以及常规明/密数传通信和跳频(FH)明/密数传通信;空中通信的标准频率范围是225~400MHz,主要完成AM/FM明/密话音通信、常规明/密数传通信、跳频/扩频通信话音及数传通信等功能,是应用最广泛的"空—地(海)""空-空"近距无线电通信系统,通信距离一般不大于350km。

(2) 短波通信系统。短波通信系统的工作频率范围在3~30MHz,常用于远距离的"空-地""空-海"及"空-空"通信。由于短波通信系统主要利用天波传播方式进行信息传输,因此相比超短波通信具有更远的通信距离,通信距离可达数千千米,适用于飞机远程飞行时的空中与地面、海面之间的通信联络。

(3) 卫星通信系统。卫星通信系统利用人造地球卫星作为信号中继站转发无线电信号,工作频率范围包括 UHF、L、S、C、Ku、Ka 等波段,是一种适合于话音、数据、图像等信息传输的超远程、宽带航空通信方式。

(4) 机内通话系统。机内通话系统主要用于实现机内机组人员之间的通话联络,同时还对机上其他无线电设备的操作进行控制。

(5) 战术数据链系统。战术数据链系统的工作频率范围通常为 225~400MHz、2~30MHz 及 960~1224MHz。战术数据链系统是一种军用无线数据传输系统,主要用于军用飞机与地面指挥所之间,以及与空中(包括预警指挥机)、海上、陆上编队成员之间的战术数据交换,以实现编队内各单元数据情报资源共享、协同作战的目的。

1.1.4 导航的基本概念

导航可以解释为"引导航行",是引导飞机、舰船、车辆等运动物体以及个人按预定轨迹从出发地到达目的地的过程,因此,导航是保证运动物体沿预定航线安全、准时到达目的地的一种重要的技术手段。具体到飞行器而言,导航过程一般是根据目的地选择航线、确定距离、安排时间表,并在飞机的起飞、飞行、降落过程中,通过飞机上的驾驶仪表使飞机在特定的时间、特定的地点,按特定的航向及特定的速度进行飞行。飞机的典型飞行过程如图 1-8 所示。从图中可见,整个飞行过程,飞机要经过两类空域,分别是港区空域(或机场)和航路空域。显然,飞机在这两类空域中均需要导航,特别是在飞机起飞、进场着陆以及复杂气象条件下的航路飞行中更需要导航。但以上两种情况下的导航需求并不一样,使用的也是不同的系统或设备。一般情况下,完成航路导航任务的系统称为航路导航系统,完成进场着陆引导任务的系统称为着陆引导系统。除上述任务外,导航还有空中防撞、空中侦察、武器投放、救生、救灾等多种任务。

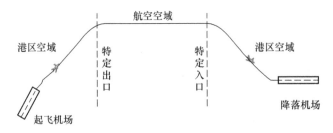

图 1-8 飞机飞行过程示意图

基于以上分析,航空导航的主要任务包括以下几个方面。

(1) 确定物体的实时位置及其他相关运动参数(如航向、速度、距离、时间等)。

(2) 引导运载体沿预定航线航行。

(3) 引导运载体在夜间或复杂气象条件下安全着陆(或进港)。

(4) 保证运载体完成航行任务所需要的其他引导任务。

上述各项任务中,第一项任务是导航的基本任务,它是完成其他各项导航任务的基础。

需要说明的是,运载体(特别是军用运载体)并非都是按预定航线航行的,某些特殊情况下临时改变航行路线或机动航行更离不开可靠的引导,这种引导也属于导航的范畴。

1.1.5 导航的分类

导航是一门基于"声、光、电、磁"等多物理基础的综合性应用技术,可以实现导航功能的技术方法也有很多。按导航的工作原理或主要应用技术,可以将导航分为光学导航、地磁导航、力学导航、声呐导航、无线电导航、复合导航等。

(1) 光学导航。利用观测自然天体(空中的星座等)相对于运行体所在坐标系中的某些参量可以实现通常所说的天文导航,借助光学仪器或目视观测已知位置的地标或灯标可以实现的地标或灯标导航,以及利用激光和红外技术实现的激光与红外线导航等,都可以称为光学导航。

(2) 力学导航。利用牛顿力学中的惯性原理及相应技术实现的惯性导航,利用地球重力场特征获取运行体位置信息实现的重力导航等,都可以称为力学导航。

(3) 地磁导航。利用地球磁场的特性和磁敏器件实现的磁罗盘导航、磁图导航等,称为地磁导航。

(4) 声呐导航。利用声波或超声波在水中的传播特性和水声技术实现的声波导航和超声波导航等,称为声呐导航,常用于对水下运动体的导航。

(5) 无线电导航。无线电导航是指依据电波传播特性,利用无线电技术测量运载体的位置及航行参数,对运载体航行的全部(或部分)过程实施的导航。无线电导航主要是利用无线电波在均匀介质中的直线传播特性以确定辐射源的方位,利用无线电波在均匀介质中的等速传播特性以确定辐射源的距离,利用无线电波在介质不连续边界面上产生反射的特性以发现目标。

(6) 复合导航。视觉导航、地辅导航、生物导航等利用两类或两类以上物理基础实现的导航,称为复合导航。

1.1.6 无线电导航系统

1.1.6.1 无线电导航系统的特点

与其他导航系统相比,无线电导航系统具有图1-9所示的优点。

(1) 环境适应性好。无线电导航不受时间、地点和气象条件限制,全天候工作。

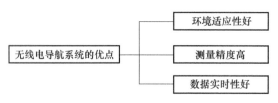

图 1-9　无线电导航系统的优点

（2）测量精度高。无线电导航的定位精度可以达到几米甚至 1m 以内，比其他大多数导航方式的测量精度都高。

（3）数据实时性好。无线电导航系统的工作可靠,测量迅速,可以近实时地给出导航数据。

基于以上优点,无线电导航是目前所有导航方式中,能够完成引导飞机起飞、航线巡航飞行、进近、着陆(舰)和实施空中交通管制的唯一有效的导航技术手段,是航空领域各种导航手段中应用最广泛、最普遍的一种核心导航方法,在航空导航技术中占据特殊的地位。

1.1.6.2　无线电导航系统的分类

无线电导航系统可以按不同的原则进行分类,大体有以下几种分类方法。

1) 按导航时测量的电气参量分类

按导航时所测量的电气参量进行分类,可以将无线电导航系统分为振幅式无线电导航系统、相位式无线电导航系统、频率式无线电导航系统、复合式无线电导航系统、脉冲(时间)式无线电导航系统,具体如图 1-10 所示。

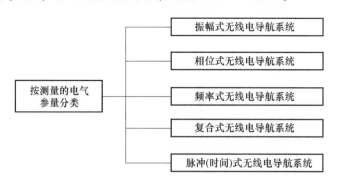

图 1-10　按测量的电气参量分类的无线电导航系统

2) 按导航时提供的导航参量(位置线形状)分类

按导航时系统所提供的导航参量或位置线形状,可以将无线电导航系统分为测角(测向)无线电导航系统(直线无线电导航系统)、测距无线电导航系统(圆周无线电导航系统)、测距差无线电导航系统(双曲线无线电导航系统)以及复合式(测角/测距、测距/测距差)无线电导航系统,具体如图1-11所示。

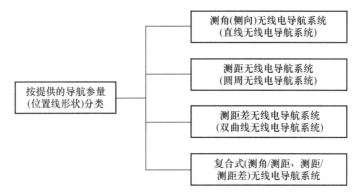

图1-11 按提供的导航参量(位置线形状)分类的无线电导航系统

3)按导航系统的独立性(自体化程度)分类

按导航系统的独立性(自体化程度)进行分类,可以将无线电导航系统分为自主式(自备式)无线电导航系统,非自主式(它备式)无线电导航系统,具体如图1-12所示。

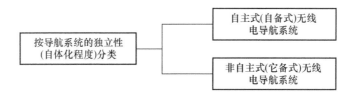

图1-12 按系统的独立性(自体化程度)分类的无线电导航系统

自主式(自备式)无线电导航系统,是指仅依靠安装在运载体上的无线电导航设备就可实现的导航系统,导航系统测定导航所需的参数时不需要运载体以外的设备协同工作。

非自主式(它备式)无线电导航系统,是指同时需要安装在运载体上的无线电导航设备以及安装在运载体以外的无线电导航台(站)同时工作,才能为运载体提供导航数据。

4)按导航台的安装位置分类

这种分类实际上是对非自主式无线电导航系统按导航台(站)所在位置的进一步划分,一般分为陆基无线电导航系统、空基无线电导航系统、星基无线电导航系统,具体如图1-13所示。

对于陆基无线电导航系统,导航台(站)安装在地球表面(陆地/海上/舰船上)

11

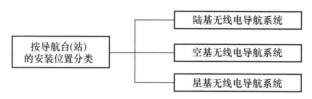

图1-13 按导航台(站)的安装位置分类的无线电导航系统

某一确切位置;对于空基无线电导航系统,导航台(站)安装在空中某一特定载体上;对于星基无线电导航系统,导航台(站)安装在人造地球卫星或自然星体上。

5) 按导航系统的作用距离分类

按导航系统的作用距离进行分类,可以将无线电导航系统分为近程导航系统、中程导航系统、远程导航系统、超远程导航系统,具体如图1-14所示。

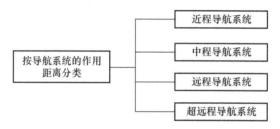

图1-14 按导航系统的作用距离分类的无线电导航系统

近程导航系统的作用距离一般在500km以内,中程导航系统的作用距离在500~2000km范围内,远程导航系统的作用距离在2000~10000km范围内,超远程导航系统的作用距离大于10000km。

6) 按导航系统的用途分类

按导航系统的用途进行分类,可以将无线电导航系统分为航路导航系统、着陆引导系统、辅助航行导航系统、空中交通管制及机场调度指挥系统,具体如图1-15所示。

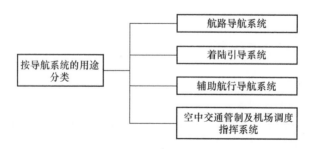

图1-15 按导航系统的用途分类的无线电导航系统

航路导航系统也称为区域导航系统,主要功能是引导飞机沿预定航线中航路点的顺序飞行;着陆引导系统的作用是引导飞机在夜间或其他各种复杂气象条件下安全进近、着陆;空中交通管制及机场调度指挥系统的作用是保证飞机在空中安全飞行,指挥调度飞机在机场上空的飞行,并使之有序着陆;辅助航行导航系统不能单独完成导航引导任务,但能给出某一导航参数。例如,无线电罗盘测角系统是一种陆基、近程、振幅无线电测向导航系统;塔康测角测距系统是一种陆基、近程的通过相位/时间进行测位/测距的军用导航系统;卫星导航定位系统是星基、非自主式、超远程航路导航系统。

1.1.7 机载通信导航设备的主要功能

机载通信导航设备是机载航空电子系统的重要组成部分,主要是由机载短波电台、机载超短波电台等通信设备,以及机载微波着陆、机载仪表着陆、机载塔康等无线电导航设备组成,其主要任务是完成飞机与外界的通信、数据传输、导航和进场着陆引导及空中交通管制等任务。对于军用飞机,机载通信导航设备还要完成全机在整个飞行任务期间各种告警音响和音频处理任务,以及当飞机遇到极端情况时,由飞行员手动产生(或飞机大过载坠地时自动产生)毁钥控制信号,并送至综合航空电子系统有关分系统,完成机密信息电擦除等任务。通常情况下,通信导航设备的主要功能如下所示。

(1)具有系统管理能力,可进行子系统工作方式的控制、状态监视和总线通信管理。

(2)具有超短波抗干扰通信及常规话音通信的能力,可实现现代电子战条件下的地-空和空-空指挥通信,并能进行保密通信。

(3)具有短波通信的能力,以实现空-空通信或与基地间的远距离通信。

(4)具有测量飞机到地(海)面高度的能力,并给出低于预置高度时的告警信息。

(5)具有进场着陆引导的能力,能给出进场着陆时飞机偏离预置下滑道及预置航道的偏差,以及飞机相对于导航站的方位、距离及偏航信息,并具有空-空测距功能。

(6)具有飞行过程中的持续导航能力,无线电罗盘能连续自动地指示出航向角(飞机纵轴与地面台方向之间的角度),从而实现按地面台(导航台或广播电台)进行导航。

(7)具有信标导航能力,当飞机飞越信标台上空时,信标接收机能在规定的高度送出灯光和语音指示信号。

(8)具有语音等告警能力,在整个飞行任务期间能够根据告警内容,提供合成话音告警及音调告警。

1.2 机载超短波电台

1.2.1 概述

航空超短波通信是自航空通信成体系规范以来应用最广泛的通信方式,其优点是视距传播特性好,可用宽频带、超短波(V/UHF)频段是现代航空通信使用最广泛、利用率最高的频段,主要采用 FM 和 AM 方式进行通信。在近距和中距航空通信中,超短波通信有着短波通信无法比拟的优势,其可靠性、可用性远远高于短波通信,并且可以实现高速率的数据传输。

超短波电台可以组成空-空、空-地通信系统,实现空-空、空-地话音通信和数传功能,主要包括:

(1) 具有明/密数据通信功能。
(2) 具有明/密话音通信功能,可与其他超短波电台互通。
(3) 具有直扩、扩跳和跳频三种抗干扰方式,可适应复杂电磁环境下的工作。
(4) 具有支持组网工作的能力。
(5) 具有明/密话自适应的功能。

1.2.2 主要技术指标

机载超短波电台的典型技术指标包括工作频段、波道间隔、波道数、发射功率、调制度、接收灵敏度等,下面以国内外公开的机载超短波电台为例,列举与维护保障工作中测试相关的主要技术指标,具体如表1-2所列。

表1-2 国内外典型机载超短波电台主要技术指标

序号	型号	工作频段 /MHz	波道数/个	发射功率/W	调制度/%	接收灵敏度/μV
1	AN/ARC-171	225.0~399.9 (AM/FM/FSK)	—	AM:30 FM:100	≥80	2.5
2	AN/ARC-164	225.0~399.9(AM)	—	10/30	≥90	AM:2.5
3	AN/ARC-231/232	30~512 (AM/FM/FSK/CPM)	—	AM:10 FM:18	≥80	AM:3 FM:5
4	AN/ARC-182	30~88(FM) 108~156(AM) 156~174(AM) 255~399.975(AM/FM)	—	AM:10 FM:15	≥80	AM:5 FM:3

说明:接收灵敏度是指满足 $\frac{S+N}{N} \geq 10\text{dB}$ 条件下,接收机接收的最小电压

1.2.3 设备组成及工作原理

通常情况下,为了保证正常的通信需要,军用飞机都安装有两部超短波电台,一部用于通话,另一部用于数据传输。超短波电台的典型构成包括收发信机、天线和控制盒等相关的控制设备,电台的维护保障工作一般集中在收发信机,因此后续以某型超短波电台收发信机为例介绍其设备组成和工作原理。

某型超短波电台收发信机的整机框图如图 1-16 所示,由前面板单元(A1)、中频数字化/保密单元(A2)、频率合成器单元(A3)、接收机单元(A4)、发射机单元(A5)和总线部分组成。

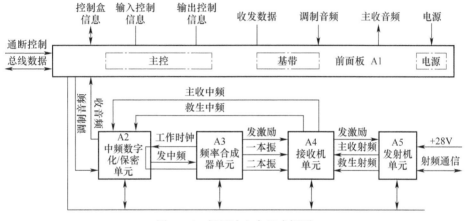

图 1-16 超短波电台组成框图

1) 前面板单元

前面板单元由电源、基带和主控等电路组成,主要功能是实现电台与外部设备的电气连接、信号路由切换、状态控制、整机供电等。电源部分将机载的+28V 电源转换为电台内部各单元工作所需的+27.5V、±15V、±6.5V、+3.3V 等直流电压输出,从而实现各电路的正常供电;基带部分主要完成电台对外的各种基带信号的输入输出、信号电平的变换、阻抗匹配、信号路由切换以及滤波等功能;主控部分完成数据交换以及对机上输入控制信号进行监督管理,对控制信息进行处理,进而产生收发信机所需的全部控制信号。

2) 中频数字化/保密单元

中频数字化/保密单元由中频数字化电路、时钟电路和内置保密机电路组成,主要完成中频信号的数字化处理、时钟产生、信号加密等功能。该单元中的接口电路主要包括跳频控制、自动增益控制(AGC)等。

3) 频率合成器单元

频率合成器单元提供电台正常工作所需的频率信号,主要由一本振和二本振电路组成，负责为接收机提供一定频率范围内的一本振信号和二本振信号，并为发射机提供相应频率范围内的发射载波信号。频率合成器的工作频率、调制方式、工作模式等受来自 A1 单元的信号控制。频率合成器向主控部分输出自检结果，向发射机单元输出失锁信号，用于电台状态的监测与控制。

4）接收机单元

接收机单元包括主接收机和救生接收机，主要功能是将接收到的射频信号变成中频信号，并将 A3 单元的发射载波信号进行放大与滤波后送至发射机单元。救生接收机电路形式与主接收机基本相同，主要完成将救生信号转换成救生中频信号送至 A2 进行解调，解调音频送至 A1，并与主接收机音频合并输出，另外还将密话救生音频经前面板单元输出。

5）发射机单元

发射机单元由谐波滤波器及射频控制电路等组成，主要完成以下功能：

(1) 功率放大。将 A4 单元的激励信号放大到整机所需的发射功率。

(2) 幅度调制。调幅状态时，在功放模块内部完成幅度调制功能。

(3) 信号滤波。对功率放大器输出信号进行滤波。

(4) ALC 控制。实现发射功率的自动电平控制（ALC 功能）。

(5) 保护。实现天线开、短路和过热保护，以及功放电源的控制和保护。

(6) 自检。辅助实现电台的自检测。

6）总线部分

1553B 总线与收发信机主控部分之间进行串行数据通信，构成电台的控制系统。1553B 总线将工作频率、工作模式、调制方式、静噪等数据处理转换成串行数据，发送给收发信机主控部分，并接收主控部分发出的应答信息，同时显示当前的工作参数和波道号，也可显示故障单元号等信息。

收发信机还具有自检功能，由微控制器控制对整机各模块单元进行检测，并将故障隔离到模块（SRU）级。

1.3 机载短波电台

1.3.1 概述

机载短波电台利用短波波段的电磁波进行无线通信，其工作频率范围一般为 3.0~30MHz，对应波长为 100~10m。但目前大多数的机载短波电台通信频率下限已经扩展到了 2MHz，因此其实际波段频率范围一般认为是 2~30MHz。虽然该频段的无线电波也可以和长波、中波一样依靠地波进行中、短距离的传输，但更重要的是通过电离层反射（天波）传播，从而进行远距离的通信。由于高频地波传播损耗随频率的升高而增大,因此当传输距离超过200km时,短波电台主要通过天波进行通信。由于电离层本身的特征受昼夜变化及太阳辐射的影响很大,因此昼、夜间的短波通信工作频率一般不同,同时当电离层受太阳耀斑等因素的影响较大时,会造成短波通信的不稳定、不可靠。

目前军用机载短波电台由于具有语音/数据通信、自适应选频、模拟语音跳频通信等能力,且具有设备简单、使用方便、成本低、机动性好、抗毁伤性强等多种优点,因此在军事通信中具有不可替代的地位,尤其是跳扩频、软件无线电等新技术的应用,更使短波通信系统在远程航空通信中的地位得到进一步加强。

1.3.2 主要技术指标

机载短波电台的典型技术指标包括工作频段、调谐步进、主要功能、信号模式、波道间隔等,下面以国内外公开的机载短波电台为例,列举与维护保障工作中测试相关的部分技术指标,具体如表1-3所列。

表1-3 国内外典型机载短波电台主要技术指标

序号	电台型号	工作频段/MHz	调谐步进/Hz	功能	发射功率/W	信号模式
1	AN/ARC-174	2~29.975	100	语音+数据	100	USB,LSB,AME,CW,数据
2	AN/ARC-190	2~29.975	25k	语音+数据	400	自动调谐,HFDL
3	AN/ARC-199	2~29.975	100	语音+数据	170	SSB,SELADR
4	AN/ARC-200	2~29.975	25k	语音	400	SSB
5	AN/ARC-211/215	2~29.975	100	语音+数据	400	自动调谐,HFDL
6	AN/ARC-220	2~29.975	100	语音+数据	100	ALE,USB,LSB,AME,CW
7	AN/ARC-230	2~29.975	100	语音+数据	100	ALE,SELCAL

1.3.3 设备组成及工作原理

如图1-17所示,某型机载短波电台由收发信机、自动天线调谐器、控制盒、天

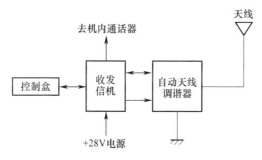

图1-17 短波电台系统构成示意图

线等组成,主要用于中远程、超低空指挥通信。收发信机完成电台收发信号的形成与控制,并对发射信号进行功率放大;自动天线调谐器的作用是在信号发射时,自动调节天线的阻抗,减小驻波,当处于接收状态时,将空中的电磁信号接收下来,送收发信机;天线完成信号收发时的电磁信号转换。

1) 收发信机的工作原理

如图 1-18 所示,短波电台收发信机由收发单元和功率放大单元(以下简称功放单元)组成。其中,收发单元完成待发送信号的生成及信号的接收。

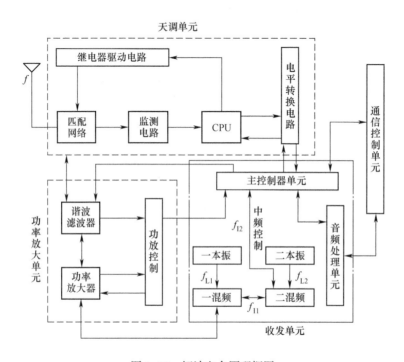

图 1-18 短波电台原理框图

(1) 信号的接收。当电台处于接收状态时,从天线来的射频信号经天调单元与功放单元、滤波器后送往接收机/激励器的信道。信道对电台工作频率为 f(2~30MHz)的射频信号进行放大,送往一混频;频率合成器则根据电台的工作频率 f 产生 $f+f_{I1}$(f_{I1} 为一中频信号)的一本振信号,送至一混频。在一混频中通过信号的混频,产生中心频率为 f_{I1} 的一中频信号。一中频信号经滤波、放大后,再与二本振信号 f_{L2} 在二混频进行混频,产生中心频率为 f_{I2} 的二中频信号,经放大、滤波后送往主控制器单元进行解调。主控制器单元对频率为 f_{I2} 的中频信号经 A/D 转换、数字下变频、带通采样处理后,再通过数字信号处理器(DSP)解调出数字基带音频信号,经 D/A 转换形成所需的音频信号,送往音频处理单元和辅助音频输出口。

音频处理单元将来自主控制器单元的音频信号放大到一定幅度后,经不平衡→平衡转换送往耳机或飞机的通信控制单元(CCU)。

(2) 信号的发射。当电台处于发射状态时,来自飞机通信控制单元的音频信号在音频处理与逻辑接口板上经平衡→不平衡转换,再经缓冲(反向压缩)后送往主控制器单元。主控制器单元对音频信号经 A/D 转换、调制、上变频、D/A 转换等处理,形成含有调制信息的、频率为 f_{I2} 的中频信号。该中频信号经低通滤波、放大后,送往二混频单元;频率合成器将频率为 f_{L2} 的二本振信号也送到二混频单元。这两个信号在二混频单元混频后产生频率为 f_{I1} 的已调制射频信号,经放大滤波后送往一混频单元。

在一混频单元,频率合成器产生的频率为 f_{L1} 的一本振信号与频率为 f_{I1} 的射频信号混频形成频率为 f 的已调制射频信号,该信号经宽带放大达到满足发射幅度要求后送往功放。

(3) 信号的功率放大。信号的功率放大通过功放单元完成。功率放大器采用全固态、宽带线性功放;为保证信号的性能,谐波滤波器采用七段滤波器实现。由于功放单元对信号的放大倍数较大,为保证电路的安全,功放单元内设有多种保护电路。

收发单元向谐波滤波器提供三位波段信息,同时,在进行信号发射时,功放单元在收发单元提供的发射键控信号控制下,将收发单元送来的射频信号进行放大,放大后的信号功率通常可以达到 50dBm(100W),送往天调单元。为保证电路的正常工作,功放单元在进行发射信号的放大时,还向收发单元提供前向功率、反向功率、温度信号等反馈信号,收发单元内的控制器单元根据这些信号进行自动电平控制(ALC)和保护。

在电台处于接收状态时,功放单元将天调单元接收到的射频信号经低通滤波、镜像滤波处理后,送往收发单元的信道单元。

短波电台工作方式、信道选择、自适应、跳频的控制由软件在主控制器单元内控制完成,与信号流程无关。

2) 全自动数字天调工作原理

天调单元是短波电台的一个相对独立的现场可更换单元(LRU)。天调单元由控制单元(包括继电器驱动电路、CPU、电平转换电路)、匹配网络、监测电路等构成。天调单元与收发信机之间采用 RS-422 等异步通信的方式进行信息传输。

当需要进行信号发射时,收发信机向天调单元发送包含波段、开始调谐等信息的"请求"信号。天调单元在收到"请求"信号后,根据发送的信息要求调整自身的工作状态,并发回"应答"信号给收发信机。电台收发信机内的主控制器单元在收到"应答"信号后即可判断天调单元的工作状况。

天调单元调谐时根据监测电路获得的相位电压、阻值电压、前向功率、反向功率来决定匹配网络如何调整,直到电压驻波比满足要求为止。

通常在天调单元中设有非易失性存储器(NVRAm),对调谐成功的已存储频率点的调谐信息进行存储,当需要时,可以直接将以上信息读取使用。

电台在接收状态时,天调单元将天线接收来的射频信号经继电器和相应的网络后,送往电台的收发信机。

1.4 机载无线电罗盘

1.4.1 概述

无线电罗盘是军用飞机普遍采用的机载导航设备,根据地面导航台发射的无线电波的来向,自动测出导航台相对方位角,向飞行员提供相应的地面导航台的相对方位信息,同时还提供地面导航台的识别音响信号。与CCU配合,无线电罗盘还具有远近台自动转换的功能,实现进场着陆时的远近台自动转换,减少飞行员的操作。

无线电罗盘具有结构简单、使用和维护方便、价格低廉等优点,可以在150~1750kHz的频率范围内,利用众多的民用广播电台和专用的无线电信标台为飞机定向、定位,并与无线电高度表、航向信标系统等设备配合引导飞机归航、进近和着陆。无线电罗盘是第一个被规定在飞机上使用的无线电导航设备,从1937年第一次被装在运输机上以来,至今在全世界范围内仍广泛应用。

无线电罗盘的主要功能包括:

(1)测量电台相对方位角,并显示在方位指示器上。

(2)判断飞机越台时间。飞机在飞向导航台,然后飞跃导航台,进而越台飞行的过程中,可根据相对方位角的变化来判断飞越导航台的时间。方位指示器的指针由0°转向180°的瞬间,即飞机飞越导航台的时间。

(3)沿预定航线飞行。飞机可连续、自动对准导航台,利用自动定向机的方位指示,保持预定航线飞行,从而完成从一个台站至另一个台站的飞行。通过无线电罗盘,还可以引导飞机进入空中走廊的出入口,引导飞机完成着陆前的进场飞行和下降飞行,使飞机对准跑道中心线,配合仪表着陆系统引导飞机着陆。

1.4.2 主要技术指标

机载无线电罗盘的主要技术指标包括工作频率范围、频率间隔、接收灵敏度、定向灵敏度、定向准确度、音频输出功率等,某典型设备指标如表1-4所列。

表 1-4 机载无线电罗盘主要技术指标

序号	指标名称	指 标 值	备注
1	频率范围	150~1750kHz	
2	频率间隔	0.5kHz	
3	接收灵敏度	70μV/m	音频输出信噪比为 6dB
4	定向灵敏度	150~279.5kHz:优于 150μV/m 280~1750kHz:优于 100μV/m	音频输出信噪比 6dB,定向准确度优于±3°,摆动不超过±2°
5	定向准确度	优于±3°	
6	音频输出功率	≥80mW	输入 1mV/m 标准信号

1.4.3　设备组成及工作原理

通常情况下,机载无线电罗盘由组合天线和接收机两部分构成,其中:组合天线包括垂直天线和环形天线以及放大器、调制器、滤波器等电路;接收机包括信道分机、信息分机和电源等附属电路。

(1)组合天线。如图 1-19 所示,组合天线包括一个垂直天线和两个环形天线。垂直天线采用电容性的无方向性天线。天线放大器可以滤除、泄放垂直天线感应的干扰信号,并完成对垂直天线信号的放大、输出阻抗匹配。同时,天线放大器还具有抗静电干扰和过压保护的作用。

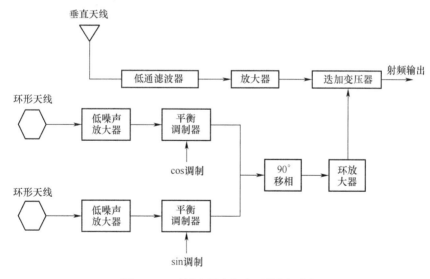

图 1-19　无线电罗盘组合天线原理图

环形天线由两组互相垂直的环形线圈组成,各有中心抽头,互相垂直地绕在铁淦氧磁芯上,中心抽头连接在一起接地,具有方向性。将环形天线所收到的射频信号加到环匹配器的两个平衡调制器上,再分别进行调制,调制后虽然将产生一个具有方向性的信号,但存在双值性,需与垂直天线所收到的射频信号进行迭加来完成单值定向。

（2）罗盘接收机。典型无线电罗盘接收机的组成及工作原理如图1-20所示。当罗盘工作在定向工作方式时,垂直天线和环形天线上的感应信号会在环匹配器中经叠加电路形成调幅信号,送入接收机。调幅信号通过带通滤波器进行滤波,变频为一中频信号;一中频信号通过晶体滤波器和第一中频放大器进行滤波放大,再变频为二中频信号;二中频信号通过晶体滤波器和二中频放大器进行滤波放大,从而进一步增强选择性。该信号经检波后送到AGC放大器、音频功放电路和信息分机,最后送CCU。

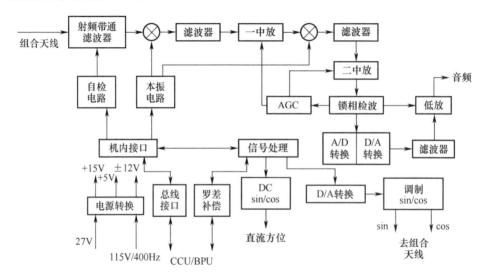

图1-20 无线电罗盘接收机组成及工作原理图

AGC放大器根据信号强度控制一中频放大器和二中频放大器的增益。检波后的音频信号经音频功放电路送到CCU的音响系统,而检波后含有方位信息的信号则同步送到信息分机。进入信息分机后,该信号先经A/D转换器变成数字信号,再经过数字信号处理器进行同步滤波、积分器积分等一系列解算,得到被选台站相对飞机轴线的数字方位角。

电源部分把机上提供的27V直流电源转换成系统使用的15V直流电源;将115V/400Hz交流电源经变压、整流、滤波转换成+5V、+12V、-12V直流电源,以满足角度指示以及其他电路的需要。低频放大电路实现对信道分机送来的音频信号的功率放大。

由于飞机"二次辐射"现象等影响,作用于环形天线的电磁场不仅有测向的直接电磁场,而且也有二次辐射的电磁场,使得合成电磁场的方向产生变化,由此产生定向误差。这种误差称为"无线电罗差",通常最大罗差在+5°~+25°的范围内(罗差的+、-号以第一象限为代表,+号的罗差表示指示的角度比电台的实际方向角要小)。在进行罗差补偿之前,必须知道该机的罗差曲线,对于某一机型的固有罗差曲线应由飞机制造厂精确测定后提供。

总线接口接收总线控制器发送的数据,对其译码处理后,向接收机内部的各功能电路输出分频数、工作方式、波段控制等命令及数据,使接收机能正常工作;接收信息部分发送的方位数据和故障代码,并以总线数据的格式和速率向总线控制器发送。

1.5 无线电高度表

1.5.1 概述

在不考虑卫星导航的情况下,飞机的实时高度通常可以通过气压式高度表和无线电高度表两个渠道获得。气压式高度表是通过测量作用在飞机上的大气静态压力,利用它与本地海平面或机场水准面的静态气压差给出地理高度。而无线电高度表是采用无线电技术实现飞机距地表面(水平面)垂直距离的测量,因此测量的是飞机的实时相对高度,属于不需要地面设备配合的自主无线电导航系统。由于气压式高度表的原理相对简单,因此后续我们主要讨论无线电高度表的主要技术参数、组成及简要工作原理。

无线电高度表的本质是运用无线电测距的基本思想,测量无线电信号在飞机与地表面之间的传播时间来获得高度信息。典型的无线电高度表组成及工作原理如图1-21所示,包括收/发天线、收/发信机和定时器、测量电路、指示器等部分。

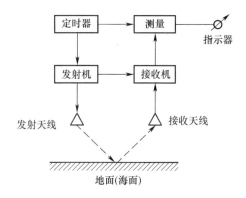

图1-21 无线电高度表组成及工作原理示意图

无线电高度表通过向地表面发射信号,接收反射的信号并测量其信号延时,从而测量出飞机到地表面的垂直距离,以此获得飞机正下方的高度。按照发射信号工作方式的不同,无线电高度表可以分为脉冲式无线电高度表和调频连续波式无线电高度表。

1.5.2 主要技术指标

虽然脉冲式无线电高度表和调频连续波式无线电高度表的组成及工作原理有一定的区别,但其主要技术指标基本相同,主要包括发射频率、测高范围、测高精度、灵敏度、发射功率等,具体如表1-5所列。脉冲式无线电高度表还有脉冲重复频率、脉冲宽度等指标,而调频连续波式无线电高度表则有调制频偏、调制线性度等指标,在此不一一列出。

(1)天馈线的性能指标。天馈线的主要性能指标有天线孔径、天线增益、波束形状和宽度、副瓣大小、极化方式、损耗、带宽等。由于以上指标在实际使用中一般不发生变化,天线本身的故障率也较低,因此在维护保障工作中很少涉及。

(2)发射功率。对于脉冲式无线电高度表,与发射功率相关的技术指标包括峰值功率 P_t、平均功率 P_{AV} 等,调频连续波式无线电高度表则只有发射功率一个指标。高度表发射机辐射出的功率越大,高度表相对的作用距离越远。也就是说,发射功率的大小决定高度表测高范围。

(3)测高范围。高度表可以进行连续观测的空间区域称为测高范围。它由高度表的最小可测距离 R_{min}、最大作用距离 R_{max}、仰角和方位角的探测范围等决定。

(4)测高精度。高度表测高精度是以高度测量误差的均方根值来衡量的。测量方法不同,测量精度也不同。误差越小,精度越高。高度表测量误差通常可分为系统误差和随机误差,其中系统误差可以采取一定的措施进行修正,实际使用中影响测量精度的主要是随机误差,所以需要对测量结果规定一个误差范围。

(5)灵敏度。由于高度表的发射机、接收机性能都存在一定的差异,因此接收机灵敏度并不能完全决定高度表收发机的灵敏度。在实际工程中,高度表灵敏度一般用高度表发射机发射功率与高度表接收机接收功率的比值表示,即

$$L = \frac{P_t}{P_r} \tag{1.1}$$

式中:L 为高度表收发机灵敏度;P_t 为高度表发射机发射功率;P_r 为高度表接收机接收功率。

对式(1.1)进行对数运算,可得

$$L(\mathrm{dB}) = 10(\lg P_t - \lg P_r) \tag{1.2}$$

要使高度表正常测高,高度表接收系统的回波信号的功率 P_r 必须大于接收机的最小可检测功率 SI_{min}。

(6) 发射频率。发射频率是指高度表发射机的射频频率,机载高度表发射频率一般为 4200~4400MHz。

(7) 脉冲重复频率。对于脉冲式无线电高度表,脉冲重复频率决定了高度表进行测高时对高度测量的实时性,重复频率越高,高度测量的实时性越好。

(8) 跟踪速度。跟踪速度反映了大过载机动时高度表测量高度的跟踪能力。

(9) 剩余高度。剩余高度是指由于馈线电缆、天线安装位置距离地面的高度造成的飞行器停在地面时高度表输出的不为0的高度,在实际使用时需要减去。

表 1-5 无线电高度表的主要技术指标

序号	指标名称	调频连续波式无线电高度表	脉冲式无线电高度表
1	发射频率/MHz	4200~4400	4300
2	测高范围/m	0~15000	0~17000
3	测高精度	$H \leqslant 150m: \pm 0.6m$ 或 $(5\% \times H)$ $H > 150m: 5\% \times H$	低量程:$1.5m \pm 0.25\% \times H$ 高量程:$3.0m \pm 0.25\% \times H$
4	灵敏度	近距:优于 80dB 远距:优于 140dB	近距:优于 80dB 远距:优于 136dB
5	发射功率	≥80mW	峰值:约 100W

1.5.3 脉冲式无线电高度表组成及工作原理

1.5.3.1 概述

脉冲式无线电高度表传播的电磁波信号是一个离散的射频脉冲信号,所测量的延迟时间是指发射脉冲信号前沿与地面反射的回波信号前沿之间的时间差。这种高度表对距离的分辨率高低与发射信号脉冲宽度有着密切的关系,脉冲宽度越窄,距离分辨率越高。因此,为了探测更为精确的目标距离,脉冲式无线电高度表的发射机一般采用较窄的脉冲宽度发射信号。

1.5.3.2 工作原理

脉冲式无线电高度表采用脉冲前沿跟踪技术,测定发射脉冲传播到地面再返回到接收机的时间间隔,并将时间间隔转换为飞机相对于地面飞行高度的直流电压信号及数字信号。将该信号送到各显示终端,即可完成飞机实时飞行高度的测量与显示。

通常情况下,脉冲式无线电高度表有3种工作状态,分别是搜索、跟踪和自检。当无线电高度表加电正常工作后,由发射机产生极窄的超高频脉冲,并通过发射天线发射出去,同时距离计算电路进行计算,接收机进行接收检测,高度表进入搜索状态,直到第一个由地面返回的信号被接收机检测出来,则高度表转入跟踪状态,可完成高度测量。若飞机处于某种姿态,使高度表失去跟踪,则仍返回到搜索状态;若飞机在地面,需要检查高度表工作是否正常,则可控制无线电高度表启动自检,使高度表转入自检状态。

典型脉冲式无线电高度表收发机由发射机、接收机、距离计算电路、电源变换模块4个部分组成。

1) 发射机

如图1-22所示,发射机电路包括脉冲重复频率产生器、调制器、腔体振荡器等部分,主要功能是在重复脉冲的控制下,产生射频脉冲和时间基准脉冲。

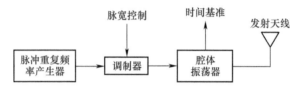

图1-22 发射机组成及原理框图

(1) 脉冲重复频率产生器。脉冲重复频率产生器产生一定重复频率的脉冲信号,控制调制器对发射机进行脉冲调制。通常脉冲重复频率为10kHz。

(2) 调制器。通过脉冲信号的触发,调制器产生调制脉冲,控制腔体振荡器产生振荡。调制脉冲的宽度受距离计算电路中的内部距离电压控制。当内部距离电压升高至规定的幅度(对应一定的高度)时,脉冲宽度由窄变宽。在低空时采用窄脉冲,以提高低空测高的准确性,避免调制脉冲过宽,使射频脉冲与回波脉冲发生重迭,产生测高盲区。

(3) 腔体振荡器。典型的脉冲式无线电高度表的振荡器采用腔体振荡器,以产生满足要求的大功率脉冲信号。

2) 接收机

如图1-23所示,接收机包括本振、混频器、中频组件等部分,主要功能是接收反射回来的射频信号,产生视频回波脉冲,送至距离计算电路进行高度计算。

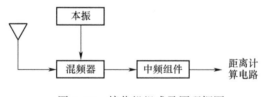

图1-23 接收机组成及原理框图

(1) 本振。与发射机中的腔体振荡器类似,本振电路产生用于接收机混频的本振信号,但功率相对较小。

(2) 混频器。混频器将本振信号与射频回波脉冲信号进行混频,从而得到差拍信号,送中频组件进行放大。

(3) 中频组件。中频组件将差拍信号进行放大、噪声控制等处理,形成视频脉冲信号,送至距离计算电路与时间基准脉冲一起进行高度计算。

3) 距离计算电路

距离计算电路将由发射机来的时间基准脉冲和接收机来的视频回波脉冲进行处理,并测定出这两个脉冲的时间间隔,产生一个正比于这一时间间隔的电压作为高度指示信号。距离计算电路一般由斜波产生器、比较器、跟踪门产生器、距离积分器等电路组成,如图1-24所示。

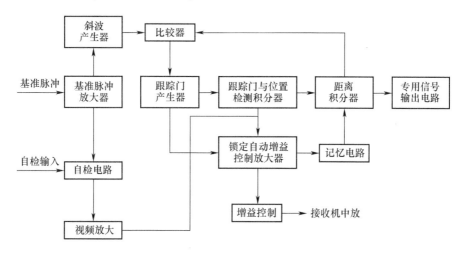

图1-24 距离计算电路组成及原理框图

(1) 斜波产生器。在时间基准脉冲的触发下,斜波产生器产生一个在时间上等效于测高范围的快速锯齿波电压。

(2) 比较器。比较器将斜波产生器产生的快速锯齿波电压与内部距离电压(慢速锯齿波电压)相比较,以确定何时产生跟踪门脉冲。

(3) 跟踪门产生器。在快速锯齿波与慢速锯齿波电压相等时,比较器产生触发脉冲,使跟踪门产生跟踪门脉冲。

(4) 跟踪门与位置检测积分器。跟踪门与位置检测积分器产生一个正比于跟踪门脉冲与视频回波脉冲重合面积的误差电流。

(5) 距离积分器。距离积分器产生内部距离电压,即慢速锯齿波电压。

(6) 专用信号输出电路。专用信号输出电路输出代表高度的电压信号,从而实现高度的实时测量。

(7) 锁定自动增益控制放大器。通过比较跟踪门脉冲和视频回波脉冲,锁定自动增益控制放大器产生一个控制脉冲,经放大后去控制记忆电路中的跟踪门/非跟踪逻辑电路。

（8）记忆电路。记忆电路用于在回波脉冲丢失后,保持距离积分器记忆一定的时间。

1.5.3.3 脉冲式无线电高度表的特点

脉冲式无线电高度表与调频连续波式无线电高度表相比,具有以下特点。

（1）精度高。由于脉冲极窄,上升沿很陡,因此测高精度较高,不存在普通调频体制高度表所固有的阶梯误差。

（2）实时性好。采用脉冲前沿跟踪技术,能够跟踪最近回波的前沿,因而飞机在复杂地形地貌上空飞行时,所测高度为最近点目标的距离,能够很好地保证飞行安全,克服调频连续波式无线电高度表由于原理所造成的测量偏差。

（3）测高范围大。脉冲式无线电高度表测高范围大,而且增加测高量程也相对更容易实现。

（4）抗干扰性强。电路内部设计有噪声自动增益控制、脉冲自动增益控制和距离灵敏度控制等电路,能够有效地抗云雨干扰,并能防止天线泄漏信号以及飞机外挂物反射信号的影响。由于锁定自动增益控制放大器的作用,使系统只有持续接收到多个有效的回波脉冲时,才进入跟踪状态,从而防止了瞬间大幅度干扰造成的高度测量误差。

1.5.4 调频连续波式无线电高度表组成及工作原理

1.5.4.1 概述

调频连续波式无线电高度表的工作信号是频率随时间呈周期性变化的连续波。高度表将接收到的从地面反射回来的电磁波信号和发射信号进行混频处理,得到所需的差频频率信号,该信号是一个关于延迟时间(或高度)的函数输出。采用频率计数器或其他方式对差频信号进行频率测量计数,就可以从中获取与高度相关的信息,根据函数关系换算后即可得到真实的高度值。调频连续波式无线电高度表的结构比较简单,成本较低,在低高度测量时具有较高的测量精度,其缺点是高高度上测量时的抗干扰能力较差,呈现的测量误差较大。

1.5.4.2 工作原理

按最终的高度测量原理,调频连续波式无线电高度表可以分为恒定调制频率连续波高度表和恒定差拍连续波高度表。

1) 恒定调制频率连续波高度表工作原理

恒定调制频率连续波高度表又称为普通调频连续波高度表,其测高原理如图 1-25 所示。

高度表的发射信号是中心频率 f_0 的线性调频信号,调制信号为锯齿波信号,周期为 T_r,相应于锯齿波电压最大及最小值的发射频率分别为 f_{02}、f_{01}。在一个

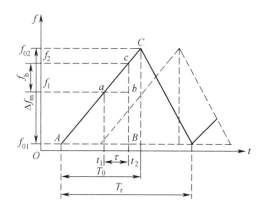

图 1-25 恒定调制频率连续波高度表测高原理示意图

调制周期内,发射频率的变化规律如图 1-25 中的实线所示。在 t_1 时刻,发射机的的发射频率为 f_1,经时间 τ 后,从地面反射回来的信号在 t_2 时刻进入到高度表的接收机,接收到的信号频率仍为 f_1。与此同时,将发射机在这一时刻的发射信号送入接收机,此时发射信号的频率为 f_2。在接收机中,发射信号的频率 f_2 与接收信号的频率 f_1 进行差频运算,得到差拍频率 f_b,即

$$f_b = f_2 - f_1 \tag{1.3}$$

差拍频率 f_b 与时间延时 τ 有关,其中 τ 为电磁波往返高度表载体与地面之间所需的时间。由于电磁波的传播速率是定值,因此 τ 取决于高度表载体与地面之间的高度 H,即

$$\tau = \frac{2H}{c} \tag{1.4}$$

式中:c 为电磁波的传播速率,有 $c = 3 \times 10^8 \text{m/s}$。从图 1-25 可知,$\Delta ABC$ 与 Δabc 相似,则有

$$\frac{f_{02} - f_{01}}{T_0} = \frac{f_2 - f_1}{\tau} \tag{1.5}$$

进一步有

$$\frac{\Delta f_m}{T_0} = \frac{f_b}{\tau} \tag{1.6}$$

所以有

$$f_b = \frac{\Delta f_m \tau}{T_0} = \frac{2\Delta f_m H}{cT_0} \tag{1.7}$$

$$\Delta f_m = f_{02} - f_{01}$$

式中:Δf_m 为锯齿波电压的最大与最小频率之差;T_0 为锯齿波的正程上升时间。

对于一个固定的恒定调制频率连续波高度表，Δf_m、T_0、c 均为定值，因此可以认为差拍频率与高度 H 成正比。如果能得到差拍频率 f_b，则可以通过以上公式计算出运载体的高度 H。

2) 恒定差拍连续波高度表工作原理

恒定差拍连续波高度表有时也称为跟踪式无线电高度表，目前军用飞机上大多使用该种形式的无线电高度表。恒定差拍连续波高度表的调制波形为锯齿波，其高度测量不是通过通常的测量差拍频率的方法，而是通过改变调制频率周期来保持差拍恒定，从而在测量调制周期达到测量高度的目的。

恒定差拍连续波高度表是通过天线发射一个用锯齿波调制的、随时间作线性变换的调制信号到达地面，由地面反射回来的信号，经延迟时间 τ 后，被接收机接收。测高原理示意如图 1-26 所示。在 t_1 时刻，发射机向地面辐射的调频信号频率为 f_1；经过时间 τ 以后，从地面反射回来到达接收天线的信号频率仍为 f_1；在 $t_2 = t_1 + \tau$ 时刻，反射信号在混频器中和在 t_2 时的发射信号 f_2 进行混频，即可得到差拍频率 f_b，用公式表示为

$$f_b = f_2 - f_1 \tag{1.8}$$

τ 为信号由发射机传播到地面后，再由地面返回到接收机所需要的时间。τ 与高度成正比，另外还和馈线等引入的延迟有关，记为 τ_i，即

$$\tau = \tau_i + \frac{2H}{c} \tag{1.9}$$

式中：c 为电磁波空间传播速度；H 为被测高度。由 ΔABC 与 Δabc 相似可以得到

$$\frac{\Delta f_m}{f_b} = \frac{T_0}{\tau} \tag{1.10}$$

也可以写为

$$T_0 = \tau \frac{\Delta f_m}{f_b} \tag{1.11}$$

$$T_0 = \tau \frac{\Delta f_m}{f_b} = \left(\tau_i + \frac{2H}{c}\right)\frac{\Delta f_m}{f_b} = \frac{2H}{c}\frac{\Delta f_m}{f_b} + \tau_i \frac{\Delta f_m}{f_b} = \frac{2H}{c}\frac{\Delta f_m}{f_b} + T_i \tag{1.12}$$

式中：Δf_m 为调制频偏；T_0 为调制周期；f_b 为差拍频率；τ 为延迟时间。由于高度表是恒定差拍连续波高度表，f_b 也固定不变，而 τ 与高度表载体的飞行高度有关，$T_i = \tau_i \frac{\Delta f_m}{f_b}$ 为系统的固有延时，是一个定值，对应高度表的剩余高度，因此，T_0 与载体的飞行高度成正比，即调制信号的周期与飞行高度成正比。将式(1.11)做进一步变化，则有

$$K = \frac{f_b}{\Delta f_m} = \frac{\tau}{T_0} \tag{1.13}$$

其中，$K = \dfrac{f_b}{\Delta f_m}$ 为定值，当飞行载体位于低高度时，τ 减小，则 T_0 也相应减小，这意味着调频锯齿波的斜率将随载体飞行高度的降低而变大（周期小）。当载体在高高度飞行时，斜率变小（周期长），即恒定差拍锯齿波调频连续波式无线电高度表，通过改变调制周期 T_0，使差拍频率保持固定不变，从而实现高度测量。

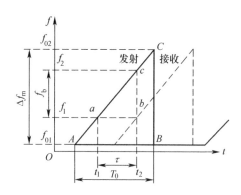

图 1-26 恒差拍调频连续波高度表测高原理示意图

1.5.4.3 调频连续波式无线电高度表的组成及工作原理

从上面的分析可知，由于在测高过程中恒定调制频率连续波高度表的差拍信号频率随高度变化而变化，因此在进行信号处理时，对低频放大器带宽的要求相对较高，因此在实际设计及使用时受到了一定的限制；而恒定差拍连续波高度表在测高时，只是调制周期随高度变化，差拍信号频率恒定，因此后续信号处理及电路要求相对较低，应用更为广泛。下面就以恒定差拍连续波高度表为例对其电路组成和工作原理进行简要分析。

如图 1-27 所示，恒定差拍连续波高度表主要由收发机、发射天线、接收天线等部分组成。收发机完成测高信号的发射、接收及高度测量，测量结果通过总线、模拟电压等方式送相应的信息显示及高度控制单元。发射天线完成测高信号的发送；接收天线则接收地面（海面）反射回来的测高信号，并送收发机进行处理。

恒定差拍连续波高度表的收发机主要由微波组件、跟踪与控制电路、处理器及接口电路以及电源等部分组成。

1）微波组件

微波组件实现测高信号的发射及接收。发射部分产生相应频率的调频连续波信号，将发射信号进行功率放大，并通过发射天线发射出去；接收部分则主要对经地面（海面）反射的回波信号进行前置放大，并产生差拍信号。

如图 1-28 所示，微波组件由压控振荡器（VCO）、隔离器、混频器、低频放大器、低通滤波器等电路组成。发射时，来自跟踪与控制电路的锯齿波信号，控制压

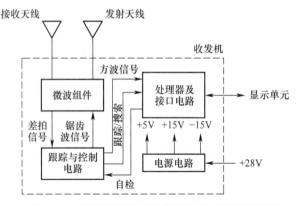

图 1-27 恒定差拍连续波高度表组成及原理框图

控振荡器产生中心频率为 4200～4400MHz,输出功率满足工作要求的射频信号,经过功率放大、信号耦合、信号隔离后送发射天线发射出去。压控振荡器产生的射频信号大部分能量经天线发射出去,但为了实现回波信号的接收,在发射的同时,通过耦合器将一小部分能量耦合到混频器作为本振信号,与接收的回波信号在混频器进行混频,产生差拍信号。接收时,从天线来的回波信号经过低通滤波器、隔离器及低噪声放大器后,送混频器与耦合过来的发射信号进行混频。低噪声放大的目的是对接收到的回波信号进行放大,以提高接收机的灵敏度。差拍信号经低频放大器放大后,送跟踪与控制电路进行处理。

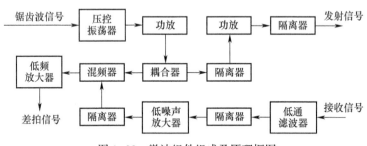

图 1-28 微波组件组成及原理框图

2) 跟踪与控制电路

如图 1-29 所示,跟踪与控制电路包括可变增益放大器、跟踪鉴频器、控制鉴频器、波形转换电路以及相应的积分器、放大器等电路。该部分电路的主要功能是将微波组件产生的差拍信号进行放大、鉴频,产生调制锯齿波所需的控制信号;形成含有高度信息的方波信号;通过对差拍信号的信噪比进行检测,产生跟踪/搜索状态信号。

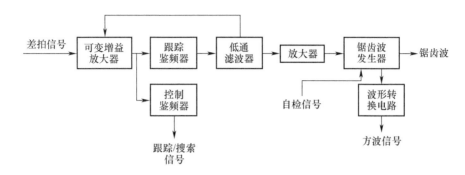

图 1-29 跟踪与控制电路组成及原理框图

（1）可变增益放大器。可变增益放大器对输入的差拍信号进行放大，其增益受积分器的输出电压控制。随着飞行器高度的增加，为了保持输出信号的稳定，可变增益放大器的增益变大。

（2）跟踪鉴频器。与通常压控振荡器电路中的鉴频器功能相同，跟踪鉴频器将差拍信号频率与基准频率进行比较，产生与二者频率差相对应的误差电压，经低通滤波器滤波后送可变增益放大器和锯齿波发生器。

从上面的分析可知，当飞行器稳定在一定的高度飞行时，收发机测得的差拍信号频率与设计的基准频率相同，即 $f_b = f_{b0}$，此时跟踪鉴频器输出的误差电压为零，低通滤波器的输出保持不变，产生的锯齿波调制信号的周期 T_0 保持不变，电路测量的高度电压保持不变。

当飞行器高度上升时，由于反射的回波信号往返传播时间变大，因此产生的差拍频率 $f_b > f_{b0}$，导致跟踪鉴频器输出一个正的误差电压加到低通滤波器，使锯齿波控制电压增大，锯齿波调制信号的周期变大，导致与回波信号产生的差拍频率减小，直到差拍频率减小到 $f_b = f_{b0}$ 时达到稳定状态，此时高度处理电路输出的高度电压也相应增加。

当飞行器高度下降时，由于反射的回波信号往返传播时间变小，因此导致差拍频率 $f_b < f_{b0}$，此时跟踪鉴频器对差拍信号和标准信号鉴频后，输出一个负的误差电压加到低通滤波器。该电压加到锯齿波电路后，使锯齿波控制电压减小，锯齿波调制信号的周期变小，产生的差拍频率增大。同样，当差拍频率增大到 $f_b = f_{b0}$ 时，达到稳定状态，此时高度处理电路输出的高度电压也相应减小，以真实反映实时高度的变化情况。

（3）低通滤波器。低通滤波器将鉴频器的输出信号进行低通滤波，滤除干扰，起到稳定高度表测高回路的功能。

（4）放大器。放大器对经低通滤波器滤波后的误差电压进行放大，其输出控制可变增益放大器及锯齿波发生器。

（5）锯齿波发生器。锯齿波发生器一般由运算放大器以及电阻、电容等组成的比较器和单稳态电路构成，通过电容的定时充放电以及门限电路的控制，产生周期可控的锯齿波调制信号。

（6）控制鉴频器。控制鉴频器通过对差拍信号信噪比的检测，输出相应的控制信号，使高度表工作在相应的"跟踪"或"搜索"状态。若信噪比满足要求，则输出相应的跟踪信号，使高度表保持跟踪状态；如果信噪比不能满足要求，则输出信号控制高度表工作在搜索状态。

（7）波形转换电路。波形转换电路将锯齿波电压信号转换为方波信号，送处理器及接口电路进行距离计算。

3）处理器及接口电路

处理器及接口电路完成高度计算、自检控制和总线通信等功能。电路中的微处理器根据跟踪与控制电路输入的"跟踪/搜索"控制信号以及通过波形转换电路转换的"方波信号"进行计算，并将计算得到的原始高度信号通过总线以数字方式输出。

当高度表需要进行加电自检、周期自检或启动自检时，处理器及接口电路产生相应的自检控制信号，控制高度表进入自检状态，并将自检结果送其他控制单元。

4）电源

电源单元通过 DC/DC 电源模块，产生内部电路工作所需的+5V、+15V、-15V 等直流电源。

1.6 微波着陆机载设备

1.6.1 概述

微波着陆设备是一种精密的飞机进场着陆引导设备，它能接收和处理来自地面台的有关进场着陆的方位和仰角信息，并输出方位偏差、下滑偏差信号，向飞行员提供着陆引导信息，同时在飞行员耳机中可收到微波着陆系统（MLS）地面台站的识别音响。

MLS 由机载设备和地面台两部分组成。位于跑道附近的地面台向空间定向发射经过某种角度编码的射频信号，信号覆盖区内的飞机接收到这一信号，经处理后得到其所在空间的角位置数据。MLS 地面台的基本架构一般由方位制导设备、仰角制导设备、精密测距器（DME/P）、基本数据传送系统等组成。方位制导和仰角制导统称为角度制导，这是实现 MLS 功能的主体。而通常的 MLS 地面台扩展架构，还包括反方位制导和辅助数据功能。MLS 数据传输系统向飞机提供用于精密进近和着陆的必要信息,分为基本数据和辅助数据。基本数据包括地面台识别、信号覆盖范围、可用最低下滑道、MLS设备性能级别和所用频道等与着陆直接有关的数据;辅助数据一般包括地面台的安装状况、航空气象情报、跑道状况和其他补充信息。根据不同的具体要求,机场选用上述部分或全部地面台来装备机场,构建MLS。

MLS有以下几个显著的技术特点。

(1) 时基扫描波束(TRSB)。MLS的地面台辐射一个很窄的扇状波束,在相应的覆盖区域内进近往返扫描。往扫和返扫,对方位台而言相当于波束在水平范围内的顺时针(向左)和逆时针(向右)扫描,对仰角台而言则相当于向上扫描和向下扫描。机载接收机在接收到"往"和"返"两次扫描波束后,测定其时间差,由此得到飞机在空中所处的角位置。

方位台天线在水平面内产生一个窄波束,在垂直面内形成一个扇形,其范围一般为0.9°~20°,这样的一个扇形窄波束在±40°的水平方位覆盖区内进行往返连续扫描。仰角台天线在垂直面内产生一个窄波束,在水平面内呈扇形,这个仰角窄波束在垂直覆盖区内进行0°~15°之间的连续扫描。

(2) 时分多路复用(TDM)。全部角度制导信息和数据都在同一频率上发射,不同功能的信号都占有自己的发射时隙。在每个发射时隙前部都用差分相移键控(DPSK)调制的前导码来区分不同的功能块。TDM技术的采用,使MLS地面台和机载设备之间具有很强的适应性。

(3) 相控阵天线。方位制导和仰角制导的信息更新率(扫描波束重发率)分别为13Hz和39Hz,机械扫描天线无法实现这样快的扫描速度,故利用相控阵天线来实现。

1.6.2 主要技术指标

机载MLS的主要技术指标包括工作频率、制导轨迹角、波道数、波道间隔等,具体如表1-6所列。

表1-6 机载MLS的主要技术指标

序号	技术指标名称	参 数 值
1	工作频率	角度部分:5031.0~5090.7MHz 精密测距部分:962~1213MHz
2	制导轨迹角	方位/航向:±40° 仰角/下滑:0°~20°
3	波道数	200个
4	波道间隔	300kHz

续表

序号	技术指标名称	参 数 值
5	频率稳定度	±25kHz
6	方位精度	优于±0.045°
7	俯仰精度	优于±0.050°

1.6.3 设备组成及工作原理

1.6.3.1 MLS系统组成

自20世纪70年代以来,多种MLS方案被相继提出,经过对比,1978年4月国际民用航空组织最终选定美国和澳大利亚的联合方案,即时间基准波束扫描微波着陆系统(Time Reference Scanning Beam MLS,TRSB-MLS),作为取代仪表着陆系统的国际标准系统。

MLS系统包括地面台和机载设备两部分。

1) 地面台

时间基准波束扫描微波着陆系统通过测量两个角度(方位角、仰角)和一个斜距来确定飞机在空中的位置,其地面台包括工作于5031～5090.7MHz频段的方位角制导台(AZ)、仰角制导台(EL)、精密测距器(DME/P)以及工作于15400～15700MHz频段的拉平制导台(FL)。MLS地面台的基本配置如图1-30所示,根据着陆的要求,地面台的配置可以有所变化。

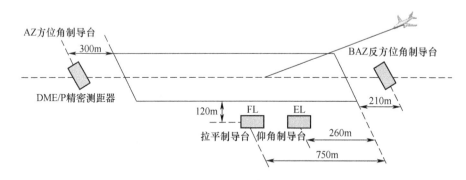

图1-30 MLS地面台基本配置

方位角制导台的天线一般安装在跑道中心线的延长线上,它辐射一个在水平面上宽0.5°～3.0°,垂直面上宽15°～28°的扇形波束,该波束在以跑道中心各40°(或60°)的水平面上来回扫描,为着陆飞机提供相对于跑道中心线的方位角引导信息。

仰角制导台的天线安装在跑道一侧的飞机着陆点与跑道端点之间,辐射一个

在水平面宽度为 ±40°（与方位扫描范围相匹配），垂直面上宽1°、1.5°、2°的扇形波束，该波束沿垂直方向在1°～30°范围内上下扫描，为着陆飞机提供相对于跑道平面的仰角引导信息。

方位角制导台和仰角制导台的波束扫描如图1-31所示。

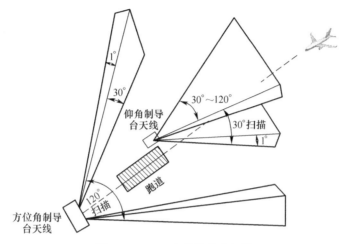

图1-31　MLS方位和仰角扫描

拉平制导台的天线一般配置在仰角制导台天线之后几百米的位置上，辐射一个在水平面上宽±80°（对其中心线而言）、垂直面上宽0.5°的扇形波束，该波束沿垂直方向扫描，用于在拉平阶段为飞机提供距地面高度的信息。

精密测距器与方位角制导台配置在一起，由精密测距器提供飞机到机场的距离信息，其测距误差应小于30m。

反方位角制导台与方位角制导台类似，其扇形方向性图在水平面上的宽度为8°左右，在垂直面上的宽度约为20°。以跑道中心线为基准，扇形的扫描范围是±20°～±40°，用于给起飞（或进场）失败而复飞的飞机提供方位制导。

2) 机载设备

MLS机载设备主要由天线、接收通道、信号处理电路、输出电路、自检电路等组成，其原理框图如图1-32所示。

（1）接收通道。将来自天线的微波信号进行选择、变频、滤波、放大、检波、解调等处理，产生出视频信号和解调的差分相移键控（DPSK）数字信号，并使接收机工作在选定的通道上。

（2）信号处理电路。对接收通道解调出的差分相移键控数字信号进行捕获和译码，为整机建立同步时序，并使其转入相应的功能处理程序。

对于视频信号，找出信号的最大值和最大值出现的时刻，并进行可信度判决。

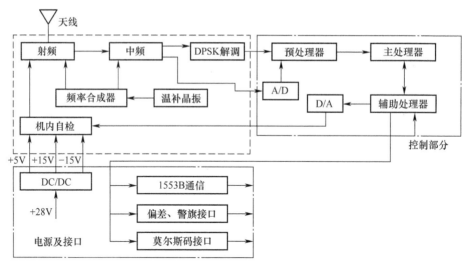

图 1-32 MLS 机载设备原理框图

当可信度判决达到要求时,由捕获过程转入跟踪过程,并继续进行各种可信度判决,同时对得到的最大值出现时刻进行计时处理,从而得出飞机在空中的角度数据。当可信度判决降低到规定值以下时,则转入捕获过程,重新进行捕获处理。

对由系统接收的 DME/P 数据进行判断。如果 DME/P 数据有效,则与已计算出的角度数据一起进行坐标变换,然后进行数字滤波、格式变换等处理,再传送到输出电路部分。如果 DME/P 数据无效,则将已计算出的角度数据不作坐标变换,直接进行数字滤波、格式变换等处理,并送到输出电路部分。

(3) 输出电路。输出电路中包括数据总线输出和模拟量输出。在数据总线输出部分对各种输出数据按 GJB289A—97 规范进行编码和电平变换等处理,在模拟量输出部分则要对各种模拟量进行处理。

(4) 自检电路。整机的自检方式分为加电自检、自动周期自检和启动自检。在自检过程中分为静态监测和动态检测。静态监测是对监测点参数进行采集和处理,判断各相关电路是否正常工作。动态检测则是通过信号处理部分模拟地面信号格式产生出自检信号序列,经调制后传送到接收通道部分,并通过对这个信号的处理来检测整机性能及各功能模块的性能,对出现的故障要判断其真实性,即当故障存在 2s 以上时,对故障进行确认,以防止虚警的输出。

1.6.3.2 信号格式

MLS 的信号格式如图 1-33 所示,从图中可以看出,MLS 信号格式有以下特点。

(1) 每一个功能信号(如方位、仰角、数据等)均以同一载频播发,每一功能的识别可通过数字编码的前导码来实现。在前导码之后是往返扫描信号和数字数据信号。

（2）功能信号的格式都是完备的,而且各自独立。机载设备能独立识别和处理每种功能信号,这为今后的功能扩展带来方便。

（3）信号格式中的数据传输,用于提供基本数据字和辅助数据字。

在每次波束扫描信号发播时,先在整个覆盖区内用宽波束天线发播前导码。前导码可指明随后的扫描信号的功能。

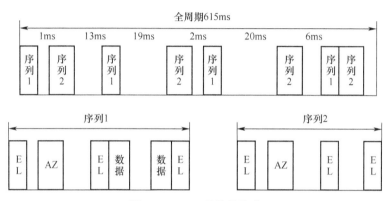

图 1-33 MLS 的信号格式

1.6.3.3 测角原理

如前所述,MLS 包括地面台和机载设备两部分。

地面台则包括方位台和仰角台。方位台位于飞机跑道中心的延长线上,提供水平扫描窄波束在空间匀速往返扫描,通常情况下的扫描覆盖范围为±40°。仰角台位于飞机跑道端头的一侧,提供垂直扫描窄波束在空间匀速往返扫描,扫描覆盖范围为 0°～20°。

机载设备通过接收方位台和仰角台的信息来判断飞机相对下滑道的方位偏差和俯仰偏差。当地面台的定向窄波束在空间匀速往返两次扫过作用区的飞机时,机载设备收到两个脉冲,一个是"往"扫描,另一个是"返"扫描,两者之间的时间间隔 ΔT 和目标所处的方位角有关。通过对时间 ΔT 的测量,可以计算出飞机的角位置。

测角方程为

$$\theta = \frac{1}{2}(T_0 - \Delta T)V \tag{1.14}$$

$$\Delta T = T_2 - T_1 \tag{1.15}$$

式中:V 为扫描速度(国际民用航空组织规定为 20000(°)/s);T_0 为零方位的时间间隔,与扫描范围(覆盖区)有关。因此,机载设备的主要作用是测定 ΔT,代入相应的参数，计算出角度位置。

接收机通过对地面台发播的数据信息译码,可以得到跑道长度、波束宽度、覆盖范围、最低下滑道、跑道磁航向和台识别等数据信息。

所有的角度信息和数据信息均可以数据总线的形式输出,角度信息还可以模拟量的形式输出,对地面台的识别则是以莫尔斯码音响信号的形式输出的。

1.7 塔康机载设备

1.7.1 概述

塔康(TACAN)是战术空中导航(Tactical Air Navigation)系统的英文缩写,属于近程导航系统。塔康系统最初由美国空军联邦长途通信实验室于1948—1951年研制成功,用于航空母舰和军舰上为飞机进行导航,后续用于陆军的航线上,被认为是最有效的导航体制,随之广泛应用于北大西洋公约组织各国的军事航空领域。

塔康系统由地面信标和机载设备组成,其主要功能如下。

(1) 具有空/地(A/G)测角(测位)、测距功能,可同时测出塔康方位角度值 θ 和飞机与塔康地面信标台之间的斜距 R ,实现测向-测距定位。

(2) 具有空/空测距功能,可满足飞机空中加油或为飞机会合、编队等提供必要的飞机间距离等信息。

(3) 具有航线规划功能,可人工预选塔康航线,并给出偏离指示和向台/背台飞行指示。

(4) 具有与多种设备交连的功能,塔康与磁罗盘交连,可输出差动方位;与平显仪交连,可显示方位、距离及距离速率、到台时间等信息;与航线姿态系统交连,可为飞行员、领航员提供以磁北为基准的飞机重心到地面台连线间的塔康方位角 θ_T,以机头纵轴方向为基准的相对方位角 θ_{ADF},以及相对于预置航道的偏航显示。

与其他同类系统相比,塔康系统具有以下优点。

(1) 节省波道。使用同一波道即可进行测距、测向,节省波道,操作简便,显示直观。

(2) 测向精度高。在规定的工作区内误差不大于±2°。

(3) 抗干扰能力强。工作在甚高频波段,干扰少,不受电离层影响,无衰落现象,信号传播稳定,可保证飞机全天候飞行引导。

(4) 使用方便。仅需一个地面台即可实现定位。地面台可以装在汽车、舰船、吉普车等平台上,架设方便,便于在野战前沿和丛林使用。

(5) 可与仪表着陆系统等其他导航设备联用。

(6) 可利用脉冲间隙进行数据传输,实现空中交通管制。

1.7.2 主要技术指标

塔康系统的主要技术指标包括工作频率、工作波道、作用距离、发射功率、接收灵敏度、邻道抑制、测位性能、测距性能等,具体如表 1-7 所列。

表 1-7 塔康系统的主要技术指标

序号	指标名称	参 数 值
1	工作频率	962~1213MHz
2	工作波道	252 个(X,Y 通道各 126 个)
3	作用距离	≥370km(高度 1000m)
4	发射功率	≥500W
5	接收灵敏度	优于 -90dBm
6	邻道抑制	≥60dB
7	方位测量误差	≤±1°
8	方位跟踪速度	≥20(°)/s
9	距离测量误差	≤±200m
10	距离跟踪速度	≥2000m/s

1.7.3 设备工作原理

1.7.3.1 系统组成

如图 1-34 所示,与 MLS 类似,塔康系统也是由两大基本设备组成,即塔康信标和机载设备。

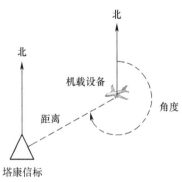

图 1-34 塔康系统组成示意图

1) 塔康信标

如图 1-35 所示，塔康信标一般由天馈、发射机、接收机、编/译码器等部分组成。

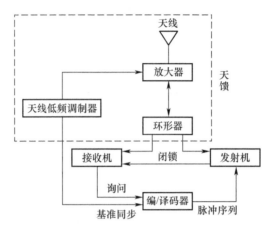

图 1-35　塔康信标组成框图

（1）天馈。天馈部分由天线阵和形成天线方向性图及旋转扫描所需的控制驱动电路、环形器等部分组成。天线阵形成九瓣心脏形方向性图，并以 15Hz 频率按顺时针方向旋转。发射和接收使用同一天线，由环形器负责收/发信号的隔离和控制，保证发射信号安全地馈送给天线，并将接收信号单向馈送给接收机。

（2）发射机。发射机将形成的脉冲序列进行放大，并通过天线发射出去。

（3）接收机。接收机载设备发射的询问脉冲等信号，送编/译码器电路进行处理。由于载机与地面信标的距离变化较大，因此需要有较高的灵敏度及自动增益控制性能，以保证对远、近距离塔康机载设备的测距询问信号均可以正常接收，并提供可靠的延迟应答。

（4）编/译码器。编/译码器的作用是完成对塔康信标接收机发来的测距询问脉冲进行译码，并对各种输出信号进行脉冲编码，经过固定延时形成应答脉冲及其序列。编/译码器的输入信号是基准同步脉冲、来自接收机的询问脉冲以及来自随机噪声信号产生器的随机填充触发脉冲，另外还有识别信号触发脉冲。输出信号是脉冲序列，包括基准编码脉冲群、测距应答编码脉冲、随机填充编码脉冲、台识别编码脉冲（含平衡脉冲）等。

2) 机载设备

塔康机载设备安装在飞机上，与地面的塔康信标相配合，构成完整的塔康系统，完成飞机方位角及飞机到信标台距离的测量。

塔康机载设备由天线、收发信机等组成。

(1) 天线。由于在塔康工作的无线电波段内电波是沿直线传播的,因此为了消除导航盲区,防止飞机在飞行姿态变化时遮挡直线传播的电磁波,从而使信号丢失,机载设备通常采用双天线。一副天线设在机头附近的蒙皮,另一副天线设在机腹部。塔康机载设备工作时,只与一副天线接通,收发信机控制单元根据天线信号的强弱择优选通,接入接收电路。

(2) 收发信机。如图1-36所示,塔康收发信机由电源、频率合成器、接收机、发射机、信息单元、控制单元、模拟单元及双工器组成。

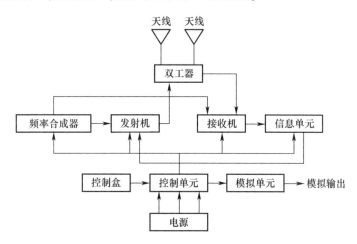

图1-36 塔康收发信机组成框图

1.7.3.2 测距工作原理

如图1-37所示,塔康系统是基于"二次雷达式"的测距原理进行测距的。在进行距离测量时,机载设备(作为询问器)以80~120Hz(距离搜索状态)或20~30Hz(距离跟踪状态)的频率发射询问脉冲信号,地面信标台接收到询问脉冲信号,延时一个固定时间后,向机载设备发射应答脉冲信号。

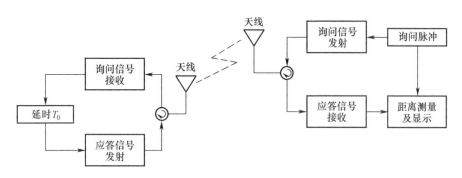

图1-37 塔康系统距离测量原理框图

机载设备接收到地面信标台发送的应答脉冲信号后，测量出询问脉冲与应答脉冲之间的时间间隔，换算出机载设备与地面信标台之间的距离，即

$$D = \frac{1}{2}C(t - T_0) \tag{1.16}$$

式中：C 为电磁波在自由空间的传播速度，取值为 3×10^8 m/s；T_0 为地面信标台固定延时时间，单位为秒(s)；t 为询问脉冲和应答脉冲之间的时间间隔，单位为秒(s)；D 为机载设备与地面信标台之间的斜距，单位为米(m)。

为避免各地面台对信号延迟的不同而产生的测距误差，规定所有地面台都有一个固定的延时，区别于空/地 X 模式、空/地 Y 模式、空/空 X 模式、空/空 Y 模式等不同的工作模式，T_0 取 50μs、56μs、62μs、74μs 等不同的值。

通常情况下，一个机场的地面信标台个数要远远小于飞机的数量，当机场比较繁忙时，在同一时刻可能会有几十甚至上百架飞机同时问询一个地面信标台，从而导致机载设备在测距时会同时接收到信标台对其自身询问信号所发出的应答信号，以及信标台对其他飞机的应答信号干扰及测位基准。因此为了准确完成测距，需要从这些信号中分离出有用的本机应答信号，为此塔康机载设备共有三种不同的工作状态，分别是搜索状态、跟踪状态和记忆状态。

(1) 搜索状态。通常情况下，塔康机载设备在初始工作或较长时间内无法跟踪到应答信号时，会进入到搜索状态。搜索是利用每个机载设备"询问/应答"中信号的相关性及每个机载设备"询问"重复频率的随机性而实现的。在搜索开始时，机载设备一方面产生询问脉冲，另一方面产生一个搜索门，该门随着询问的不断重复而由近及远搜索。每次发送询问信号之后，搜索门总是在上次未能搜索到应答信号之后最先碰到的信号位置上出现。如果在这个位置上无信号，则说明上次出现的不是本机应答信号，系统则把其后出现的第一个信号位置记住，等下次发送询问信号时，把搜索门运动到这次记忆的位置上，如此循环下去。若达到最大量程仍未遇到同步应答信号，则系统从零开始重复进行搜索，直到搜索到与询问信号严格同步的应答信号。在下次询问时，因为搜索门仍在上次出现的信号位置上，所以会再次搜索到该信号的应答信号，如果能连续多次得到询问信号的应答信号，且概率达到 60% 以上，则可以确认该信号是有效的，进而转入跟踪状态。为了减少搜索时间，搜索期间的询问脉冲速率会相对较高，通常在 40~150 脉冲对/秒。

(2) 跟踪状态。进入跟踪状态后，自动跟踪门电路产生由导前门和滞后门组成的跟踪门，将跟踪门信号送入比较器，与输入的应答信号进行比较，并以比较器的输出控制跟踪门，使跟踪门随着应答信号移动。通常情况下，当应答信号与导前门重合较多时，比较器的输出信号使跟踪门向左移动。反之，当应答信号与滞后门重合较多时，比较器的输出信号使跟踪门向右移动。当应答信号与导前门和滞后门的分界线对准时，比较器无输出，这表示跟踪门与应答信号准确对准。此时，跟

踪门的位置反映了飞机与信标的距离。跟踪状态时的询问脉冲重复频率相对较低,约为10~30脉冲对/秒。

(3) 记忆状态。如果在跟踪过程中突然发生信号丢失,则测距电路并不会直接进入到搜索状态。为了能更高效地重新进入到跟踪状态,系统将进入到记忆状态,此时,机载设备会继续保持"跟踪状态"下的信号逻辑和时序,通常会保持10s左右。如果在设定的时间内,没有重新进入跟踪状态,则机载设备会进入搜索状态,提高询问脉冲的发射频率,以便快速搜索到本机的应答脉冲,并进入到跟踪状态。

1.7.3.3 测向工作原理

塔康系统的测向原理与甚高频全向信标系统(VOR)基本相似,机载设备根据接收信号包络的相位来确定自己相对于地面信标台的方位,但在实现方法上有两点区别:①塔康是利用地面信标台应答脉冲的包络相位来测位的,和测距共用一个通道;②地面天线的方向性图是在心脏形曲线上叠加了一个九波瓣图形。这样可使测位精度提高9倍。下面从粗测和精测分别介绍塔康系统的测位原理。

1) 方位粗测原理

如图1-38所示,塔康信标天线的心脏形方向性图以15Hz的频率顺时针旋转,向周围空间辐射方位信号。此时若在其周围任一点观察信号,则该点的信号幅度将随时间(随方向性图旋转)而变化,且以方向性图的旋转周期为周期。也就是说,信标天线的心脏形方向性图决定了此信号也是正弦信号,且天线的旋转频率决定了此信号的频率也为15Hz。

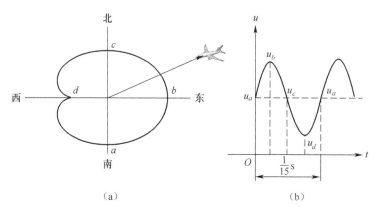

图1-38 塔康天线方向性图及在正南方向的方位信号

为了测得不同方位点的正弦波相位,就必须给定一个共同的基准。塔康的基准是这样规定的:当心脏形方向性图的最大值旋转到指向地理位置正东方(相对磁北顺时针旋转90°)时,地面信标天线发射主基准信号。这样,以主基准为起点,信号正弦波的正斜率拐点为包络取样点,测得二者之间的相位差,就正好等于方位角。

如图1-39(a)所示,当飞机处于信标台正南方时,信标台的磁方位角应为0°。而在此方位的飞机收到的方位包络信号取样点恰好与主基准信号重合,即测得的包络相位0°对应了地理的方位0°。

如图1-39(b)所示,当飞机处于信标台正西方时,信标台的磁方位角应为90°。而在此方位的飞机收到的主基准信号恰与包络信号的最小值点重合,方位包络信号取样点滞后于主基准信号90°,即测得的包络相位90°正好对应了地理方位的90°。

如图1-39(c)所示,当飞机处于信标台正北方位时,信标台的磁方位角为180°。而塔康机载设备接收到的主基准信号恰与包络信号的负向过零值点重合,包络的正向过零点滞后于主基准脉冲信号180°,即测得的包络相位180°对应了地理方位的180°。

如图1-39(d)所示,当飞机在信标台正东方位时,信标台的磁方位角为270°。而此时塔康机载设备接收到的主基准信号恰与包络信号的最大值重合,正弦信号包络的正向过零点滞后于主基准脉冲信号270°,即测得的包络相位270°对应了地理方位的270°。

当飞机位于信标台的其他方位时,也可以用上述方法得出类似的结果,即正弦调制包络信号相对于基准信号的相位差与飞机相对于地面信标台的方位角是一一对应的,机载设备测量1°的相位差对应方位的1°。同样,测量过程中的相位测量误差也与实际的地理方位误差相同。显然,这样方位测量的精度不高,因此称之为方位粗测。

为了增加测量精度,塔康系统增加了精测部分。

2) 方位精测原理

通过上面的分析我们知道,塔康机载设备在方位粗测过程中,会将电相位的测量误差同比转换为地理方位测量误差。为了提升地理方位测量精度,满足实际导航的需要,在机载设备的测量误差难以有效提升的情况下,可采用缩小比例的方式来提升方位测量的精度,即在实际测量过程中,以 $n(n>1)$ 的电相位表示1°的地理相位,从而使地理方位的测量误差缩小为原先的 $1/n$,满足实际测量的需要。

基于以上考虑,结合电路设计中的实际操作,目前通常的做法是将电相位与地理方位的比例设为1∶9,即在塔康机载设备中用9°的电相位表示1°的地理方位,这样可将地理方位测量误差降低为方位粗测误差的1/9,因此称之为方位精测。

如图1-40所示,为了实现上述比例变换,在塔康信标天线的单瓣心型方向性图的基础上,附加了九瓣调制,构成了九瓣心型方向性图。其包络及与主辅基准的关系如图1-41所示。

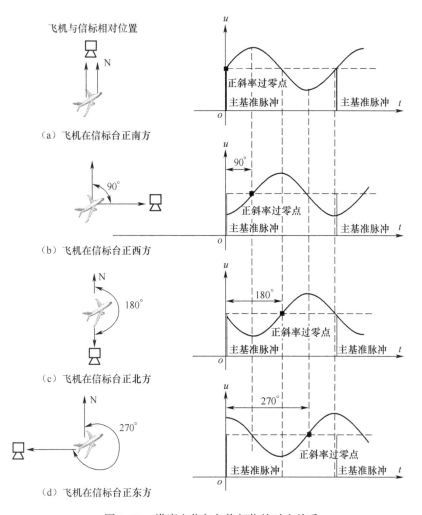

图 1-39 塔康方位与包络相位的对应关系

方位精测原理和粗测原理相似,也是测量相位,所不同的是在粗测的心脏形方向性图上又叠加了一个九波瓣方向性图,相当于把整个 360° 方位区划分成 9 个 40° 的方位区。当天线方向性图旋转时,9 个波瓣的每个瓣扫过空间一点,均会产生一个正弦波,该正弦波的频率为 15Hz 的 9 倍,即 135Hz。同样,为了便于机载设备在 135Hz 信号上比较相位,当 9 个波瓣的每一瓣最大值对准正东方时,也发射一组辅助基准脉冲信号。机载设备通过测量 135Hz 正弦波的每一个正斜率过零点与辅助基准脉冲间的相位差进行测位。由于 135Hz 信号的 360° 相位只对应了方位的 40° 角,则 1° 的相位测量误差也只相当于 1/9 度的方位误差,因此大大提高了测位精度。

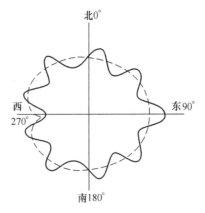

图 1-40　九瓣心脏形方向性图

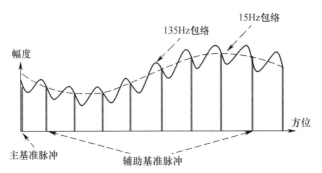

图 1-41　九瓣心脏形方向性图的包络信号及主辅基准关系

虽然精测可以提高测量精度,但由于135Hz包络信号的一个周期(360°相位)只对应一个40°方位区,而40°的方位区共有9个,因此测位存在多值性的问题,无法单独使用。只有像钟表的时针和分针结合起来测量时间一样,将粗测和精测结合使用,才能既提高测位精度,又解决测量过程中的多值性问题。

1.7.3.4　设备工作原理

塔康机载设备与塔康地面台协同工作,共有6种工作状态,即接收、收/发、空/空、DME/P收、DME/P收/发、自检等工作状态。

(1)接收状态。在接收状态下,机载设备仅测量所选择塔康地面台的相对方位,设备控制盒将选择的接收状态、X/Y工作模式以及与地面台相对应的波道信息传送到控制单元。控制单元将以上信息进行变换、处理,形成控制频率合成器所需的频率代码,以及接收机对应的调谐电压、带阻电压、AGC电压、双工器电压等控制信息。以上控制数据及指令可以确保机载设备工作在正确的波道、频率和工作状态,以实现与所选择地面台的协同工作。

天线将接收到的射频信号经射频继电器、双工器后,送接收机。在接收机中,将信号进行高频放大、混频、中放、检波、视放后,得到信标台发射的塔康视频脉冲信号。该视频信号分两路分别加到控制单元和信息单元。控制单元的微处理器根据接收信号的幅度产生相应的 AGC 电压,控制接收机调整放大器的增益,使接收机输出基本恒定的视频信号。

信息单元将接收到的视频信号进行双脉冲译码、主基准译码、包络检波、滤波,产生译码单脉冲、主基准、15Hz 正弦波、135Hz 正弦波。信息单元中的数字信号处理器则根据主基准与 15Hz 和 135Hz 正弦波的相位关系,计算出飞机相对于地面台的方位信息。方位信息返回到控制单元后,转换成相应的数字信号,通过数据总线的方式输出。在接收状态,信息单元不产生询问脉冲,发射机不工作,测距系统不工作。

(2) 收/发状态。在收/发状态下,塔康机载设备测量所选择塔康地面台的相对方位和斜线距离,并可按要求计算出距离速率和到台时间。

控制单元将来自塔康控制盒的收/发控制信息传输给信息单元,信息单元产生询问脉冲对送至发射机,并对来自频率合成器的射频连续波信号进行脉冲调制,经脉冲功放,功率合成后形成满足要求的脉冲功率信号,通过双工器加至天线发射到地面信标台进行询问。地面信标台在接收到机载设备的询问脉冲后,经过处理及固定延时,形成应答脉冲对,并将其包含于地面信标台的发射信号中发射出去。接收机接收到地面信标台的应答信号后,通过接收机进行接收,形成相应的视频信号加至信息单元,经译码形成单脉冲送信号处理器,找出对应的应答脉冲,并计算出询问脉冲与应答脉冲的时差,换算为数字距离信息,同时根据所计算距离及变化速率,计算出距离速率和到台时间送控制单元。飞机方位的测量与接收状态相同,解算出的方位信息也送控制单元。控制单元将来自信息单元的数据转换成满足要求的距离、距离速率和到台时间等数字信号,与方位数据信号合成为一组,以串行数字的形式输出到综合显示器等单元。

在收/发状态,控制单元产生闭锁信号。一路加至双工器,在发射询问脉冲期间,控制射频询问脉冲加至天线发射出去,同时闭锁接收通道以实现对收发信号的隔离。另一路送至中放对射频信号进行封锁,防止发射功率泄漏到接收机造成"收发"干扰。

(3) 空/空状态。在空/空工作状态下,塔康机载设备仅计算飞机间的视线距离,也就是说仅完成测距的功能。在该工作模式下,控制盒设置为空/空工作状态,相互协同的其他飞机也应设置为相同的工作状态及相同的 X 或 Y 工作模式。机载设备工作时,控制单元以与空/地状态相同的工作方式控制频率合成器、接收机工作在相应的状态,并通过"空/空"状态控制代码控制信息单元工作,以确保本机与其他飞机协同工作。

接收机接收的视频信号包括其他飞机对本机的询问脉冲和其他飞机对本机的应答脉冲。信息单元对其他飞机询问脉冲进行译码，并根据不同的工作模式通过软件进行不同的固定延时后送发射机作为对其他飞机的应答单脉冲，连同本机的询问脉冲一起对射频连续波进行脉冲调制，经脉冲功放、功率合成后通过天线发射出去。同时，将未经译码的单脉冲直接送信号单元，以与空/地工作相同的方式计算出最近一架飞机的距离，然后经控制单元处理转换为标准的数据总线距离信号进行输出。

（4）DME/P 收状态。在该状态下，塔康机载设备仅接收 DME/P 地面台信号，输出 DME/P 地面台的识别信号。

（5）DME/P 收/发状态。在该状态下，塔康机载设备能计算出到 DME/P 地面台的距离，并可以根据不同的距离范围，提供满足要求的测量误差。在距离 13~41km 的范围内，设备工作于初始进场（IA）模式，机载设备的距离测量精度（航道跟随误差）不超过±30m；在 0~13km 的范围内，设备工作于最后进场（FA）模式，机载设备的距离测量精度不超过±15m。

控制单元将工作波道和工作模式信息等控制信息送各分机、单元，使其工作于相应的工作状态。信息单元则根据飞机与 DME/P 地面台的距离判断设备应工作于 IA 或 FA 模式。当飞机与 DME/P 地面台距离在 13~41km 范围内时，设备工作于 IA 模式。在该模式下，信息单元根据询问脉冲和应答脉冲时差计算出飞机至 DME/P 地面台斜线距离，这同塔康空/地状态测距工作基本相同，只不过它所应用的时钟和运算处理方法有所不同，精度相比有所提高。当飞机与 DME/P 地面台距离在 0~13km 范围内时，设备工作于 FA 模式。在 FA 模式下，发射机发射更陡脉冲前沿的询问脉冲，同时，发射机经过检波、振荡、调制、衰减、变频等，产生接收频率的调制脉冲信号提供给接收机。信息单元利用接收机宽带视频输出信号，检测出导脉冲，并不再像塔康工作状态以 50% 电平形成定时点，而是经过延时、衰减、比较触发支路，以脉冲前沿的 10% 左右形成定时点并开始计时，待接收到应答脉冲结束计时，并将延时换算成距离。这样就避免了机内延时的变化、由于多径效应使脉冲前沿的畸变等带来的测量误差。同时，采用高时钟频率、高询问速率等方式，减小量化误差，提高测量精度。

（6）自检状态。塔康机载设备具有加电自检和启动自检两种状态。在自检状态，控制单元同时对发射机、接收机、频率合成器、信息单元进行检测。若这些分机和单元工作正常，则提供预定的自检方位和自检距离信息，否则将显示相应的故障代码，以辅助判别机载设备故障。

第 2 章　机载通信导航设备测试原理

2.1　机载超短波电台测试原理

2.1.1　机载超短波电台接口信号分析

综合目前常见的机载超短波电台,与测试相关的接口信号可以分为低频信号、射频信号和总线信号等三类。机载超短波电台的低频信号主要包括电源供电、加电控制、音频输入/输出等信号;射频信号主要是电台的射频接收和发射信号;总线信号则主要用于电台工作模式和参数的控制,通常为 MIL-STD-1553B 总线或者 ARINC-429 总线,具体应与机载航空电子系统的总线形式相匹配。以某型超短波电台为例,与测试相关的接口信号如表 2-1 所列。

表 2-1　机载超短波电台主要接口信号

序号	信号名称	信号特征
1	电源输入(+)	+27V 供电电源
2	电源输入(-)	+27V 供电电源地
3	电源控制	地:加电;空:断电
4	PTT 使能	地:发射;空:接收
5	总线/控制盒选择	地:控制盒;空:总线
6	发音频(-)	发送音频信号地
7	发音频(+)	阻抗:150Ω 电压:0.25V 频率:300~3500Hz
8	收音频(+)	阻抗:600Ω 功率:100mW 频率:300~3500Hz
9	收音频(-)	接收音频信号地
10	总线	MIL-STD-1553B 总线信号

（1）电台供电。通常情况下,电台的工作电源是+28V 直流电源,为满足电台正常工作的功耗要求,电源的供电电流应不小于 10A。电台供电受电源控制信号

的控制,当该信号接地时,电台上电;当该信号悬空时,电台断电。

(2) 电台的工作控制。电台的工作状态受总线及 PTT 使能信号的控制。通过总线通信,设置电台的工作频率、调制方式、输出功率等工作参数,电台的发射与接收则受 PTT 使能信号的控制,其中:当该信号接地时,电台发射;当该信号悬空时,电台处于接收状态。总线/控制盒选择信号则决定电台工作模式控制的方式,其中:当该信号接地时,选择控制盒;当该信号悬空时,则选择总线控制方式。

(3) 音频输入/输出。发音频信号是指将要发送的话音信号送电台进行调制、发射;收音频信号则是指将接收的射频信号进行解调后形成话音信号输出。

2.1.2 机载超短波电台主要测试项目

与维护保障有关的机载超短波电台功能、性能测试项目,主要围绕电源功耗、机内自检(BIT)、发射机和接收机展开,具体如表 2-2 所列。其中,3~8 项是发射机指标测试,9~17 为接收机指标测试。

表 2-2 超短波电台主要测试项目

序号	测试项目名称	主 要 内 容
1	电源功耗	测试电台静态和工作时的电源功耗是否在指定的范围内
2	BIT	启动电台自检,并通过故障代码判断电台的工作情况
3	发射频率范围	测量电台工作时的频率范围
4	频率误差	测量电台发射信号的频率稳定度和频率准确度
5	波道间隔	测量电台工作时的波道间隔
6	发射机输出功率	测量发射机在不同频率、不同工作方式下的发射功率
7	发射调幅度和调幅失真度	测试发射机在调幅状态下的调制特性
8	发射调频频偏和调频失真度	测试发射机在调频状态下的调制特性
9	AM 接收灵敏度	测试接收机在调幅模式下的接收灵敏度
10	AM 接收失真度	测试接收机在调幅模式下的接收失真度
11	FM 接收灵敏度	测试接收机在调频模式下的接收灵敏度
12	FM 接收失真度	测试接收机在调频模式下的接收失真度
13	音频输出电平	测试接收机在 AM、FM 模式下的音频输出电平
14	接收机的 AGC 特性	测试接收机在不同电平输入信号下的 AGC 特性
15	静噪灵敏度和静噪回滞	测试接收机的静噪特性
16	DS 状态接收机灵敏度	测试接收机在抗干扰模式下的接收灵敏度
17	DS+FH 状态接收机灵敏度	测试接收机在抗干扰模式下的接收灵敏度

2.1.3 机载超短波电台主要测试资源

基于机载超短波电台的测试项目,结合其输入/输出接口信号,确定测试时所需要的主要测试资源如表 2-3 所列。表中只列出了与测试相关的主要仪器以及仪器的主要参数,建议的仪器型号也是根据测试的需要结合工程实践列出的,实际应用时完全可以根据具体测试需求选择性能满足要求的其他仪器。

表 2-3 机载超短波电台主要测试资源

序号	仪器名称	主要功能	主要技术要求	建议仪器型号
1	直流电源	为电台正常工作提供直流电源	输出电压范围:0~40V。 输出功率:≥600W。 电源输出纹波:≯20mV。 输出准确度:优于 V_{out}×0.05%+10mV。 电源保护:过压保护、过流保护。 其他功能:电压、电流测量及回读,恒压、恒流输出	是德科技:N5766。 思仪:1765C。
2	无线电综合测试仪	具有模拟调制信号发生与解调分析、音频信号发生与分析、波形显示等功能	频率范围:1MHz~1.05GHz。 频率分辨率:1Hz。 输出功率范围:-130~+5dBm。 输出功率分辨率:0.1dBm。 输出功率准确度:±1.5dB。 单边带相噪:-93dBc/Hz@20kHz。 内部模拟调制源:正弦、双音。 内部 FM:最大频偏 150kHz。 调频准确度:±5%(频偏 5~150kHz)。 内部 AM:调幅 0~100%。 调幅准确度:±5%(相对值,调制深度 10%~90%)。 调制速率:20Hz~20kHz。 功率测量范围:0.1mW~150W。 音频信号发生:正弦波。 音频信号类型:单音、双音。 音频信号频率范围:20Hz~20kHz。 音频信号频率分辨率:1Hz。 信噪比测量范围:3~50dB。 信噪比测量精度:±1dB。 失真度测量范围:0~90%。 失真度测量精度:优于±1%。 SINAD 测量范围:3~50dB。 SINAD 测量精度:±1dB。 模拟解调方式:AM、FM。 模拟解调灵敏度:优于-100dBm。	艾法斯:AeroFlex3920。 思仪:C4945B。

续表

序号	仪器名称	主要功能	主要技术要求	建议仪器型号
3	可变衰减器	测试中的功率可变衰减	连接形式:N型。 功率衰减范围:0~100dB。 频率范围:1MHz~2GHz。	—
4	固定衰减器	测试中的功率固定衰减	连接形式:N型。 功率衰减范围:20dB。 频率范围:1MHz~2GHz。	—
5	MIL-STD-1553B总线通信模块	测试过程中与电台的总线通信	满足GJB289A—97的相关要求。	Alta:PCI-1553。
6	抗干扰电台模拟器	电台的抗干扰性能测试	与被测试电台的工作方式相同,测试时可产生250mV、1kHz单音调制,输出功率≥10W,满足电台抗干扰模式的射频信号。	—
7	开关量输出模块	用于测试过程中,电台工作状态的控制	受控输出地、空信号,通道数为3路。	VTI:SMP5004

2.1.4 机载超短波电台测试原理分析

对某型机载超短波电台进行功能和性能测试时,电台与测试仪器的连接关系及原理如图2-1所示。测试时,利用MIL-STD-1553B总线通信模块,模拟飞机航空电子系统对超短波电台进行工作频道、发射频率、调制方式、跳频图案、跳频速率、跳频频段、同步代码等工作模式和工作参数进行设置,启动BIT并获取BIT结果;利用无线电综合测试仪与电台进行射频信号的收发交互,产生测试所需的音频调制信号以及对电台解调输出的音频信号进行测量分析,满足常规模式下电台功

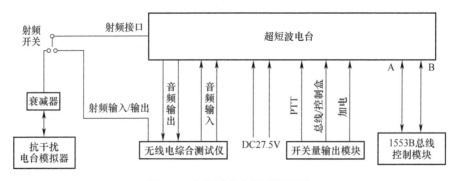

图2-1 超短波电台测试原理图

能、性能指标测试需求;利用抗干扰电台模拟器,与被测电台进行抗干扰模式下的通信,满足跳频、直扩、跳扩等抗干扰模式下的电台功能、性能指标测试需求;利用开关量输出模块,模拟 PTT 状态切换、电台加电控制、总线/控制盒选择等电台工作状态的控制。

2.1.5 机载超短波电台主要测试项目的测试方法

1) 电台功耗测试

电台功耗测试的目的是验证超短波电台在静态及工作时的功耗是否满足要求,并进一步确定电源供电部分是否有故障,能否进行下一步测试。主要测试步骤如下。

(1) 设置为电台供电的直流电源的输出电压及相应的电压、电流保护限,以满足设备正常工作要求。

(2) 电源控制信号接地,电台接通电源。

(3) 测量直流电源的电压和电流,计算电台静态工作时的功耗。

(4) 预置电台的工作频率、预置电台工作在 AM、FM、DS 或 DS+FH 等不同的状态。

(5) 接通 PTT,使电台处于发射状态。

(6) 使用无线电综合测试仪观察电台发射功率正常时,测量直流电源的电压和电流,计算电台工作时的功耗。

2) BIT 测试

电台 BIT 测试的目的是验证与被测对象的总线通信是否正常,并通过启动电台的 BIT,确定电台的工作是否正常,如果电台工作异常,则可以借助 BIT 实现一定程度上的故障隔离。具体测试步骤如下。

(1) 设置为电台供电的直流电源的输出电压及相应的电压、电流保护限,以满足设备正常工作要求。

(2) 通过总线发送电台启动 BIT 命令。

(3) 等待电台完成自检。

(4) 读取 BIT 数据。

(5) 判定 BIT 结果。通常情况下,如电台无故障则返回代码"0000"。

3) 发射频率范围测试

发射频率范围测试的目的是验证电台发射时的频率上下限是否满足设计要求。具体测试步骤如下。

(1) 设置为电台供电的直流电源的输出电压及相应的电压、电流保护限,以满足设备正常工作要求。

(2) 预置电台工作的最低频率。

(3) 预置电台工作在 AM 或 FM 状态。

　(4) 接通 PTT,使电台处于发射状态。

　(5) 使用无线电综合测试仪测量电台发射的最低载波频率。

　(6) 预置电台工作的最高频率。

　(7) 重复步骤(3)～(5)的过程,测量电台发射的最高载波频率。

　4) 频率误差测试

　频率误差测试的目的是检验电台在发射时的频率准确度,避免发射频率不准对邻道造成干扰,影响通信质量。具体测试步骤如下。

　(1) 设置为电台供电的直流电源的输出电压及相应的电压、电流保护限,以满足设备正常工作要求。

　(2) 预置发射机的波道号及该波道的标称发射频率。

　(3) 预置电台工作在 AM 或 FM 状态。

　(4) 接通 PTT,使电台处于发射状态。

　(5) 使用无线电综合测试仪测量电台发射的载波频率。

　(6) 计算该频率与预置标称频率之间的差值。

　(7) 预置发射机的其他波道号及该波道的标称发射频率。

　(8) 重复步骤(5)～(6),测量其他发射频率的频率误差。

　5) 波道间隔测试

　对电台进行波道间隔测试的目的是验证电台在不同波道发射时的频率间隔是否满足要求,不同波道的信号是否会相互干扰,以确保多通道通信时的通信质量。具体测试步骤如下。

　(1) 设置为电台供电的直流电源的输出电压及相应的电压、电流保护限,以满足设备正常工作要求。

　(2) 预置电台任意相邻两个波道的频率。

　(3) 预置电台工作在 AM 或 FM 状态。

　(4) 接通 PTT,使电台处于发射状态。

　(5) 使用无线电综合测试仪,测量电台发射的载波频率,相邻波道频率之差即为波道间隔。

　6) 发射机输出功率测试

　电台的发射功率直接决定了电台的通信距离,因此要对电台在不同工作方式下的输出功率进行测试。具体测试步骤如下。

　(1) 设置为电台供电的直流电源的输出电压及相应的电压、电流保护限,以满足设备正常工作要求。

　(2) 预置电台下限工作频率。

　(3) 预置电台工作在 AM 工作状态。

(4) 接通 PTT,使电台处于发射状态。
(5) 使用无线电综合测试仪,测量电台的发射载波功率。
(6) 预置电台上限工作频率。
(7) 重复步骤(4)~(5),测量电台在上限工作频率时的发射功率。
(8) 预置电台工作在 FM 或抗干扰状态,重复以上步骤。

7) 发射调幅度和调幅失真度测试

调幅模式是电台的一种重要工作模式,而调幅度和调幅失真度是调幅模式的重要参数,直接影响信号的质量,因此需要进行测试。具体测试步骤如下。

(1) 设置为电台供电的直流电源的输出电压及相应的电压、电流保护限,以满足设备正常工作要求。
(2) 预置选定的电台工作频率。
(3) 预置电台工作在 AM、明话(窄带)方式。
(4) 使用无线电综合测试仪 AF 端输出的音频信号作为调制信号,设置音频信号的频率为 1000Hz,幅度为 $V_{p-p} = 0.25V$。
(5) 接通 PTT,电台发射调幅信号。
(6) 使用无线电综合测试仪,测量输出射频信号的调幅度和调幅失真度。
(7) 预制电台工作在密话(宽带)方式。
(8) 使用无线电综合测试仪的 AF 端输出音频信号作为调制信号,设置音频信号的频率为 1000Hz,幅度为 $V_{p-p} = 12V$。
(9) 重复步骤(4)~(5)。

8) 发射调频频偏和调频失真度测试

与调幅模式相同,调频模式也是电台的一种重要工作模式,而调频频偏和调频失真度是调频模式的重要参数,直接影响到通信质量,因此需要进行测试。具体测试步骤如下。

(1) 设置为电台供电的直流电源的输出电压及相应的电压、电流保护限,以满足设备正常工作要求。
(2) 预置选定的电台工作频率。
(3) 预置电台工作在 FM 状态,明话(窄带)或密话(宽带)工作方式。
(4) 设置无线电综合测试仪的 AF 端输出音频信号作为调制信号,音频信号频率为 1000Hz,信号幅度为 $V_{p-p} = 0.25V$。
(5) 接通 PTT,发射调频信号。
(6) 使用无线电综合测试仪测量电台的调频频偏和调频失真度。
(7) 设置无线电综合测试仪的 AF 端输出音频信号作为调制信号,音频信号频率为 1000Hz,信号幅度为 $V_{p-p} = 12V$。
(8) 重复步骤(5)~(6)的测试。

9) AM/FM 接收灵敏度、音频失真测试

接收灵敏度是电台接收机的重要指标,其性能直接决定了电台的通信质量及通信距离,是电台测试的重要指标。具体测试步骤如下。

(1) 设置为电台供电的直流电源的输出电压及相应的电压、电流保护限,以满足设备正常工作要求。

(2) 设置电台的语音输出负载为 600Ω。

(3) 预置电台工作频率。

(4) 预置电台工作在 AM,明话(窄带)、收发工作方式。

(5) 设置无线电综合测试仪工作于 AM 模式的标准状态,正弦调制信号,频率为 1000Hz,调幅度 30%。

(6) 调节无线电综合测试仪的 RF 输出电平,记录电台接收机的音频输出信噪比为 10dB 时的 RF 输出电平,即 AM 状态下的接收机灵敏度。

(7) 调节无线电综合测试仪的 RF 输出为 1 mV,使用无线电综合测试仪测出音频信号的失真度,即电台的音频失真。

(8) 预置电台工作在 FM,明话(窄带)、收发工作方式。

(9) 设置无线电综合测试仪工作于 FM 模式的标准状态,正弦调制信号,频率 1000Hz,最大频偏 8000Hz;

(10) 重复步骤(6)~(7),测量电台在 FM 模式下的接收灵敏度及音频失真。

10) 音频输出电平测试

音频输出电平直接决定了电台接收状态下的音频信号音量等技术指标。其具体测试步骤如下。

(1) 设置为电台供电的直流电源的输出电压及相应的电压、电流保护限,以满足设备正常工作要求。

(2) 预置电台工作频率。

(3) 预置电台工作在 AM,明话(窄带)、收发工作方式。

(4) 无线电综合测试仪工作于相应的 AM 状态,输出调制频率 1000Hz、调幅度 30%幅度 0.5mV 的 AM 射频信号加到电台接收机输入端时,在 600Ω 负载上测量输出音频电平。

(5) 预置电台工作在 FM,明话窄带、收发工作方式。

(6) 无线电综合测试仪工作于相应的 FM 状态,输出调制频率 1000Hz、最大调频频偏 8000Hz、幅度 0.5mV 的 FM 射频信号加到电台接收机输入端,在 600Ω 负载上测量输出音频电平。

(7) 按上述方法,测量密话方式下、20kΩ 负载上的音频输出电平。

11) 接收机的 AGC 特性测试

AGC 是接收机的关键指标,控制接收机在接收微弱信号时提高增益、在接收

强信号时降低增益,从而使输出信号保持在一个合适的电平,防止接收机因输入信号功率过小而无法工作,以及因输入信号功率过大而使接收机过载或阻塞。具体测试步骤如下。

(1) 设置为电台供电的直流电源的输出电压及相应的电压、电流保护限,以满足设备正常工作要求。

(2) 预置电台工作频率。

(3) 预置电台工作在 AM,明话(窄带)、收发工作方式。

(4) 设置无线电综合测试仪工作于 AM 模式,1000Hz 正弦调制信号,30%调幅度。

(5) 调节无线电综合测试仪的 RF 输出信号,输出电平 $1.9\mu V$、$0.5mV$、$0.25V$ 分别作为电台接收机的射频输入,记录不同输入下的接收机音频输出电平,并以 0.5mV 输入时的音频输出电平作为参考,比较不同输入状态下的音频输出电平是否在允许的范围内。

(6) 调节 RF 输出为 0.5V 作为射频输入,接收机应不阻塞。

(7) 预置电台工作在 FM,明话(窄带)、收发工作方式。

(8) 设置无线电综合测试仪工作于 FM 模式,1000Hz 正弦调制信号,最大频偏 8kHz。

(9) 调节无线电综合测试仪的 RF 输出信号,输出电平 $0.6\mu V$、$0.5mV$、$0.5V$ 分别作为接收机射频输入,记录接收机音频输出电平,并以 0.5mV 输入时的音频输出电平作为参考,比较不同输入状态下的音频输出电平是否在允许的范围内。

12) 静噪灵敏度和静噪回滞测试

静噪灵敏度和静噪回滞是接收机的重要参数,对于接收机的使用效果和性能有着直接的影响。静噪灵敏度是指接收机在接收到信号时能自动打开静噪功能的最小输入信号功率,静噪灵敏度越低,接收机对于微弱信号的接收能力越强。静噪回滞是指接收机在信号强度高于静噪灵敏度时使静噪功能自动打开,以及接收信号强度下降到一定程度时使静噪功能自动关闭,以上两种状态下的信号幅度差一般称为静噪回滞。静噪回滞可以防止接收机在接收信号强度较低时频繁地打开和关闭静噪功能。具体测试步骤如下。

(1) 设置为电台供电的直流电源的输出电压及相应的电压、电流保护限,以满足设备正常工作要求。

(2) 设置无线电综合测试仪工作于 AM 状态,调制信号为频率 1000Hz 的正弦信号,调幅度 30%。

(3) 设置电台的静噪开关,置于静噪"通"位置,将无线电综合测试仪射频输出信号的幅度从零开始增大,直至静噪"开启",记录此时接收机的最小射频输入

信号电平 RF_1(dBm),即静噪灵敏度。

(4) 减小无线电综合测试仪的射频输出信号功率,使静噪由"开启"转"闭锁"时,记录此时射频输入信号的电平 RF_2(dBm)。

(5) RF_2-RF_1 即为 AM 状态下的静噪回滞。

(6) 设置无线电综合测试仪工作于 FM 状态,调制信号为频率 1000Hz 正弦信号,最大频偏 8kHz。

(7) 重复步骤(3)~(5)的测量过程,测量 FM 状态下的静噪回滞。

13) DS(DS+FH)状态接收机灵敏度测试

对于电台工作于 DS 或者 DS+FH 抗干扰模式下的接收机灵敏度与常规调制时的接收机灵敏度,两者测量方法略有不同。具体测试步骤如下。

(1) 设置为电台供电的直流电源的输出电压及相应的电压、电流保护限,以满足设备正常工作要求。

(2) 预置选定的电台工作频率。

(3) 预置电台工作在 DS 状态,明话工作方式。

(4) 设置抗干扰电台模拟器工作于与电台相对应的 DS 状态和工作频率。

(5) 接通 PTT,测量抗干扰电台模拟器的输出功率 P(dBm)。

(6) 将抗干扰电台模拟器的输出加到电台,调节可变衰减器的衰减值,使无线电综合测试仪显示信噪比为 10dB,记录此时衰减器的衰减量 A(dB)。

(7) 计算灵敏度 $S = P(dBm) - A(dB)$。

(8) 预置电台工作在 DS+FH 状态,明话工作方式。

(9) 重复步骤(4)~(7)的测量,计算电台在 DS+FH 状态下的接收灵敏度。

2.2 机载短波电台测试原理

2.2.1 机载短波电台接口信号分析

在进行机载短波电台离位状态下的功能性能测试时,测试对象一般包括收发信机和天线调谐器两个 LRU,测试时使用的信号也是机载设备本身的对外接口信号。

1) 短波电台收发信机接口信号分析

通过对多型机载短波电台的接口信号进行统计分析,得出与收发信机测试相关的接口信号大致包括电源、电台控制、音频收、音频发、射频和总线等信号,其中:电源信号为短波电台提供工作电源;控制信号主要用于电台的加电控制、电台的接收/发射控制、天调控制等;射频信号是电台工作时接收和发射的无线电信号;音频收信号是电台接收解调输出的音频信号;音频发信号则是本电台发射时用于调制的音频信号;天调控制信号用于电台天线调谐器之间的串行通信;天调电源用于实现受控条件下的天调供电;总线信号主要用于电台工作模式和参数的控制,具有综合航空电子系统的飞行器一般为 MIL-STD-1553B 总线接口,如果飞行器无综合航空电子系统或通信总线,则一般采用专用控制盒的方式控制电台的工作。以某型机载短波电台为例,收发信机与测试相关的接口信号如表 2-4 所列。

表 2-4 短波电台收发信机主要接口信号

序号	信号名称	信 号 特 征
1	电源输入(+)	+28V 供电电源
2	电源输入(-)	+28V 供电电源地
3	天调电源(+)	+20V 天调供电电源
4	天调电源(-)	天调供电电源地
5	电源控制	地:加电;空:断电
6	PTT 使能	地:发射;空:接收
7	电台发话音(-)	发送音频信号地
8	电台发话音(+)	发送音频信号(+) 阻抗:600Ω 电平:0±2dBm 频率:300~3500Hz
9	电台收话音(+)	接收音频信号(+) 阻抗:600Ω 功率:100mW 带宽:300~3500Hz
10	电台收话音(-)	接收音频信号地
11	天调控制 A(发数据+)	天调控制发送数据信号(+)
12	天调控制 B(发数据-)	天调控制发送数据信号(-)
13	天调控制 Y(收数据+)	天调控制接收数据信号(+)
14	天调控制 Z(收数据-)	天调控制接收数据信号(-)
15	总线	MIL-STD-1553B 总线信号

2) 短波电台天线调谐器接口信号分析

短波电台天线调谐器安装在收发信机与天线之间,实现收发信机与天线的自动阻抗匹配,主要由控制单元和网络单元组成。网络单元实现天调的阻抗匹配,将不同的天线阻抗变换为发射机所要求的阻抗,以保证发射机安全工作,同时它还对发射机输出信号进行滤波,以减少电台输出射频信号的谐波。控制单元主要由检测器组成,包括驻波比检测器、相位检测器、并联电阻检测器等。驻波比检测器和相位检测器分别完成网络输入端的驻波比检测、相位检测(检测网络输入端的相位是容性还是感性);并联电阻检测器则用于检测网络输入端的电阻是否为高阻。以上检测器将检测到的数据送控制单元中的 CPU 系统。CPU 系统根据检测器提供的信息,按照调谐程序规定的步骤逐步调整网络元件,直到达到匹配状态。天调中的串行通信电路实现收发信机与天调之间的串行通信,用于调谐命令、波道号、天调是否调谐成功等信息的传递。与收发信机的接口信号相对应,天调的接口信号主要包括天调控制串行总线信号、天调供电电源以及射频收发信号等,具体如表 2-5 所列。

表 2-5 短波电台天调接口信号

序号	信号名称	信 号 特 征
1	天调电源(+)	+20V 天调供电电源
2	天调电源(-)	天调供电电源地
3	天调控制 A（收数据+）	天调控制接收数据信号(+)
4	天调控制 B（收数据-）	天调控制接收数据信号(-)
5	天调控制 Y（发数据+）	天调控制发送数据信号(+)
6	天调控制 Z（发数据-）	天调控制发送数据信号(-)

2.2.2 机载短波电台主要测试项目

短波电台主要用于飞行器与地面电台或者与其他飞机之间的远距离通信,常用的工作方式包括调幅、上边带、下边带。与维护保障相关的功能性能测试主要围绕收发信机和天线调谐器展开,具体如表 2-6 所列,主要测试项目包括电源功耗、BIT、CW 发射功率、灵敏度、天调调谐能力以及音频特性等内容。

表 2-6 短波电台主要测试项目

序号	测试项目名称	主要内容
1	电源功耗	测试电台静态和工作时的电源功耗是否在指定的范围内
2	BIT	启动电台自检,并通过故障代码判断电台的工作情况
3	CW 发射功率	测量电台工作在连续波状态下的发射功率是否满足要求
4	上边带话发射功率	测量电台工作在上边带状态下的发射功率是否满足要求
5	下边带话发射功率	测量电台工作在下边带状态下的发射功率是否满足要求
6	频率准确度	测量电台发射信号的载波频率是否准确
7	接收灵敏度	测量接收机在调幅模式下的接收灵敏度
8	音频输出及失真	测量电台在接收状态下输出的音频信号幅度及失真情况
9	电台的音频响应	测量电台在不同频率音频信号调制下的接收音频信号响应情况
10	电台的 AGC 特性	测量电台接收机在不同电平输入信号下的 AGC 特性

续表

序号	测试项目名称	主要内容
11	音频调制特性	测量电台在不同调制信号频率下输出射频信号的功率变化情况
12	调谐时间	该指标是天线调谐器的指标,主要反映在改变负载阻抗、发射信号频率时天线调谐器的调谐时间
13	调谐精度	该指标是天线调谐器的指标,主要反映在特定发射信号频率、特定阻抗下天线调谐器的调谐精度
14	射频效率	该指标是天线调谐器的指标,主要反映电台在特定频率、特定输出阻抗条件下输出射频信号的功率和经过天调后实际送往天线的功率比

2.2.3 机载短波电台主要测试资源

从以上测试项目及输入/输出接口信号可以看出,短波电台的许多测试项目及接口信号与超短波电台相同,例如电台的加电控制、发送/接收控制、收/发话音信号等。但除此之外,由于短波电台还有天调需要测试,因此与天调有关的测试项目与超短波电台不同,所需的测试资源也不相同。基于以上分析,短波电台测试时所需要的主要测试资源如表 2-7 所列。与超短波电台的测试资源相同,表中也是只列出了与测试相关的主要仪器以及仪器的主要参数,建议仪器型号也是根据测试的需要结合工程实践列出,实际应用时完全可以根据具体测试需求选择性能满足要求的其他仪器。

表 2-7 短波电台主要测试资源

序号	仪器名称	主要功能	主要技术要求	建议仪器型号
1	直流电源	为电台正常工作提供直流电源	输出电压范围:25~30V。 输出功率:≥600W。 电源输出纹波:≯20mV。 输出准确度:优于 $V_{out}×0.05\%+10mV$。 电源保护:过压保护、过流保护。 其他功能:电压、电流测量及回读,恒压、恒流输出	是德科技:N5766。 思仪:1765C
2	无线电综合测试仪	具有模拟调制信号发生与解调分析、音频信号发生与分析、波形显示等功能	与超短波电台测试需求相同	艾法斯:AeroFlex3920。 思仪:C4945B

续表

序号	仪器名称	主要功能	主要技术要求	建议仪器型号
3	频谱分析仪	用于测量天调输出特定频率点的功率值	频率范围:9kHz～100MHz(调谐分辨率1Hz)。 分辨率带宽(RBW):1Hz～8MHz(以1～3倍步进)。 视频带宽(VBW):1Hz～8MHz(以1～3倍步进)。 绝对幅度准确度:优于±2dB。 最大安全输入电平:+30dBm。 参考电平范围:-150dBm～+30dBm	是德科技:N9010。 思仪:4051系列
4	通过式功率计	用于测量电台收发信机的输出功率及驻波比	频率范围:2～100MHz。 最大测量功率≥200W。 功率测量精度:优于±1%。 输入接口:N型或SMA。 其他:支持峰值功率测量、平均功率测量	BIRD:4426
5	固定衰减器	测试中的功率固定衰减	连接形式:N型。 功率衰减范围:20dB。 频率范围:1～100MHz	—
6	MIL-STD-1553B总线通信模块	测试过程中的总线通信,设置电台的工作参数,启动BIT并获得BIT结果	满足GJB289A—97的相关要求	Alta:PCI-1553
7	开关量输出模块	用于测试过程中,电台工作状态的控制	能受控输出地、空信号,通道数2路	VTI:SMP5004

2.2.4 机载短波电台测试原理分析

机载短波电台一般包括收发信机和天线调谐器两个LRU,进行功能及性能测试时通常分别进行,其中收发信机测试时的连接关系及原理如图2-2所示。收发信机测试时通过总线通信模块,对电台的工作频道、发射频率、调制方式等工作模式及工作参数进行设置;当需要进行BIT测试时,通过总线通信模块发送相应的命令,启动电台的BIT进行自检,待电台自检结束后,通过总线获取BIT结果;利用无线电综合测试仪产生电台测试所需的音频调制信号,对电台解调输出的音频信号进行测量分析,产生特定调制方式、特定功率的射频信号送电台的收发信机,并对电台产生的射频信号进行接收、解调;利用开关量输出模块,实现电台PTT状态切换、电台加电控制等工作状态的控制。通过以上方式,可以满足常规模式下电台功能性能指标的测试需求。

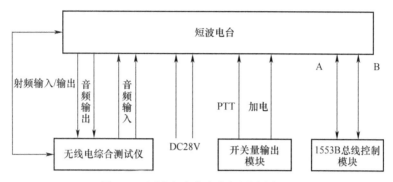

图 2-2　短波电台收发信机测试原理图

在实际测试中,由于天调通常与收发信机配合使用,并且天调工作时需要收发信机的控制,因此在进行天调测试时,虽然天调可以作为一个独立的 LRU 进行测试,但通常将收发信机作为天调测试的基本附件,共同完成天调的测试。测试时的连接关系及原理框图如图 2-3 所示。将收发信机的输出信号利用通过式功率计进行功率测量,天调的输出经过衰减器后送频谱分析仪,进行特定功率点的输出功率测量,将测得的数据进行运算,从而实现相关参数的测量。

图 2-3　天线调谐器测试原理框图

2.2.5　机载短波电台主要测试项目的测试方法

1)电台的电源功耗测试

通过对不同工作状态下电台功耗的测量,可以初步判断电台是否处于正常的工作状态,为下一步更为复杂的功能性能测试提供依据。电台的功耗可以分为没有进行信号发射时的静态功耗和发射状态下的动态功耗,主要测试步骤如下。

(1)设置为电台供电的直流电源的输出电压及相应的电压、电流保护限,以满足设备正常工作要求。

(2)电源控制信号接地,电台接通电源。

(3)回读直流电源的输出电压和电流,计算电台没有进行信号发射时的静态工作功耗。

(4) 预置电台的工作频率,并设置电台工作在相应的工作状态。

(5) 接通 PTT,使电台处于发射状态。

(6) 使用无线电综合测试仪观察电台发射功率正常时,通过回读直流电源的输出电压和电流,计算电台工作时的功耗。

2) BIT 测试

启动电台 BIT 测试的目的是通过电台的自检,确定电台的基本功能,同时也可以验证电台的总线通信是否正常。另外,还可以借助电台本身的 BIT 功能,进行一定程度的故障隔离。具体测试步骤如下。

(1) 设置为电台供电的直流电源的输出电压及相应的电压、电流保护限,以满足设备正常工作要求。

(2) 通过总线发送启动电台 BIT 命令。

(3) 等待电台完成自检。

(4) 读取 BIT 数据。

(5) 判定 BIT 结果。

3) 连续波发射功率测试

具体测试步骤如下。

(1) 设置为电台供电的直流电源的输出电压及相应的电压、电流保护限,以满足设备正常工作要求。

(2) 通过总线指令预置电台的工作频率,并设置工作模式为 CW 状态。

(3) 按 PTT 发射,电台处于发射状态。

(4) 使用无线电综合测试仪,测量电台的发射功率。

(5) 断开 PTT,电台停止发射。

(6) 更换其他频率,重复步骤(3)~(5)的测试。

4) 上边带话发射功率测试

具体测试步骤如下。

(1) 设置为电台供电的直流电源的输出电压及相应的电压、电流保护限,以满足设备正常工作要求。

(2) 通过总线指令预置电台的工作频率,并设置工作模式为上边带话(USB)状态。

(3) 控制无线电综合测试仪输出双音音频信号,信号频率为 1100Hz 和 1775Hz,幅度为 0dBm。

(4) 控制 PTT 控制开关接地,使电台处于发射状态。

(5) 使用无线电综合测试仪,测试电台的发射功率。

(6) 断开 PTT,电台停止发射。

(7) 更换其他频率,重复步骤(4)~(5)的测试。

5）下边带话功率检查

具体测试步骤如下。

（1）设置为电台供电的直流电源的输出电压及相应的电压、电流保护限，以满足设备正常工作要求。

（2）通过总线指令预置电台的工作频率，并设置工作模式为下边带话（LSB）状态。

（3）控制无线电综合测试仪输出双音音频信号，信号频率为 1100Hz 和 1775Hz，幅度为 0dBm。

（4）控制 PTT 控制开关接地，使电台处于发射状态。

（5）使用无线电综合测试仪，测试电台的发射功率。

（6）断开 PTT，电台停止发射。

（7）更换其他频率，重复步骤（4）~（5）的测试。

6）频率准确度测试

具体测试步骤如下。

（1）设置为电台供电的直流电源的输出电压及相应的电压、电流保护限，以满足设备正常工作要求。

（2）通过总线控制电台工作在测试频率，并设置工作模式为等幅报（CW）模式。

（3）控制 PTT 开关接地，使电台处于发射状态。

（4）使用无线电综合测试仪测试发射信号的载波频率，测试值与预置的频率值之差为频率误差。

（5）控制 PTT 开关断开，电台停止发射。

（6）更换其他频率，重复步骤（2）~（5）的测试。

7）接收灵敏度（边带话）测试

具体测试步骤如下。

（1）设置为电台供电的直流电源的输出电压及相应的电压、电流保护限，以满足设备正常工作要求。

（2）通过总线指令预置电台工作在特定的频率，电台音量旋钮置适中位置，工作模式置于"USB"，静噪功能关闭。

（3）无线电综合测试仪置上边带接收测试工作模式，输出与电台工作频率相同的射频信号，输出信号电平高于电台灵敏度指标值 5dB，输出射频接通。

（4）使用无线电综合测试仪测量电台音频输出信号的信纳德，测量值应大于 12dB。

（5）控制无线电综合测试仪按照 1dB 的步进减小输出射频信号的电平，同时测量输出音频信号的信纳德，当测量值刚好小于 12dB 时，记录此时无线电综合测试仪的射频输出电平加1dB,即电台的接收灵敏度。

(6) 改变电台工作模式和工作频率,重复步骤(2)~(4)的测试,即可完成其他状态下的电台接收灵敏度测试。

8) 音频输出及失真测试

具体测试步骤如下。

(1) 设置为电台供电的直流电源的输出电压及相应的电压、电流保护限,以满足设备正常工作要求。

(2) 通过总线指令预置电台工作于特定的工作频率,工作模式为上边带话,静噪功能关闭,音量调至最大。

(3) 控制无线电综合测试仪工作于上边带接收测试模式,输出射频信号频率与电台工作频率相同,输出信号电平1mV,输出射频接通。

(4) 使用无线电综合测试仪测量电台的音频信号输出,输出功率应≥20dBm(100mW)。

(5) 使用无线电综合测试仪测量电台的音频失真度,测量值应小于5%。

(6) 改变电台的工作模式和工作频率,重复步骤(2)~(5)的测试,即可完成其他状态下的电台音频输出及失真测试。

9) 电台的音频响应测试

具体测试步骤如下。

(1) 设置为电台供电的直流电源的输出电压及相应的电压、电流保护限,以满足设备正常工作要求。

(2) 通过总线指令预置电台工作于特定的工作频率,工作模式为上边带话,静噪功能关闭,音量调至最大。

(3) 控制无线电综合测试仪工作于上边带接收测试模式,输出射频信号频率与电台工作频率相同,调制信号频率为300Hz,输出信号电平100mV,输出射频接通。

(4) 使用无线电综合测试仪测量电台的音频信号输出电平 P_1(dBm)。

(5) 改变无线电综合测试仪的调制信号频率为3000Hz,其他不变,测量电台的音频信号输出电平 P_2(dBm)。

(6) 按选择的测试频点,依次改变无线电综合测试仪的调制信号频率,并测量其音频响应。

(7) 找出测量值中的最大值 P_{max}(dBm)和最小值 P_{min}(dBm),电台的音频输出响应可表示为

$$\Delta P = (P_{max} - P_{min}) \tag{2.1}$$

(8) 改变电台的工作模式,重复步骤(2)~(7)的测试,即可完成其他状态下电台的音频响应测试。

10）电台的 AGC 特性测试

具体测试步骤如下。

（1）设置为电台供电的直流电源的输出电压及相应的电压、电流保护限，以满足设备正常工作要求。

（2）通过总线指令预置电台工作于特定的工作频率，工作模式为上边带话，静噪功能关闭，音量调至最大。

（3）控制无线电综合测试仪工作于上边带接收测试模式，输出射频信号频率与电台工作频率相同，输出信号电平 $2\mu V$，输出射频接通。

（4）使用无线电综合测试仪测量电台的音频信号输出电平。

（5）控制无线电综合测试仪的输出信号电平在 $2\mu V \sim 200mV$ 的范围内，按规定的测试点变化。

（6）测量对应射频输出信号电平的音频输出电平，音频电平的变化范围应不大于 4dB。

（7）改变电台工作模式，重复步骤（2）~（6）的测试，即可完成其他状态下的电台 AGC 特性测试。

11）音频调制特性测试

具体测试步骤如下。

（1）设置为电台供电的直流电源的输出电压及相应的电压、电流保护限，以满足设备正常工作要求。

（2）通过总线指令预置电台工作于特定的频率，并设置工作模式为上边带"USB"。

（3）预制无线电综合测试仪工作于发射测试模式，音频输出单音信号，频率为 1000Hz，功率 0dBm。

（4）控制 PTT 开关接地，使电台处于发射状态。

（5）使用无线电综合测试仪测量输出射频信号的功率的同时，调节无线电综合测试仪的音频信号输出电平，使得电台的输出功率为额定峰值功率，然后将音频信号输出电平调低 6dB，记下此时电台的输出功率。

（6）保持音频输入电平不变，在 300~3400Hz 的范围内改变输出音频信号的频率，同时记录对应音频频率的电台输出功率，功率值与音频频率为 1000Hz 时相比，最大差值应在允许的范围内。

（7）控制 PTT 开关断开，使电台停止发射。

（8）改变电台工作模式，重复步骤（2）~（7）的测试。

12）调谐时间测试

具体测试步骤如下。

（1）设置为电台供电的直流电源的输出电压及相应的电压、电流保护限，以满足设备正常工作要求。

（2）通过总线指令预置电台工作于特定的频率,并设置工作模式为上边带"USB"。

（3）预置无线电综合测试仪工作于发射模式,输出相应频率、相应功率及输出负载的射频信号。

（4）通过指令控制天调于特定频率、特定负载进行调谐,并开始计时。

（5）当通过总线接收到天调调谐完毕信号时,结束计时,该时间为天调针对特定频率、特定负载的调谐时间。

（6）改变电台工作模式、工作频率等参数,重复步骤(2)~(5)的测试。

13）调谐精度测试

具体测试步骤如下。

（1）设置为电台供电的直流电源的输出电压及相应的电压、电流保护限,以满足设备正常工作要求。

（2）通过总线指令预置电台工作于特定的频率,并设置工作模式为上边带"USB"。

（3）预置无线电综合测试仪工作于发射模式,输出相应频率、相应功率、输出负载的射频信号。

（4）通过指令控制天调于特定频率、特定负载进行调谐。

（5）当通过总线收到天调调谐完毕信号时,使用通过式功率计测量电台输出射频信号的驻波比,该值为天调针对特定频率、特定负载的调谐精度。

（6）改变电台工作模式、工作频率等参数,重复步骤(3)~(5)的测试。

14）射频效率测试

具体测试步骤如下。

（1）设置为电台供电的直流电源的输出电压及相应的电压、电流保护限,以满足设备正常工作要求。

（2）通过总线指令预置电台工作于特定的频率,并设置工作模式为上边带"USB"。

（3）预置无线电综合测试仪工作于发射模式,输出相应频率、相应功率及输出负载的射频信号。

（4）通过指令控制天调于特定频率、特定负载进行调谐。

（5）当通过总线接收到天调调谐完毕信号时,使用频谱分析仪测量衰减器后端的射频信号功率,计算出衰减器前端的信号功率,该值除以通过式功率计测量的电台输出射频信号功率,即为天调针对特定频率、特定阻抗的射频效率。

（6）改变电台工作模式、工作频率等参数,重复步骤(2)~(5)的测试。

2.3 机载无线电罗盘测试原理

2.3.1 机载无线电罗盘接口信号分析

机载无线电罗盘的功能是接收地面导航台或中波调幅广播电台信号,测定所选导航台或广播电台相对飞机纵轴的方位角,向飞行员提供导航方位信息,并输出识别音频信号。接收机是整个无线电罗盘系统的核心,其在整个系统中的功能是提取射频信号中包含的方位角,并输出识别音频信号。因此在对罗盘进行离位状态下的功能和性能测试时,接收机是主要测试对象,接收机通常包括接口、频率合成、信道、信息处理和电源驱动等电路。当工作在"罗盘"状态时,接收机可以从天线来的射频信号中提取方位信号和音频信息;当工作在"收讯"状态时,接收机只提取音频信息,并输出给飞机的音响系统。

通过对目前常用的多型无线电罗盘接收机的接口信号进行统计分析,得出与罗盘接收机测试相关的接口信号主要包括总线信号、供电电源、射频信号、补偿控制信号、音频信号等,具体如表2-8所列。为了满足工作模式控制、参数设置、导航数据输出等与综合航空电子系统的信息交互需求,通常采用 MIL-STD-1553B 或 ARINC-429 总线;供电电源则将机载的 DC 28V 或 AC 115V/400Hz 电源转换为无线电罗盘接收机内部电路工作所需的各种直流电源;射频信号是罗盘接收机接收的地面台的调幅导航信号;补偿控制信号主要用于罗盘的罗差补偿和罗盘补偿;音频信号是罗盘接收机解调后的音频输出信号。

表 2-8 机载罗盘接收机主要接口信号

序号	信 号 名 称	信 号 特 征
1	直流电源输入(+)	+28V 供电电源
2	直流电源输入(-)	+28V 供电电源地
3	交流输入电源(H)	115V/400Hz 供电电源
4	交流输入电源(L)	115V/400Hz 供电电源
5	电源使能	+28V:加电。空:断电
6	机腹/机背天线选择	地:机腹。空:机背
7	音频(L)	输出音频信号地
8	音频(H)	输出音频信号(+) 频率:300Hz~3400Hz。幅度:≥7V
9	正弦调制	频率 90Hz
10	余弦调制	频率 90Hz

续表

序号	信号名称	信号特征
11	罗差补偿 U	空:不补偿。地:补偿
12	罗盘补偿 S	空:不补偿。地:补偿
13	罗盘补偿 R	空:不补偿。地:补偿
14	罗盘补偿 P	空:不补偿。地:补偿
15	总线	MIL-STD-1553B 总线信号
16	射频信号	150~1750kHz

2.3.2 机载无线电罗盘主要测试项目

与无线电罗盘的维护保障相关的功能、性能测试项目主要包括接收机的电源功耗、接收机的 BIT 以及收讯灵敏度、定向灵敏度、定向准确度、音频输出功率等参数,具体如表 2-9 所列。

表 2-9 罗盘接收机主要测试项目

序号	测试项目名称	主要内容
1	罗盘的电源功耗	测试罗盘静态和工作时的电源功耗是否在指定的范围内
2	BIT	通过总线启动罗盘自检,并通过故障代码判断其工作情况
3	收讯灵敏度测试	测试罗盘的收讯灵敏度是否满足要求
4	定向灵敏度测试	测试罗盘的定向灵敏度是否满足要求
5	定向准确度测试	测试罗盘的定向准确度是否满足要求
6	定向速度测试	测试罗盘的定向速度是否满足要求
7	音频输出功率测试	测试罗盘的音频输出功率是否满足要求
8	AGC 测试	测试罗盘在输入信号功率变化时的 AGC 是否满足要求

2.3.3 机载无线电罗盘主要测试资源

基于机载无线电罗盘接收机的主要测试项目,结合其输入/输出接口信号的分析,可以确定测试时所需要的主要测试资源如表 2-10 所列。表中只列出了测试所需的主要测试仪器及仪器的主要性能参数,建议仪器型号也是根据测试的需要结合相关工程实践给出的,读者实际应用时可以根据具体的测试需求选择性能满足要求的其他仪器。

表 2-10 机载无线电罗盘接收机主要测试资源

序号	仪器名称	主要功能	主要技术要求	建议仪器型号
1	直流电源	为无线电罗盘接收机正常工作提供直流电源	输出电压:28(1±10%)V。输出功率:≥100W。电源输出纹波:<10mV。电源保护:过压保护、过流保护。其他功能:电压、电流测量及回读,恒压、恒流输出	是德科技:N5766。思仪:1765C
2	交流电源	为无线电罗盘接收机正常工作提供115V交流电源	输出电压:115(1±10%)V。额定频率:400(1±10%)Hz。最大输出电流:1.5A。电源保护:过压保护、过流保护。其他功能:电压、电流测量及回读	AMETEK:1251RP
3	数字多用表	交、直流电压测量	直流电压测量范围:0~50V。直流电压测量精度:优于±(测量值×2%+0.2)V。直流电压测量分辨率:优于0.5%。交流电压测量范围:0~200V。交流电压测量精度:优于±(测量值×2%+1)V。交流电压测量分辨率:优于1%	是德科技:HP34401A
4	无线电综合测试仪	产生150~1750kHz的射频信号。	频率范围:150~1750kHz。频率分辨率:1Hz。输出电平范围:-100~+5dBm。输出阻抗:50Ω。输出电平准确度:±1.0dB。输出电平分辨率:0.1dB。单边带相位噪声:优于-70dBc/Hz@20kHz	艾法斯:AeroFlex3920。思仪:C4945B
5	罗盘天线模仿仪	用于模拟产生无线电罗盘组合天线系统的信号	频率范围:150~1750kHz。输出模拟方位:0°、45°、90°、135°、180°、225°、270°、315°。射频输入、输出阻抗:50Ω。输入电平场强转换比:1:1	—

续表

序号	仪器名称	主要功能	主要技术要求	建议仪器型号
6	MIL-STD-1553B 总线通信模块	测试过程中的总线通信,设置无线电罗盘接收机的工作参数,启动 BIT 并获得 BIT 结果	满足 GJB289A—97 的相关要求	Alta:PCI-1553
7	RS-232 总线通信模块	用于与罗盘天线模仿仪的通信控制	输入/输出信号电平:标准电平。 校验方式:无校验。 波特率:9600bit/s。 通道数:1 通道	VTI:VM6068
8	开关量输出模块	用于测试过程中罗盘工作状态的控制	能受控输出地、空信号,通道数 5 路 能受控输出+27V、空信号,通道数 1 路	VTI:SMP5004

2.3.4 机载无线电罗盘测试原理分析

从测试的角度分析,罗盘接收机由三个独立的现场可更换单元(LRU)构成,分别是信道分机、信息分机和机架分机,三个分机中的电路包括通信接口、频率合成、信道及信息处理、电源等。按罗盘接收机的功能设计要求,当接收机工作在"罗盘"状态时,从天线接收的射频信号中提取方位信号和音频信息;而当工作在"收讯"状态时,接收机则只提取音频信息,并送至飞机的音响系统。

信道分机包括信道、频率合成器等电路,由带通滤波器、混频器、中频放大器、晶体滤波器、同步检波器、AGC 放大器和自检信号产生电路等组成。其中,信道分机将接收信号解调为含有方位信息的检波信号以及锁定/失锁信号送信息分机;将检波的音频信号送机架分机,频率合成电路则产生解调所需的固定本振和可变本振。

机架分机包括电源、音频功放等电路。电源部分包括 DC/DC 和 AC/DC 两种电路,其中:前者把输入的 28V 直流电源转变成系统使用的 15V 直流电源;后者则将输入的 115V/400Hz 交流电源整流、滤波后变成 5V、12V、-12V 等直流电源,供接口分机、信息分机和信道分机使用。音频功放部分对来自信道分机的音频信号进行攻率放大。

信息分机对来自信道分机的方位信号进行 A/D 转换、软件解算后形成数字方位角,然后通过接口电路发送给其他设备;将模拟方位信息驱动后送指示器显示;完成系统自检和 BIT 自检,在输出、存储自检结果的同时,将自检音送音频功放电路;形成90Hz的正弦/余弦调制信号送组合天线;识别并实现罗差补偿。信息分机接收总线控制器发送的总线控制数据,将其译码处理后,形成信道分机的分频数、工作方式及波段逻辑控制信号,控制接收机正常工作。

无线电罗盘测试原理如图2-4所示。罗盘天线模仿仪模拟罗盘垂直天线和环形天线接收到的地面导航台信号的合成信号,送接收机,产生模拟方位;无线电综合测试仪测量罗盘接收机解调出来的音频信号特性,判断接收机的收讯灵敏度等指标是否符合要求;开关量输出模块产生罗盘加电控制、罗差补偿、罗盘补偿等控制信号,以控制罗盘的工作模式;总线控制模块实现与待测罗盘的总线通信,传输罗盘控制指令、方位数据和故障代码,并通过总线数据判定罗盘的定向方位误差,以检测罗盘的定向准确度等指标是否符合要求;RS-232总线实现与罗盘天线模仿仪的通信控制。

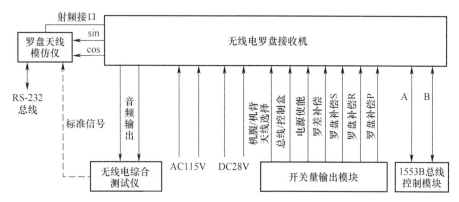

图2-4 无线电罗盘测试原理图

2.3.5 机载无线电罗盘主要测试项目的测试方法

1) 电源功耗测试

由于罗盘接收机有直流、交流两种供电电源,因此其功耗的测量也是对以上两种电源功耗的测量。通过对接收机功耗的测量,可以初步判断接收机是否工作正常,为下一步更为复杂的功能性能测试提供基础。主要测试步骤如下。

(1) 设置为接收机供电的直流电源、交流电源工作于规定的输出电压、频率,并设置相应的电压、电流保护限,以满足测试需求。

(2) 电源控制信号接+28V,接收机接通电源。

(3) 回读直流电源、交流电源的输出电压和电流,计算接收机在静态时的电源功耗。

(4) 预置罗盘天线模仿仪的工作状态,控制罗盘补偿、罗差补偿、天线选择等控制信号的状态,使罗盘接收机正常工作。

(5) 使用无线电综合测试仪测量接收机解调输出的音频信号,当信号正常时,通过回读直流电源、交流电源的输出电压和电流,计算接收机工作时的直流、交流功耗。

2) BIT 测试

罗盘接收机 BIT 测试的目的是通过总线控制接收机进入自检状态,启动自检,以确定接收机的基本功能是否正常,并验证接收机的总线通信等功能是否正常。另外,还可以借助接收机本身的 BIT 功能,进行一定程度上的故障检测及故障隔离。具体测试步骤如下。

(1) 设置为罗盘接收机供电的直流电源、交流电源工作于规定的输出电压、频率,并设置相应的电压、电流保护限,以满足测试需求。

(2) 通过总线发送启动接收机 BIT 命令。

(3) 等待接收机完成自检。

(4) 读取 BIT 数据。

(5) 判定 BIT 结果。

3) 收讯灵敏度测试

收讯灵敏度是指当罗盘接收机工作在"收讯"方式时,通过罗盘天线模仿仪给接收机注入标准信号,在其音频输出信噪比为 6dB 时输入的标准信号场强。具体测试步骤如下。

(1) 设置为罗盘接收机供电的直流电源、交流电源工作于规定的输出电压、频率,并设置相应的电压、电流保护限,以满足测试需求。

(2) 通过总线指令预置罗盘接收机的工作频率、天线选择等工作模式。

(3) 设置罗盘天线模仿仪输出频率 170kHz、场强 70μV/m、调制频率 1kHz、调制度 30% 的信号。

(4) 使用无线电综合测试仪测量音频输出电压 V_1。

(5) 罗盘天线模仿仪输出信号去调制,其他不变。

(6) 使用无线电综合测试仪测量此时的音频输出电压 V_2。

(7) 调整罗盘天线模仿仪的输出信号幅度,直到信噪比 $20\lg \frac{V_1}{V_2} = 6\text{dB}$。

(8) 罗盘天线模仿仪的输出信号幅度即为罗盘接收机的收讯灵敏度。

(9) 更换罗盘接收机、罗盘天线模仿仪的输出频率分别为 250kHz、320kHz、500kHz、750kHz、1250kHz、1600kHz 等其他频率,重复步骤(2)~(7)的测试。

4) 定向灵敏度测试

罗盘接收机工作在"定向"方式时,通过罗盘天线模仿仪给接收机加入标准输入信号,模拟特定的方位角度,罗盘接收机对该信号进行定向。若该信号满足音频输出信噪比为 6dB、定向方位误差不劣于 ±3°、定向摆动或跳动不劣于 ±2°、定向过程均匀、定向速度符合要求,则罗盘天线模仿仪输出的信号场强为罗盘接收机的定向灵敏度。具体测试步骤如下。

(1) 设置为罗盘接收机供电的直流电源、交流电源工作于规定的输出电压、频率,并设置相应的电压、电流保护限,以满足测试需求。

(2) 通过总线指令预置罗盘接收机的工作频率、天线选择等工作模式。

(3) 设置罗盘天线模仿仪输出频率 170kHz 、场强 100μV/m、调制频率 1kHz、调制度 30%、角度 0° 的信号。

(4) 使用无线电综合测试仪测量音频输出电压 V_1。

(5) 罗盘天线模仿仪输出信号去调制,其他不变。

(6) 使用无线电综合测试仪测量此时的音频输出电压 V_2。

(7) 调整罗盘天线模仿仪的输出信号幅度,直到信噪比 $20\lg\dfrac{V_1}{V_2} = 6dB$,同时通过总线数据判断接收机定向方位误差不劣于 ±3°、定向摆动或跳动不劣于 ±2°;

(8) 罗盘天线模仿仪的输出信号幅度即为罗盘接收机的定向灵敏度。

(9) 更换罗盘接收机、罗盘天线模仿仪的输出频率分别为 250kHz、320kHz、500kHz、750kHz、1250kHz、1600kHz 等其他频率,重复步骤(2)~(7)的测试。

5) 定向准确度测试

罗盘接收机工作在"定向"方式时,通过罗盘天线模仿仪给接收机加入 1mV/m 场强的标准信号,模拟不同的方位角度送罗盘接收机进行定向,接收机在不同角度的定向误差应满足相应的要求。具体测试步骤如下。

(1) 设置为罗盘接收机供电的直流电源、交流电源工作于规定的输出电压、频率,并设置相应的电压、电流保护限,以满足测试需求。

(2) 通过总线指令预置罗盘接收机的工作频率、天线选择等工作模式。

(3) 设置罗盘天线模仿仪输出频率 170kHz 、场强 1mV/m、调制频率 1kHz、调制度 30%、角度 0° 的信号。

(4) 通过总线数据读取接收机测定的方向值,应满足要求。

(5) 其他条件不变,调整罗盘天线模仿仪的输出角度依次为 45°、90°、135°、180°、225°、270°、315°。

(6) 重复步骤(3)~(4)的测试。

(7) 更换罗盘接收机、罗盘天线模仿仪的输出频率分别为 250kHz、320kHz、500kHz、750kHz、1250kHz、1600kHz 等其他频率,重复步骤(2)~(6)的测试。

6) 定向速度测试

当罗盘接收机工作在"定向"方式时,通过罗盘天线模仿仪给接收机加入 1mV/m 的射频信号,将天线模拟方位大幅度改变时,罗盘接收机测量输出满足要求的定向数据所需要的时间应满足要求。主要测试步骤如下。

（1）设置为罗盘接收机供电的直流电源、交流电源工作于规定的输出电压、频率,并设置相应的电压、电流保护限,以满足测试需求。

（2）通过总线指令预置罗盘接收机的工作频率、天线选择等工作模式。

（3）设置罗盘天线模仿仪输出频率170kHz、场强1mV/m、调制频率1kHz,调制度30%、角度0°的信号。

（4）通过总线数据读取接收机测定的方向值。

（5）其他条件不变,调整天线模仿仪的输出角度为180°,开始计时。

（6）通过总线数据读取接收机测定的方向值,直到满足180°±1.5°时,停止计时,该时间为罗盘接收机的定向速度,该值应满足要求。

（7）更换罗盘接收机、罗盘天线模仿仪的输出频率分别为250kHz、320kHz、500kHz、750kHz、1250kHz、1600kHz等其他频率,重复步骤（2）~（6）的测试。

7）音频输出电压测试

罗盘接收机工作在"收讯"方式时,通过天线模仿仪给接收机加入1mV/m的标准输入信号,测量此时的最大音频输出电压应满足要求。主要测试步骤如下。

（1）设置为罗盘接收机供电的直流电源、交流电源工作于规定的输出电压、频率,并设置相应的电压、电流保护限,以满足测试需求。

（2）通过总线指令预置罗盘接收机的工作频率、天线选择等工作模式。

（3）设置罗盘天线模仿仪输出频率170kHz、场强1mV/m、调制频率1kHz、调制度30%的信号。

（4）使用无线电综合测试仪测量音频输出电压V_1,该电压值应不小于7V。

（5）更换罗盘接收机、罗盘天线模仿仪的输出频率分别为250kHz、320kHz、500kHz、750kHz、1250kHz、1600kHz等其他频率,重复步骤（2）~（4）的测试。

8）AGC测试

罗盘接收机工作在"收讯"方式时,通过罗盘天线模仿仪给接收机加入一定场强的标准输入信号,调整天线模仿仪的输出信号幅度,使音频输出电压为6V,以此为标准,再次调整罗盘天线模仿仪的输出电压至0.5mV,在该范围内,罗盘接收机的音频输出变化应满足要求。主要测试步骤如下。

（1）设置为罗盘接收机供电的直流电源、交流电源工作于规定的输出电压、频率,并设置相应的电压、电流保护限,以满足测试需求。

（2）通过总线指令预置罗盘接收机的工作频率、天线选择等工作模式。

（3）设置罗盘天线模仿仪输出频率1000kHz、场强50μV/m、调制频率1kHz、调制度30%的信号。

（4）使用无线电综合测试仪测量音频输出电压V_1,调整天线模仿仪的输出电压,至音频输出电压为6V。

（5）调整天线模仿仪的输出电压至0.5mV。

(6) 使用无线电综合测试仪测量音频输出电压 V_2。

(7) $|V_2 - V_1|$ 的变化范围应满足要求。

2.4 无线电高度表测试原理

2.4.1 无线电高度表接口信号分析

虽然脉冲式和调频连续波式无线电高度表由于原理不同导致的接口信号有所不同,但从测试的角度进行分析,两种不同形式的高度表与测试相关的信号大致可以分为低频信号、射频信号和总线信号三类。其中,低频信号主要是指电源供电、加电及高度表状态控制、高度表状态指示、距离指示等信号;射频信号则是指高度表的射频接收和发射信号;总线信号主要用于高度表工作模式控制、工作参数设置、测量数据输出等,根据总线控制的需要,一般为 MIL-STD-1553B 总线或者 RS-422总线。综合典型脉冲式和调频连续波式无线电高度表的接口信号,其与测试相关的接口信号如表 2-11 所列。

表 2-11 无线电高度表主要接口信号

序号	信号名称	信 号 特 征
1	直流电源输入(+)	+28V 供电电源
2	直流电源输入(-)	+28V 供电电源地
3	+15V	内部电源
4	-15V	内部电源
5	-50V	基准电压
6	电源使能	+28V:加电;空:断电
7	自检控制	地:自检。空:停止自检
8	可靠性信号	高电平跟踪,低电平非跟踪
9	高度告警信号	高电平告警,低电平非告警
10	距离指示	高度测量值的模拟输出
11	T_0出	频率10kHz,脉宽:30ns
12	T_0入	频率10kHz,脉宽:30ns
13	RS-422 总线	RS-422 总线信号
14	1553B 总线	MIL-STD-1553B 总线信号
15	射频信号	4200~4400MHz

2.4.2 无线电高度表主要测试项目

与无线电高度表维护保障相关的功能与性能测试项目主要包括电源功耗测试、BIT测试、发射功率及发射频率测试、测距精度及不同高度的测距灵敏度测试、高度有效性及告警功能测试等,具体如表2-12所列。

表2-12 无线电高度表主要测试项目

序号	测试项目名称	主要内容
1	电源功耗	测试高度表的静态和工作时的电源功耗是否在指定的范围内
2	BIT测试	启动高度表的自检,并通过故障代码判断其工作情况
3	发射功率、频率测试	测试高度表的发射功率、发射频率是否满足要求
4	测高精度测试	测试高度表在不同高度时的测距精度是否满足要求
5	零高度灵敏度测试	测试高度表在零高度时的灵敏度是否满足要求
6	高高度灵敏度测试	测试高度表在高高度时的灵敏度是否满足要求
7	模拟输出测试	测试高度表针对特定高度时的模拟输出是否满足要求
8	高度有效性测试	测试高度表在特定情况下的高度有效性指示是否满足要求
9	高度告警测试	测试高度表针对特定高度是否可以正常告警

2.4.3 无线电高度表主要测试资源

基于无线电高度表的测试原理及具体的测试项目,结合对高度表输入/输出接口信号的分析,可以确定测试时所需的主要测试资源如表2-13所列。与前面的一样,表中只列出了测试所需的主要测试仪器及仪器的主要性能参数,建议仪器型号也是根据测试的需要结合相关工程实践给出的,读者实际应用时可以根据具体的测试需求选择性能满足要求的其他仪器。

表2-13 无线电高度表主要测试资源

序号	仪器名称	主要功能	主要技术要求	建议仪器型号
1	直流电源	为高度表正常工作提供直流电源	输出电压:28(1±10%)V。 输出功率:≥100W。 电源输出纹波:<10mV。 电源保护:过压保护、过流保护。 其他功能:电压、电流测量及回读,恒压、恒流输出	是德科技:N5766。 思仪:1765C
2	数字多用表	直流电压测量	直流电压测量范围:0~50V。 直流电压测量精度:优于±(测量值×2%+0.2)V。 直流电压测量分辨率:优于0.5%	是德科技:HP34401A

续表

序号	仪器名称	主要功能	主要技术要求	建议仪器型号
3	频谱分析仪	用于测量高度表发射机发射信号的频率	频率范围:9kHz~10GHz(调谐分辨率1Hz)。 分辨率带宽(RBW):1Hz~8MHz(以1~3倍步进)。 视频带宽(VBW):1Hz~8MHz(以1~3倍步进)。 频响平坦度:优于±2dB。 最大安全输入电平:+30dBm。 参考电平范围:-150~+30dBm	是德科技:N9010。 思仪:4051系列
4	功率计	用于测量高度表发射机的发射功率	频率范围:10MHz~10GHz。 功率测量范围 -10~30dBm。 功率测量精度:优于±1%。 输入接口:N型或SMA。 其他:支持峰值功率测量、平均功率测量	是德科技:N1911。 思仪:2438系列功率计,配相应的探头
5	无线电高度表测试模拟器	用于高度表测试时的高度模拟及信号衰减	高度模拟:0m、20m、500m、1000m。 高度模拟精度:±0.7%×H。 衰减范围:55~140dB。 衰减精度:±1.0dB。 衰减平坦度:优于±2.0dB。 平均噪声电平:≤-100dBm	—
6	RS-422总线通讯模块	用于与高度表的总线通信	输入/输出信号电平:标准差分。 校验方式:奇校验。 帧周期:20ms。 波特率:9600bit/s。 通道数:3通道,2发1收	VTI:VM6068
7	RS-232总线通讯模块	用于高度表测试模拟器的控制	输入/输出信号电平:标准电平。 校验方式:无校验。 波特率:9600bit/s。 通道数:1通道	VTI:VM6068
8	MIL-STD-1553B总线通信模块	测试过程中的总线通信,设置高度表的工作参数,启动BIT并获得BIT结果	满足GJB289A—97的相关要求	Alta:PCI—1553
9	开关量输出模块	用于测试过程中,高度表工作状态的控制	能受控输出地、空信号,通道数1路; 能受控输出+27V、空信号,通道数1路	VTI:SMP5004

81

2.4.4 无线电高度表测试原理分析

无线电高度表用于测量飞机距离地面的相对高度,以数字或模拟信号的方式向航空电子等相关系统提供符合精度要求的高度数据,并根据事先设定的告警高度,在满足高度告警条件时,以离散信号的方式提供告警信号。

无线电高度表一般由收发信机、发射及接收天线、安装架以及配套的电缆等组成。收发信机内部电路包括微波组件、伺服、电源、微处理器和总线接口等电路。微波组件是一体化设计的微波模块,通常由微波振荡器、腔体谐振检波器、低噪声前置放大器、混频器等微波器件组成,用于微波信号的产生、功率放大、接收检波;伺服部分包括测高电路、信号监视及信号有效性检测电路、自检电路、谐振腔信号放大电路等,实现高度测量及自检控制等功能;电源部分实现高度表收发信机的供电控制、电源变换,将外部输入的 28V 直流电源变换为内部电路工作所需的+5V、+15V 等电源;微处理器部分由微处理器、存储器、译码电路和缓冲器等构成,实现高度表正常工作所需的控制、运算及数据存储;总线接口部分实现高度表与外部其他单元之间的 RS-422、MIL-STD-1553B 等总线通信,以实现信息的交互。另外,高度表测得的高度信息还以模拟电压方式从该接口部分输出。

无线电高度表的测试主要针对收发信机,测试原理如图 2-5 所示。无线电高度表收发信机的测试需要模拟器的配合,模拟器内部设计有等效高度延时电路和可控衰减电路,发射机发射的高频信号通过等效高度延时电路的可控延时、衰减电路的程控衰减,输出一个同频率但经过时间延时和幅度衰减的高频信号,返回给高度表接收机,从而实现高度表的高度模拟测试和接收灵敏度等测试。

图 2-5 无线电高度表测试原理图

外部电源提供无线电高度表收发信机正常工作所需的+28V 直流电源;开关量输出模块实现高度表的加电控制和工作状态控制;测量转接矩阵将可靠性信号、高度告警信号、距离指示等转接到数字多用表、示波器等仪器进行测量;频谱分析仪、功率计完成高度表发射信号的功率及频谱特性测量;RS-232、MIL-STD-1553B等总线模块则可以满足高度表收发信机测试时所需的高度表及高度表测试模拟器的控制与总线通信要求。

2.4.5 无线电高度表主要测试项目的测试方法

1) 电源功耗测试

对高度表收发信机进行电源功耗测试的主要目的是判定其在加电和进行高度测量模式下的电源功耗是否满足要求,从而可以初步判断收发信机是否工作正常,为下一步的功能性能测试提供基础。主要测试步骤如下。

（1）设置为高度表收发信机供电的直流电源工作于规定的输出电压,并设置相应的电压、电流保护等参数,以满足测试需求。

（2）电源使能信号接+28V,高度表收发信机接通电源。

（3）回读直流电源的输出电压和电流,计算收发信机在静态时的电源功耗。

（4）预置高度表收发信机、高度表测试模拟器的工作状态,使其进入正常的高度测量模式。

（5）使用频谱仪、功率计测量高度表收发信机输出的射频信号频率和功率,当信号正常时,回读直流电源的输出电压和电流,计算收发信机工作时的直流功耗。

2) BIT 测试

BIT 测试的目的是在进行后续测试前,通过高度表收发信机的自检,确定总线通信等基本功能是否正常。另外,在高度表收发信机故障时,还可以借助 BIT 进行一定程度上的故障检测及故障隔离。具体测试步骤如下。

（1）设置为高度表收发信机供电的直流电源工作于规定的输出电压,并设置相应的电压、电流保护等参数,以满足测试需求。

（2）通过总线命令或自检控制信号,启动高度表收发信机进入自检状态。

（3）等待接收机完成自检。

（4）读取 BIT 数据。

（5）判定 BIT 结果。

3) 发射功率测试

发射功率测试的目的是验证高度表收发信机在正常工作时的输出功率是否满足要求。对于脉冲式无线电高度表,一般测量峰值功率;而对于调频连续波式无线电高度表,则测量平均功率。具体测试步骤如下。

（1）设置为高度表收发信机供电的直流电源工作于规定的输出电压,并设置相应的电压、电流保护等参数,以满足测试需求。

（2）预置高度表收发信机、高度表测试模拟器的工作状态,使其进入正常的高度测量模式。

（3）电源使能信号接+28V,高度表收发信机接通电源。

（4）根据高度表的类型,使用功率计测量高度表收发信机输出射频信号的平均功率或峰值功率,其功率值应当满足要求。

4）发射频率测试

发射频率测试的目的是验证高度表收发信机输出信号的频谱特性是否满足要求,一般测量输出载波信号的中心频率。具体测试步骤如下。

（1）设置为高度表收发信机供电的直流电源工作于规定的输出电压,并设置相应的电压、电流保护等参数,以满足测试需求。

（2）预置高度表收发信机、高度表测试模拟器的工作状态,使其进入正常的高度测量模式。

（3）电源使能信号接+28V,高度表收发信机接通电源。

（4）使用频谱仪测量高度表收发信机输出射频信号的中心频率、谐波、杂散等频谱特性,应当满足要求。

5）测高精度测试

测高精度测试的目的是验证高度表对高度的测量精度是否满足要求。测试时一般通过高度表测试模拟器模拟一个已知的等效高度,然后与高度表的测量结果相对照,在整个测高范围内测试点通常不少于两个。同时,测试时要保证射频回路的衰减量与高度表实际工作时的回路衰减量误差在±2dB 以内。等效高度的模拟可以通过对高度表收发信机输出射频信号的可控延时来实现,可以是延迟线或者数字信号处理等方式;回路衰减则通常采用固定衰减器和程控衰减器组合的方式来实现。具体测试步骤如下。

（1）设置为高度表收发信机供电的直流电源工作于规定的输出电压,并设置相应的电压、电流保护等参数,以满足测试需求。

（2）设置高度表测试模拟器模拟高度 $H_s = 0m$,外回路衰减量为 70dB。

（3）电源使能信号接+28V,高度表收发信机接通电源。

（4）通过"高度有效性"等信号,判定高度表处于跟踪状态。

（5）在高度表跟踪 1min 后,通过总线或模拟高度电压读取高度表的高度测量数据 H_t。

（6）计算高度表测试模拟器的高度设置值与高度表的实际测量值的差,从而得到测高精度,即

$$\Delta = (H_t - H_s) m \tag{2.2}$$

（7）改变高度表测试模拟器的模拟高度 $H_s = 20m$, 外回路衰减量 80dB,重复步骤(3)~(6) 的测试。

（8）改变高度表测试模拟器的模拟高度 $H_s = 500m$, 外回路衰减量 110dB,重复步骤(3)~(6) 的测试。

（9）如果需要,调整高度表测试模拟器的模拟高度及射频衰减值,还可以进行其他测试点的测高精度测试。

6）零高度灵敏度测试

无线电高度表的零高度灵敏度测试的目的是在按要求设定高度表测试模拟器模拟高度为 0m 的基础上,按要求设置外部回路的衰减,使高度表处于搜索状态,然后缓慢减小可变衰减器的衰减量,当高度表刚转成跟踪状态时回路总衰减量即为在 0m 处的灵敏度。具体测试步骤如下。

（1）设置为高度表收发信机供电的直流电源工作于规定的输出电压,并设置相应的电压、电流保护等参数,以满足测试需求。

（2）设置高度表测试模拟器的模拟高度 $H_s = 0m$,适当设置外回路衰减量,以保证收发信机处于搜索状态。

（3）按 0.5dB 步进,减小可变衰减器的衰减量,同时通过总线或可靠性信号监测高度表刚好处于跟踪状态时,停止调整。

（4）记录外回路的衰减值,即高度表的零高度灵敏度。

7）高高度灵敏度测试

与无线电高度表的零高度灵敏度测试类似,高高度灵敏度测试时,高度表测试模拟器的模拟高度为 500m,同时按要求设置外部回路的衰减,使高度表处于搜索状态,然后缓慢减小可变衰减器的衰减量,当高度表刚转成跟踪状态时回路总衰减量为在 500m 处的灵敏度。具体测试步骤如下。

（1）设置为高度表收发信机供电的直流电源工作于规定的输出电压,并设置相应的电压、电流保护等参数,以满足测试需求。

（2）设置高度表测试模拟器的模拟高度 $H_s = 500m$,适当设置外回路衰减量,以保证收发信机处于搜索状态。

（3）按 0.5dB 步进,减小可变衰减器的衰减量,同时通过总线或可靠性信号监测高度表刚好处于跟踪状态时,停止调整。

（4）记录外回路的衰减值,即高度表的高高度灵敏度。

8）模拟输出测试

无线电高度表的模拟输出测试的目的是验证高度表在测量不同高度时,与高度对应的模拟输出电压是否满足要求。测试时,按要求设定高度表测试模拟器的模拟高度,测量高度表在正常工作时的模拟输出电压,如果输出电压满足要求,则代表高度表的模拟输出电压正常。具体测试步骤如下。

（1）设置为高度表收发信机供电的直流电源工作于规定的输出电压,并设置相应的电压、电流保护等参数,以满足测试需求。

（2）设置高度表测试模拟器的模拟高度 $H_s = 0m$。

（3）适当设置外回路衰减量,以保证收发信机处于稳定跟踪状态。

（4）高度表收发信机稳定跟踪 1min 后,使用数字多用表测量高度表的模拟输出。

（5）记录高度表的模拟输出电压并与标准值比较,如果满足要求,则表示高度表在零高度时的模拟输出电压正常。

（6）分别调整高度表测试模拟器的模拟高度 $H_s = 20m, H_s = 500m, H_s = 1000m$,重复步骤(3)~(5)的测试。

9）高度有效性测试

无线电高度表的高度有效性测试的目的是验证高度表在搜索和跟踪不同状态时,代表高度有效性的可靠性信号指示是否正常。测试时,按要求设定高度表测试模拟器模拟一定的高度,调整外回路的射频信号衰减量,使高度表分别处于搜索和跟踪不同状态时,测试高度表的可靠性信号是否满足要求。具体测试步骤如下。

（1）设置为高度表收发信机供电的直流电源工作于规定的输出电压,并设置相应的电压、电流保护等参数,以满足测试需求。

（2）设置高度表测试模拟器的模拟高度 $H_s = 500m$。

（3）适当设置外回路衰减量,以保证收发信机处于稳定跟踪状态。

（4）使用数字多用表测量高度表的可靠性信号,如为高电平(一般不小于18V),则高度表跟踪时的高度有效性指示正常。

（5）适当增大外回路衰减量,以保证收发信机处于搜索状态。

（6）使用数字多用表测量高度表的可靠性信号,如为低电平(一般不大于3.5V),则高度表搜索时的高度有效性指示正常。

10）高度告警测试

无线电高度表的高度告警测试的目的是验证高度表对预先设定的特定告警高度的反应情况,即:当高度表的测量高度低于设定告警高度时,高度表应通过高度告警信号指示告警;而当高度表的测量高度高于设定告警高度时,高度表应不告警。测试时,按要求设定高度表测试模拟器模拟一定的高度,通过总线通信等方式设置高度表的告警高度,使高度表的告警高度分别大于和小于高度表测试模拟器的模拟高度,然后通过数字多用表测试高度告警信号是否满足要求。具体测试步骤如下。

（1）设置为高度表收发信机供电的直流电源工作于规定的输出电压,并设置相应的电压、电流保护等参数,以满足测试需求。

（2）设置高度表测试模拟器的模拟高度 $H_s = 500m$。

（3）适当设置外回路衰减量,以保证收发倍机处于稳定跟踪状态。

（4）通过总线通信设置高度表的告警高度为 $H_A = 400m$。

（5）使用数字多用表测量高度表的高度告警信号,信号应为低电平(一般小于3.5V)。

（6）通过总线通信设置高度表的告警高度为 $H_A = 600m$。

（7）使用数字多用表测量高度表的高度告警信号,信号应为高电平(一般大于18V)。

（8）使用数字多用表测量高度表的可靠性信号,应为低电平(一般小于3.5V)。

（9）如果以上两项测试均正常,则表示高度表的高度告警功能测试正常。

2.5 微波着陆机载设备测试原理

2.5.1 微波着陆机载设备接口信号分析

微波着陆机载设备与地面或舰面设备配合为飞行员提供飞机在着陆过程中飞机实时航道与选定航道的偏差角度及其他有关信息,引导飞机按选定的航道进场着陆。微波着陆机载设备接收并处理来自地面或舰面设备发送的扫描信号和数据信息,并从中解算出所需要的信息或数据(为了方便叙述,后续将地面或舰面统一称为地面)。微波着陆机载设备在对上述信息进行实时处理的基础上,通过坐标变换等方式,解算出飞机相对地面台的方位、下滑角度和距离信息,以数字量或模拟量的方式输出到飞机上有关的显示和控制设备。

通过对目前常用型号的微波着陆机载设备的接口信号进行统计分析,得出与测试相关的接口信号主要包括总线信号、供电电源、射频信号、方位偏差信号、台站识别信号等,具体如表2-14所列。

微波着陆机载设备的工作参数设置、方位及角度偏差等数据输出通常采用MIL-STD-1553B 或 RS-422 总线,具体与载机的总线类型有关;供电电源采用机载的28V 直流电源,并通过内部的 DC/DC 电路将+28V 直流电源转换为内部电路工作所需的各种电压的直流电源;射频信号是微波着陆机载设备接收的地面台信号;偏差信号是微波着陆机载设备输出的用于飞行器控制的方位偏差和下滑偏差信号;另外还有台站识别音信号以及下滑有效、方位有效等设备工作状态的指示信号。

表 2-14 微波着陆机载设备主要接口信号

序号	信 号 名 称	信 号 特 征
1	直流电源输入(+)	+28V 供电电源
2	直流电源输入(-)	+28V 供电电源地
3	电源使能	空:加电。地:断电
4	总线选择	空:MIL-STD-1553B 总线。 地:RS-422 总线

续表

序号	信号名称	信号特征
5	下滑有效	+28V:有效。小于1V:无效
6	方位有效	+28V:有效。小于1V:无效
7	方位偏差	模拟电压
8	下滑偏差	模拟电压
9	台站识别音	模拟信号,频率1000Hz
10	RS-422总线	RS-422总线信号
11	1553B总线	MIL-STD-1553B总线信号
12	射频信号	地面台站的发射信号,频率5013.0~5090.7MHz

2.5.2 微波着陆机载设备主要测试项目

与微波着陆机载设备相关的功能性能测试项目主要包括电源功耗测试、BIT测试、不同条件下的精度测试、告警功能测试以及模拟量输出测试等,具体如表2-15所列。

表2-15 微波着陆机载设备主要测试项目

序号	测试项目名称	主要内容
1	电源功耗	测试微波着陆机载设备在静态和工作时的电源功耗是否在规定的范围内
2	BIT	通过总线命令等方式启动微波着陆机载设备自检,并通过故障代码判断其工作情况
3	无多径信号时的精度测试	测试微波着陆机载设备在没有多路径信号时的测量精度
4	有多径信号时的精度测试	测试微波着陆机载设备在存在多路径信号时的测量精度
5	扫描波束宽度变化时的精度	测试微波着陆机载设备在不同扫描波束宽度情况下的测量精度
6	邻道抑制	测试微波着陆机载设备对邻道信号的抑制情况
7	与角引导信号有关的告警	测试微波着陆机载设备存在与角引导有关的故障时的告警情况
8	与基本数据和辅助数据有关的告警	测试微波着陆机载设备由其他数据导出的告警情况
9	模拟量输出测试	测试微波着陆机载设备的模拟量信号输出是否满足要求
10	坐标变换	测试微波着陆机载设备的坐标变换功能是否正常

2.5.3 微波着陆机载设备主要测试资源

基于微波着陆机载设备的测试原理及具体的测试项目,结合对输入/输出接口信号的分析,可以确定测试时所需的主要测试资源如表 2-16 所列。与前面的一样,表中只列出了测试所需的主要测试仪器及仪器的主要性能参数,建议仪器型号也是根据测试的需要结合相关工程实践给出的,读者实际应用时可以根据具体的测试需求选择性能满足要求的其他仪器。

表 2-16 微波着陆机载设备主要测试资源

序号	仪器名称	主要功能	主要技术要求	建议仪器型号
1	直流电源	为微波着陆机载设备正常工作提供直流电源	输出电压:28(1±10%)V。 输出功率:≥100W。 电源输出纹波:<10mV。 电源保护:过压保护、过流保护。 其他功能:电压、电流测量及回读,恒压、恒流输出	是德科技:N5766。 思仪:1765C
2	数字多用表	直流电压及状态的测量	直流电压测量范围:0~50V。 直流电压测量精度:优于±(测量值×2%+0.2)V。 直流电压测量分辨率:优于0.5%	是德科技:HP34401A
3	数字示波器	用于测量台站识别音	最高采样率:1GSa/s。 垂直分辨率:12bit。 模拟带宽:200MHz。 存储深度:200Mpts/CH。 触发模式:自动、正常、单次。 触发类型:边沿、序列	是德科技:DSO6032 等。 思仪:4455E系列
4	微波着陆测试模拟器	模拟 MLS 地面台向空中发播的各种复杂的角引导信号、数据信号以及多路径干扰信号	频率范围:5031~5091MHz。 信道数目:200个。 相邻信道间隔:0.3MHz。 方位角模拟范围:±62°。 方位角分辨率:0.05°。 方位角模拟精度:±0.005°。 仰角模拟范围:-1.5°~29.5°。 仰角分辨率:0.05°。 仰角模拟精度:±0.005°。 信号输出功率范围:-117~-17dBm。 输出功率分辨率:1dB	

续表

序号	仪器名称	主要功能	主要技术要求	建议仪器型号
5	RS-422 总线通信模块	用于与微波着陆机载设备的总线通信	输入/输出信号电平:标准差分。 校验方式:奇校验。 帧周期:20ms。 波特率:9600bit/s。 通道数:3 通道,2 发 1 收	VTI:VM6068
6	RS-232 总线通信模块	用于与微波着陆测试模拟器的通信与控制	输入/输出信号电平:标准电平。 校验方式:无校验。 波特率:9600bit/s。 通道数:1 通道	VTI:VM6068
7	MIL-STD-1553B 总线通信模块	测试过程中的总线通信,设置微波着陆机载设备的工作参数,启动 BIT 并获得 BIT 结果	满足 GJB289A—97 的相关要求	Alta:PCI-1553
8	开关量输出模块	用于测试过程中,微波着陆机载设备工作状态的控制	能受控输出地、空信号,通道数 1 路; 能受控输出+27V、空信号,通道数 1 路	VTI:SMP5004

2.5.4 微波着陆机载设备测试原理分析

微波着陆机载设备通常包括接收机、射频电缆、天线和托架等部件。与测试直接相关的是接收机,接收机主要由接收通道电路、信号处理电路、坐标变换处理电路及总线接口电路等模块构成。

(1) 接收通道。接收通道在处理器的控制下完成各种变换处理功能,天线接收的微波信号在接收通道通过变频、滤波、对数放大、AGC、DPSK 解调等处理后,形成对数视频和解调后的 DPSK 信号,并将以上信号送信号处理电路进行处理。另外,在接收通道内还包括用于自检的 BIT 信号产生电路、频率合成电路。

(2) 信号处理电路。信号处理电路主要由预处理器、主处理器和辅处理器等组成,其中预处理器和主处理器负责完成对接收通道信号的处理。通过对接收通道解调出的 DPSK 数据译码,为整机建立同步时序;通过对接收通道输出的对数视频信号的处理,控制接收机工作于捕获和跟踪两个不同的状态。在捕获过程中,根据控制条件,产生闸门信号,并通过对闸门内外的信号的可信度判决,控制系统是否转入跟踪过程。当系统处于跟踪过程时,输出引导数据和数据有效标志,在跟踪处理过程中,系统产生较窄的时间闸门信号,并通过对闸门内外的信号的可信度判决,控制系统是否重新进入捕获过程,同时输出数据无效标志,偏差数据归零。对已计算出的角度数据进行数字滤波、格式变换等处理后通过总线输出。

(3) 坐标变换处理电路。坐标变换处理电路主要由高速数字信号处理器和外围电路组成,将信号处理电路送来的角度数据通过一定的数学模型进行坐标变换,解算出飞机相对着陆点的方位、下滑和精确距离等数据,并传输给总线接口电路,同时将方位和下滑数据通过 D/A 转换电路转换为模拟信号,输出方位偏差、下滑偏差及告警信号。

(4) 总线接口电路。总线接口电路主要完成特定总线协议形式的数据通信,实现接收机的工作参数设置和校验,同时将接收机输出的数据和状态信息按要求的总线规范形式,通过总线传输到其他单元。

正如前面所说,微波着陆机载设备的测试主要针对接收机,测试原理如图 2-6 所示。同样,微波着陆机载设备接收机的测试也需要模拟器的配合,这种模拟器称为微波着陆测试模拟器。微波着陆测试模拟器的主要功能是模拟地面台向空中发播的各种复杂的角引导信号、数据信号以及多路径干扰信号,并根据需要对这些信号进行调节和变化。测试时通过微波着陆测试模拟器模拟产生各种信号,送微波着陆机载设备接收机,从而实现接收机各种工作状态下的功能和性能测试。

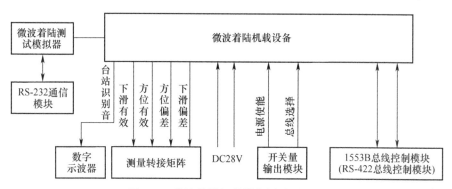

图 2-6 微波着陆机载设备测试原理图

2.5.5 微波着陆机载设备主要测试项目的测试方法

1) 电源功耗测试

电源功耗测试主要是针对微波着陆机载设备的接收机进行测试。对接收机进行功耗测试的主要目的是判定其在加电静态和正常工作两种模式下的电源功耗是否满足要求,从而可以初步判断接收机是否工作正常,为下一步的功能性能测试提供基础。主要测试步骤如下。

(1) 设置为微波着陆机载设备供电的直流电源工作于规定的输出电压,并设置相应的电压、电流保护等参数,以满足测试需求。

(2) 电源使能信号悬空,微波着陆机载设备接收机接通电源。

(3) 回读直流电源的输出电压和电流,计算接收机在静态时的电源功耗。

(4) 预置微波着陆机载设备接收机、微波着陆测试模拟器的工作状态,使其进入正常的工作模式。

(5) 使用数字多用表测量下滑有效、方位有效信号,当信号指示导航数据正常时,回读直流电源的输出电压和电流,计算接收机工作时的直流功耗。

2) BIT 测试

BIT 测试的目的是在进行后续其他测试前,通过微波着陆机载设备接收机的自检,确定总线通信等基本功能是否正常。另外,在接收机故障时,还可以借助 BIT 进行一定程度上的故障检测及故障隔离。具体测试步骤如下。

(1) 设置为微波着陆机载设备供电的直流电源工作于规定的输出电压,并设置相应的电压、电流保护等参数,以满足测试需求。

(2) 通过总线命令或自检控制信号,启动微波着陆机载设备接收机进入自检状态。

(3) 等待接收机完成自检。

(4) 读取 BIT 数据。

(5) 判定 BIT 结果。

3) 无多径信号时的精度测试

多径信号是指地面台发射的扫描信号,经反射后到达接收机的信号。多径信号在角度和时间上不同于直达信号,会对微波着陆机载设备导航信息的测量产生一定的影响。无多径信号时精度测试的目的是验证微波着陆机载设备在没有多径信号时的导航精度。具体测试步骤如下。

(1) 设置为微波着陆机载设备供电的直流电源工作于规定的输出电压,并设置相应的电压、电流保护等参数,以满足测试需求。

(2) 设置微波着陆测试模拟器工作参数:波道号为 600;输出电平为 -25dBm;同步在方位上。

(3) 电源使能信号悬空,微波着陆机载设备接收机接通电源。

(4) 设置微波着陆机载设备接收机工作参数:波道号为 600;方位角 0°;下滑角 3.0°;磁方位角为 180°。

(5) 控制微波着陆测试模拟器输出标准信号。

(6) 在无告警出现的情况下分别记录 AZ 和 EL 的 PFE 和 CMN 值,应满足机载设备的指标要求。

(7) 微波着陆测试模拟器的输出电平分别设置为 -75dBm、-100dBm,重复步骤(6)的测试。

(8)设置微波着陆测试模拟器、微波着陆机载设备接收机的工作波道号为500,重复步骤(4)~(7)的测试。

(9)设置微波着陆测试模拟器、微波着陆机载设备接收机的工作波道号为699,重复步骤(4)~(7)的测试。

4)有多径信号时的精度测试

与无多径信号时的精度测试相反,有多径信号时的精度测试的目的是验证微波着陆机载设备存在多径信号时的导航精度。具体测试步骤如下。

(1)设置为微波着陆机载设备供电的直流电源工作于规定的输出电压,并设置相应的电压、电流保护等参数,以满足测试需求。

(2)设置微波着陆测试模拟器工作参数:波道号为600;AZ波束宽度为3.0°;EL波束宽度为2.0°;多路径电平设置为+3dB;角度为1.35°;同步在方位上;将多路径设置为ON。

(3)电源使能信号悬空,微波着陆机载设备接收机接通电源。

(4)设置微波着陆机载设备接收机工作参数:波道号为600;方位角0°;下滑角3.0°;磁方位角为180°。

(5)控制微波着陆测试模拟器输出标准信号。

(6)在无告警出现的情况下记录AZ的PFE和CMN值。

(7)设置微波着陆测试模拟器的同步在EL上,多路径角度设置为3.5°,将多路径设置为ON。

(8)在无告警出现的情况下记录EL的PFE和CMN值。

(9)微波着陆测试模拟器的输出电平分别设置为−75dBm、−100dBm,重复步骤(4)~(8)的测试。

(10)分别设置微波着陆测试模拟器和微波着陆机载设备的工作波道号为500、699,重复步骤(4)~(9)的测试。

5)扫描波束宽度变化时的精度测试

扫描波束宽度变化时的精度测试的目的是验证微波着陆机载设备在地面台的扫描信号波束宽度变化时的导航信息测量精度。测试时,AZ的波束变化范围一般为3.0°~5.0°,EL的变化范围为2.0°~3.0°。具体测试步骤如下。

(1)设置为微波着陆机载设备供电的直流电源工作于规定的输出电压,并设置相应的电压、电流保护等参数,以满足测试需求。

(2)设置微波着陆测试模拟器工作参数:波道号为500;AZ波束宽度为5.0°;EL波束宽度为3.0°;输出电平为−25dBm;同在方位上。

(3)电源使能信号悬空,微波着陆机载设备接收机接通电源。

(4)同步设置微波着陆机载设备的参数。

(5) 控制微波着陆测试模拟器输出标准信号。

(6) 在无告警出现的情况下记录 AZ、EL 的 PFE 和 CMN 值。

(7) 微波着陆测试模拟器的输出电平分别设置为−75dBm、−100dBm,重复步骤(6)的测试。

(8) 分别设置微波着陆测试模拟器和微波着陆机载设备的工作波道号为 600、699,重复步骤(2)~(7)的测试。

6) 邻道抑制测试

邻道抑制测试的目的是验证微波着陆机载设备在当前工作波道的频率上没有地面台的扫描信号,而在偏离当前波道工作频率 1.2MHz 范围内出现−67dBm 以上的干扰信号,或偏离设备工作频率 1.2MHz 以上出现−45dBm 以上的干扰信号时,设备应发出告警信号。具体测试步骤如下。

(1) 设置为微波着陆机载设备供电的直流电源工作于规定的输出电压,并设置相应的电压、电流保护等参数,以满足测试需求。

(2) 设置微波着陆测试模拟器工作参数:波道号为 599;AZ 波束宽度为 5.0°;EL 波束宽度为 3.0°;输出电平为−67dBm;同步在方位上。

(3) 电源使能信号悬空,微波着陆机载设备接收机接通电源。

(4) 同步设置微波着陆机载设备的波道号为 600,其他参数正常设置。

(5) 控制微波着陆测试模拟器输出标准信号。

(6) 使用数字多用表,测量微波着陆机载设备接收机的下滑有效和方位有效信号,信号电平应不大于 1V。

(7) 分别设置微波着陆测试模拟器的波道号为 596、604,输出电平设置为−45dBm,重复步骤(6)的测试。

7) 与角引导信号有关的告警测试

与角引导信号有关的告警测试的目的是验证在出现与地面台站发送的扫描信号中的角度引导信号有关故障(如引导信号丢失、引导信号更新率过低、多径信号电平过高等)时微波着陆机载设备的报警情况。具体测试步骤如下。

(1) 设置为微波着陆机载设备供电的直流电源工作于规定的输出电压,并设置相应的电压、电流保护等参数,以满足测试需求。

(2) 设置微波着陆测试模拟器工作参数为标准工作参数。

(3) 电源使能信号悬空,微波着陆机载设备接收机接通电源。

(4) 同步设置微波着陆机载设备的工作参数,使其正常工作。

(5) 控制微波着陆测试模拟器的 AZ 为 OFF。

(6) 使用数字多用表,测量微波着陆机载设备接收机的下滑有效和方位有效信号,信号电平应满足告警要求。

(7) 设置微波着陆测试模拟器的同步在 AZ 上,AZ 功能为 ON,更新率分别设置为45%、25%,重复步骤(6)的测试。

(8) 设置微波着陆测试模拟器的同步在EL上,AZ功能为ON,更新率分别设置为45%、25%,重复步骤(6)的测试。

(9) 分别设置微波着陆测试模拟器左OCI电平为+7dB、+1dB,重复步骤(6)的测试;分别设置微波着陆测试模拟器右OCI电平为+7dB、+1dB,重复步骤(6)的测试。

(10) 设置微波着陆测试模拟器的多路径电平为+10dB、角度为10°、同步在方位上、多路径功能设置为ON,重复步骤(6)的测试;设置微波着陆测试模拟器的同步在仰角上、多路径功能设置为ON,重复步骤(6)的测试。

注:OCI、多路径电平相对前导码电平在一定范围可调

8) 与基本数据和辅助数据有关的告警测试

与基本数据和辅助数据有关的告警测试的目的是验证微波着陆机载设备由于导航信息解算所需的其他数据出现故障而无法正常解算出导航数据时的告警情况。例如,跑道长度数据、比例覆盖极限未能正确解码;选择角在比例极限指示的角度之外;选定的下滑角低于基本数据发播的最低下滑角;数据字奇偶校验失效。具体测试步骤如下。

(1) 设置为微波着陆机载设备供电的直流电源工作于规定的输出电压,并设置相应的电压、电流保护等参数,以满足测试需求。

(2) 设置微波着陆测试模拟器工作参数为标准工作参数。

(3) 电源使能信号悬空,微波着陆机载设备接收机接通电源。

(4) 同步设置微波着陆机载设备的工作参数,使其正常工作。

(5) 设置微波着陆测试模拟器的数据1#为OFF。

(6) 使用数字多用表,测量微波着陆机载设备接收机的下滑有效和方位有效信号,信号电平应满足告警要求。

(7) 设置微波着陆测试模拟器基本数据1#中的方位比例覆盖极限为±10°,设置微波着陆机载设备的方位角为11°,重复步骤(6)的测试。

(8) 设置微波着陆测试模拟器的数据2#为OFF,重复步骤(6)的测试。

(9) 设置微波着陆机载设备的下滑角为2.9°重复步骤(6)的测试重复。

(10) 设置微波着陆测试模拟器基本数据中的任何一个奇偶校验错误,重复步骤(6)的测试。

9) 模拟量输出测试

为了实现与不同设备的正常信息交互,目前微波着陆机载设备将测得的导航信息通过总线等形式数字化输出的同时,还通过D/A转换的方法,将数字量转换为与导航数据成比例的模拟量输出,具体包括方位偏差信号电压、下滑偏差信号电压以及方位有效和下滑有效信号电压。方位偏差信号电压的正极性表示飞机向左偏离了航道,负极性则表示飞机向右偏离了航道,测试要求方位偏差角度与其输出偏差信号电

压呈线性关系,一般 ±375mV 对应±5.1°。下滑偏差信号电压极性的正偏差表示飞机向上偏离了航道,负极性则表示飞机向下偏离了航道,测试要求下滑偏差角度与其输出偏差信号电压也呈线性关系,一般 ±375mV 对应 ±1.9°。方位有效和下滑有效信号的高电平代表无告警,低电平则表示有告警,测试要求无告警时输出电压在18~32V 之间,有告警时输出电压应 不大于 1.0V。具体测试步骤如下。

（1）设置为微波着陆机载设备供电的直流电源工作于规定的输出电压,并设置相应的电压、电流保护等参数,以满足测试需求。

（2）电源使能信号悬空,微波着陆机载设备接收机接通电源。

（3）设置微波着陆测试模拟器工作参数为标准工作参数,方位角分别设置为 0°、-2.5°、+2.5°。

（4）同步设置微波着陆机载设备的工作参数,使其正常工作。

（5）使用数字多用表,测量微波着陆机载设备接收机的方位偏差信号电压,应满足测量精度要求。

（6）设置微波着陆测试模拟器工作参数为标准工作参数,下滑角分别设置为 3°、2.25°、3.75°。

（7）使用数字多用表,测量微波着陆机载设备接收机的下滑偏差信号电压,应满足测量精度要求。

（8）设置微波着陆测试模拟器的方位功能为 OFF,使用数字多用表,测量微波着陆机载设备接收机的下滑有效和方位有效信号电压,应满足要求。

（9）使用数字示波器测量微波着陆机载设备接收机的台站识别音信号,应满足频率 1kHz ±10%、电压不小于 6V 的要求。

10）坐标变换测试

若微波着陆机载设备的 AZ、EL 有效,且 DME/P 也有效,则微波着陆机载设备的接收机应完成坐标变换处理。AZ/EL 的测量误差应不大于±0.1°;DME/P 误差不大于 ±15m。若 DME/P 数据无效,而 AZ、EL 有效,则微波着陆机载设备的接收机不进行坐标变换处理。测试时只需通过微波着陆测试模拟器设置若干组的 AZ、EL、DME/P 数据(包括各地面台位置数据、扫描数据和距离数据),观察并记录微波着陆机载设备接收机输出的方位偏差、下滑偏差和距离数据,即可完成测试。测试的主要内容是通过总线通信控制微波着陆测试模拟器以及接收机的工作参数及工作状态,并读取测量结果。测试过程相对比较简单,在此不再赘述。

2.6 塔康机载设备测试原理

2.6.1 塔康机载设备接口信号分析

如前所述,塔康机载设备与塔康地面台协同工作于 L 波段,根据其功能的不同,可以有 X 或 Y 两种工作模式,同时可以有收、收/发、空/空、自检四种工作状态。在"收"工作状态,塔康机载设备仅计算对所选择塔康地面台的相对方位,信息单元不产生询问脉冲,发射机不工作,测距不工作;在"收/发"工作状态,塔康机载设备计算对所选择的塔康地面台的相对方位和斜线距离,并可计算出距离速率和到台时间;在"空/空"工作状态,塔康机载设备仅计算飞机间的直线距离;在自检工作状态,控制单元同时对发射机、接收机、频率合成器、信息单元进行检测,如果工作不正常则显示相应故障代码。

通过对目前常用型号的塔康机载设备的接口信号进行统计分析,得到与测试相关的接口信号主要包括总线信号、供电电源、射频信号、控制信号、码声及台站识别信号、闭锁信号等,具体如表 2-17 所列。

塔康机载设备的工作参数设置、导航数据输出等采用 MIL-STD-1553B 或 ARINC-429 总线,具体与载机的总线类型有关。供电电源采用机载的 28V 直流电源,并通过内部的 DC/DC 电路将+28V 直流电源转换为内部电路工作所需的各种电压的直流电源。射频信号是塔康机载设备发射或接收的信号,设备工作时为避免与干扰机、敌我识别器等机载设备产生干扰,当以上设备工作时产生相互闭锁信号,暂时关闭设备的发射信号,目前测试时一般不测。另外还有码声、识别声等告警信号,指示设备的特定工作状态,测试时需要通过示波器等仪器对其频率、电压等进行测试。

表 2-17 塔康机载设备主要接口信号

序号	信号名称	信 号 特 征
1	直流电源输入(+)	+28V 供电电源
2	直流电源输入(-)	+28V 供电电源地
3	电源使能	地:加电。空:断电
4	闭锁输入	高电平:闭锁有效。低电平:闭锁无效
5	闭锁 IFF	高电平:闭锁有效。低电平:闭锁无效
6	闭锁 ASPS	高电平:闭锁有效。低电平:闭锁无效
7	识别声	音频信号
8	码声	音频信号
9	1553B 总线	MIL-STD-1553B 总线信号
10	射频信号	L 波段射频信号

2.6.2 塔康机载设备主要测试项目

与塔康机载设备相关的功能、性能测试项目主要包括电源功耗测试、BIT 测试、发射功率(频率、频谱)测试、不同工作模式下的工作灵敏度测试、方位性能测试、距离性能测试等,具体如表 2-18 所列。

表 2-18　微波着陆机载设备主要测试项目

序号	测试项目名称	主要内容
1	电源功耗	测试塔康机载设备在静态和工作时的电源功耗是否在规定的范围内
2	BIT	通过总线命令等方式启动塔康机载设备自检,并通过故障代码判断其工作情况
3	工作模式转换测试	测试塔康机载设备在不同工作模式下的转换情况
4	发射功率、频率、频谱测试	测试塔康机载设备输出射频信号的功率、频率及频谱特性
5	工作灵敏度测试	测试塔康机载设备在不同工作模式下的灵敏度
6	方位性能测试	测试塔康机载设备的方位测量性能
7	距离性能测试	测试塔康机载设备在不同工作模式下的距离测量性能

2.6.3　塔康机载设备主要测试资源

基于塔康机载设备的测试原理及具体的测试项目,结合对输入/输出接口信号的分析,可以确定测试时所需的主要测试资源如表 2-19 所列。需要说明的是,表中的塔康测试模拟器只列出了基本性能指标,如果需要对数传、精密测距等功能性能进行测试,则还需要根据具体的测试需求补充相应的指标要求。与前面的一样,表中只列出测试所需的主要测试仪器及仪器的主要性能参数,建议仪器型号也是根据测试的需要结合相关工程实践给出的,读者实际应用时可以根据具体的测试需求选择性能满足要求的其他仪器。

表 2-19　塔康机载设备主要测试资源

序号	仪器名称	主要功能	主要技术要求	建议仪器型号
1	直流电源	为塔康机载设备正常工作提供直流电源	输出电压:28(1±10%)V。 输出功率:≥100W。 电源输出纹波:<10mV。 冲击电流:≥6A。 电源保护:过压保护、过流保护。 其他功能:电压、电流测量及回读,恒压、恒流输出	是德科技:N5766。 思仪:1765C
2	数字多用表	直流电压及状态的测量	直流电压测量范围:0～50V。 直流电压测量精度:优于±(测量值×2%+0.2)V。 直流电压测量分辨率:优于0.5%。 电阻测量范围:0～20kΩ。 电阻测量精度:优于±(测量值×1%+0.1)Ω。 电阻测量分辨率:优于0.1%	是德科技:HP34401A

续表

序号	仪器名称	主要功能	主要技术要求	建议仪器型号
3	数字示波器	用于识别声、码声等的测量	最高采样率：1GSa/s。 垂直分辨率：12bit。 模拟带宽：200MHz。 存储深度：200Mpts/CH。 触发模式：自动、正常、单次。 触发类型：边沿、序列	是德科技：DSO 6032等。 思仪：4455E系列
4	频谱分析仪	用于测量塔康机载设备发射信号的频谱特性	频率范围：9kHz～10GHz（调谐分辨率1Hz）。 分辨率带宽（RBW）：1Hz～8MHz（以1～3倍步进）。 视频带宽（VBW）：1Hz～8MHz（以1～3倍步进）。 频响平坦度：优于±2dB。 最大安全输入电平：+30dBm。 参考电平范围：-150～+30dBm	是德科技：N9010。 思仪：4051系列
5	塔康测试模拟器	为塔康机载设备测试提供各种工作模式所需的射频信号	工作模式：TACAN、A/A、DME/P。 输出功率：-120～0dBm。 TACAN方位模拟：0°～360°，0°/s～±20°/s。 TACAN距离模拟：0～500km，-2～+2km/s。 A/A距离模拟：0～150km，-2～+2km/s。 DME/P精密距离模拟：0～41km，0～1km/s。 测量功率：0～1kW（脉冲峰值功率）。 指令：扰码、数据模拟	—
6	RS-422总线通信模块	用于与塔康机载设备的总线通信	输入/输出信号电平：标准电平。 校验方式：奇校验。 帧周期：20ms。 波特率：9600bit/s。 通道数：3通道，2发1收	VTI：VM6068
7	匹配负载	射频信号的负载匹配	峰值功率：>2kW。 工作频率：0.8～2GHz。 驻波比：≤1.2	—
8	衰减器	射频信号的衰减	衰减量：20dB。 工作频率：0.8～2GHz	—

续表

序号	仪器名称	主要功能	主要技术要求	建议仪器型号
9	RS-232 总线通信模块	用于与塔康测试模拟器的通信与控制	输入/输出信号电平:标准电平。校验方式:无校验。波特率:9600bit/s。通道数:1 通道	VTI:VM6068
10	1553B 总线通信模块	测试过程中的总线通信	满足 GJB289A—97 的相关要求	Alta:PCI-1553
11	开关量输出模块	测试时用于塔康机载设备工作状态的控制	能受控输出地、空信号,通道数 1 路	VTI:SMP5004

2.6.4 塔康机载设备测试原理分析

塔康机载设备主要包括天线、收发信机、射频电缆和安装托架等部件。从维护保障的角度出发,对于塔康机载设备的测试主要集中在收发信机,收发信机主要由滤波单元、开关电源、频率合成器、接收机、发射机、信息单元、控制单元及双工器组成。

滤波单元将输入的 28V 直流电源进行 EMI 滤波处理后送开关电源。开关电源电路将 28V 直流电压变换为+5V、±15V、+18V、+30V 等直流电压,供收发信机内部的其他电路使用。由于塔康机载设备是接收和发射信号共用天线,因此需要通过双工器完成信号的传输控制,其中:双工器由收发控制、谐波抑制、双天线转换三部分组成;收发转换通过微波电子开关实现;滤波网络完成谐波抑制;射频继电器实现双天线的转换。

信息单元是塔康机载设备的数字信号处理和计算的核心部分,根据控制单元设置的工作状态、工作模式等参数,实现塔康空/地模式下的测位、测距,以及空/空模式下的测距等功能,产生测距询问脉冲和空/空应答脉冲,同时对计算出的方位数据和距离数据,采用数字滤波的方法进行软件平滑滤波,产生稳定、可靠的方位数据和距离数据,提高塔康的测位和测距精度。信息单元从功能上可分为模拟信号处理、数字信号处理和计算机数据处理三个部分。为了提高数据处理和运算性能,信息单元电路中普遍采用了高速数字信号处理器(DSP),以及大容量的程序存储器、高速数据存储器和大规模可编程逻辑器件。

控制单元实现与控制盒等的接口,将外部提供的波道信息、工作状态及工作模式等信息,转换为相应的调谐电压、AGC 电压、频率代码、天线转换控制等控制信息,送相应的电路,实现塔康机载设备工作状态的控制,使收发信机工作于相应的工作波道和工作模式。控制单元还提供识别音响以及总线接口等功能。

接收机在 A/G、DME/P 模式下,接收来自地面台的信号;在 A/A 模式下,接收来自其他飞机的询问信号和应答信号。以上信号通过天线接收,并经双工器控制后送往接收机前端电路,经选频、前放、混频、宽带中放、AGC 后分为两路信号,其中:一路经窄带滤波、窄带中放检波、视放,形成窄带视频信号,供 A/G 测距、测位和 A/A 测距之用;另一路经宽带中放、检波、视放后,形成宽带视频信号,供 DME/P 精密测距之用。宽、窄带视频信号均送往信息单元,同时还送至控制单元,用于参与产生 AGC 电压。

塔康机载设备通过发射机发射询问脉冲,从而完成测距功能。功放电路是发射机的主体,完成发射信号的激励放大、功率放大。来自频率合成器的射频激励信号,以及来自信息单元的含有测距信息的询问脉冲信号,经脉冲调制器整形放大后,送功放电路,形成具有钟形脉冲波形的射频调制脉冲功率信号。在 DME/P 工作模式,由于要实现精密测距,发射波形的上升沿必须满足特定的要求,因此必须综合采用陡脉冲前沿波形技术、导脉冲环技术以及数字调制技术等才能实现。

频率合成器主要为发射机提供激励信号,为接收机提供本振信号。由于对产生信号的频率准确性、频率稳定性均有较高的要求,因此通常采用大规模集成锁相环结合微带振荡器实现。

基于以上分析,塔康机载设备的测试原理如图 2-7 所示。由于测试时需要模拟产生地面台的特殊信号,因此仍需要专用模拟器的配合,才能实现收发信机各种工作状态下功能和性能测试。塔康机载设备的加电、闭锁通过离散量输出模块进行控制;输出的闭锁信号、识别声、码声等信号通过测量转接矩阵转接后,送数字多用表、示波器进行测试;射频信号通过耦合器耦合、衰减器衰减到规定的信号电平后,送频谱仪进行测试;塔康测试模拟器的控制则通过 RS-232 串行通信总线实现。

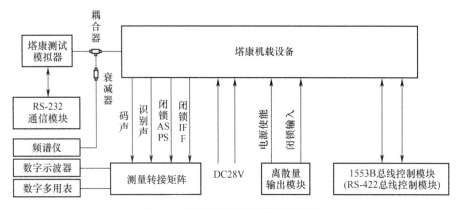

图 2-7 塔康机载设备测试原理图

2.6.5 塔康机载设备主要测试项目的测试方法

1) 电源功耗测试

对塔康机载设备的收发信机进行电源功耗测试的目的是检验其在加电静态和正常工作不同状态下的电源功耗是否能满足设计要求,从而可以初步判断收发信机是否工作正常,为下一步的功能性能测试提供基础。主要测试步骤如下。

(1) 设置为塔康机载设备收发信机供电的直流电源工作于规定的输出电压,并设置相应的电压、电流保护等参数,以满足测试需求。

(2) 电源使能信号接地,塔康机载设备收发信机接通电源。

(3) 回读直流电源的输出电压和电流,计算收发信机在静态时的电源功耗。

(4) 预置塔康机载设备收发信机、塔康测试模拟器的工作状态,使其进入正常的 A/G 或 A/A 工作模式。

(5) 通过总线读取收发信机的状态及数据信息,当正常输出导航信息时,读取直流电源的输出电压和电流,计算收发信机工作时的电源功耗。

2) BIT 测试

BIT 测试的目的是在进行后续测试前,通过塔康机载设备收发信机的自检,确定总线通信等基本功能是否正常。另外,在收发信机故障时,还可以借助 BIT 进行一定程度的故障检测及故障隔离。具体测试步骤如下。

(1) 通过总线命令启动塔康机载设备收发信机进入自检状态。

(2) 等待接收机完成自检。

(3) 读取 BIT 数据。

(4) 判定 BIT 结果。

3) 工作模式转换测试

由于塔康机载设备有 A/G、A/A、DME/P 等多种工作模式,以上模式的转换是通过总线命令进行的,因此,工作模式转换测试的目的是验证塔康机载设备的收发信机是否可以在上层命令的控制下,快速可靠地进行工作模式的转换。在进行上述测试时,塔康测试模拟器应在指令的控制下,同步提供相应工作模式的射频信号,配合收发信机的工作。具体测试步骤如下。

(1) 设置为塔康机载设备收发信机供电的直流电源工作于规定的输出电压,并设置相应的电压、电流保护等参数,以满足测试需求。

(2) 电源使能信号接地,塔康机载设备收发信机接通电源。

(3) 通过总线命令,预置塔康机载设备收发信机进入 TACAN 工作模式,并预置波道编码等参数。

(4) 设置塔康测试模拟器的工作参数与塔康机载设备收发信机相同,输出信号。

(5) 通过总线通信读取收发信机的工作状态参数,判定是否与设定的一致。

(6) 通过总线命令,改变收发信机为 A/A 工作模式,重复步骤(4)~(5)的测试。

(7) 通过总线命令,改变收发信机为 DME/P 工作模式,重复步骤(4)~(5)的测试。

4) 发射功率、频率、频谱测试

塔康机载设备收发信机的发射机性能直接关系到导航信息的测量,因此需要对发射信号的功率、频率及信号频谱进行测试,以确定其是否满足要求。由于塔康机载设备收发信机在 TACAN、A/A、DME/P 等不同工作模式下使用的是同一个发射机,因此测试时可以用 TACAN 模式下的发射机性能代表其他工作模式下的发射机性能。具体测试步骤如下。

(1) 设置为塔康机载设备收发信机供电的直流电源工作于规定的输出电压,并设置相应的电压、电流保护等参数,以满足测试需求。

(2) 电源使能信号接地,塔康机载设备收发信机接通电源。

(3) 通过总线命令,预置塔康机载设备收发信机进入 TACAN 工作模式,并预置波道编码等参数。

(4) 设置塔康测试模拟器的工作参数:工作模式为 TACAN;输出电平为 −80dBm;调制度为 40%;相移为 0°;填充为 2700 脉冲对/秒;应答概率为 70%。

(5) 控制塔康测试模拟器输出信号。

(6) 通过频谱仪测量收发信机输出射频信号的功率、频率、杂散等参数,应满足使用要求。

(7) 改变收发信机的波道号,重复步骤(4)~(6)的测试。

5) TACAN 工作灵敏度测试

接收机的灵敏度直接决定了接收机的作用距离及后续的测量精度,因此接收机一般都需要进行灵敏度测试。由于塔康机载设备的收发信机有多种工作模式,因此该测试是验证收发信机在 TACAN 工作模式下的灵敏度。具体测试步骤如下。

(1) 设置为塔康机载设备收发信机供电的直流电源工作于规定的输出电压,并设置相应的电压、电流保护等参数,以满足测试需求。

(2) 电源使能信号接地,塔康机载设备收发信机接通电源。

(3) 通过总线命令,预置塔康机载设备收发信机进入 TACAN 工作模式,并预置波道编码等参数。

(4) 设置塔康测试模拟器的工作参数:工作模式为 TACAN;输出电平为 −89dBm;调制度为 40%;相移为 0°;填充为 2700 脉冲对/秒;应答概率为 70%。

(5) 控制塔康测试模拟器输出信号。

（6）逐步减小塔康测试模拟器的输出电平,直到警旗出现,此时塔康测试模拟器的输出电平为收发信机在 TACAN 工作模式下的灵敏度。

（7）改变收发信机的波道号,重复步骤(4)~(6)的测试。

A/A 工作模式、DME/P 工作模式下的灵敏度测试与此类似,只不过需按测试要求改变收发信机及相应的塔康测试模拟器的工作参数,在此不再赘述。

6）方位性能测试

方位性能测试的目的是验证收发信机的方位测量能力,以及当方位改变时的方位跟踪能力、方位记忆时间等性能是否满足要求。测试时通过塔康测试模拟器模拟特定角度的方位信号送收发信机进行测量,收发信机的测量结果通过总线数据输出,将测量结果与设定的角度进行比对,即可判断收发信机的方位测量性能是否满足要求。具体测试步骤如下。

（1）设置为塔康机载设备收发信机供电的直流电源工作于规定的输出电压,并设置相应的电压、电流保护等参数,以满足测试需求。

（2）电源使能信号接地,塔康机载设备收发信机接通电源。

（3）通过总线命令,预置塔康机载设备收发信机进入 TACAN 工作模式,并预置波道编码等参数。

（4）设置塔康测试模拟器的工作参数:工作模式为 TACAN;输出电平为 −80dBm;调制度为 40%;填充为 2700 脉冲对/秒。

（5）预置塔康测试模拟器方位 0°,输出信号。

（6）通过总线通信读取收发信机的方位测量值,并与设定值进行比较。

（7）依次改变塔康测试模拟器的模拟方位为 45°、90°、135°、180°、225°、270°、315°重复步骤(6)的测试。

（8）通过设置塔康测试模拟器特定的方位变化速率,结合收发信机的跟踪状态,可以测试收发信机的方位跟踪速率是否满足要求。

（9）通过减小塔康测试模拟器的输出电平,配合警旗的显示可测试收发信机的方位记忆时间。

7）距离性能测试

距离性能测试的目的是验证收发信机在 A/G 与 A/A 模式下的距离测量能力、距离记忆时间等性能指标是否满足要求。距离测量精度对飞机来说要求很高,特别是在近距离时,空/地距离精度要求更高。测试时通过塔康测试模拟器模拟特定距离的信号送收发信机进行测量,收发信机的测量结果通过总线数据输出,将测量结果与设定的距离进行比对,即可判断收发信机的距离测量性能是否满足要求。具体测试步骤如下。

（1）设置为塔康机载设备收发信机供电的直流电源工作于规定的输出电压,并设置相应的电压、电流保护等参数,以满足测试需求。

（2）电源使能信号接地,塔康机载设备收发信机接通电源。

（3）通过总线命令,预置塔康机载设备收发信机进入 TACAN 工作模式,并预置波道编码等参数。

（4）设置塔康测试模拟器的工作参数:工作模式为 TACAN;输出电平为 -80dBm;调制度为 40%;填充为 2700 脉冲对/秒。

（5）预置塔康测试模拟器距离 0km,输出信号。

（6）通过总线通信读取收发信机的距离测量值,并与设定值进行比较。

（7）依次改变塔康测试模拟器的模拟距离为 45km,100km,300km,400km, 480km,重复步骤(6)的测试。

（8）通过设置塔康测试模拟器特定的距离变化速率,结合收发信机的跟踪状态,可以测试收发信机的距离跟踪速率是否满足要求。

A/A 工作模式下的距离性能测试与此类似,在此不再赘述。

第3章 机载通信导航设备测试通用仪器

3.1 电压测量及数字多用表

3.1.1 概述

3.1.1.1 电压测量的意义

在电子测量中,电压测量是电量与非电量测量的基础,电压量是测量的基本参数。在电测量中,许多电量的测量可以转化为电压测量,在集中参数电路中,表征电信号能量的三个基本参数(电压、电流、功率)都可以转换为电压再进行测量;常用电路的工作状态(如放大、饱和、截止、失真等)都由电压进行表征,并通过电压进行测量。非电测量中的温度、压力、振动、(加)速度等大多数物理量需转换为电压信号再进行测量;电子设备的各种控制信号、反馈信号等也都体现为电压量;常用的电子测量仪器(如信号源、电子电压表、示波器等)都以电压作为最终测试结果的显示量。从以上分析可知,电压测量是电子测量的基本内容,在科学研究、生产实践及日常生活中,都具有十分重要的意义。

3.1.1.2 电压测量的基本要求

由于电压量本身所具有的特点,因而相比其他测量,对电压量的测量有其独特的要求,具体如下。

1) 测量的频率范围宽

从目前的实际使用来看,待测电压除了直流电压外,更多的是交流电压信号,其频率范围非常宽,至少为 $0\sim10^9\mathrm{Hz}$。

2) 测量的电压范围大

实际测量过程中的一些特殊信号(如心电医学信号、地震波等)电压极其微弱,只有纳伏级($10^{-9}\mathrm{V}$);而雷达中的磁控管、闸流管、行波管等高压部件的工作电压达到几千伏甚至上万伏,电力输电中的超高压输电信号也达到数百千伏。这要求电压测量仪器的电压测量范围非常大。

3) 测量的电压波形多

交流信号的波形通常是测量信息的载体,因此待测信号的波形多种多样,除了常见的纯正弦波外,还包括失真的正弦波及各种非正弦波(如方波、三角波、梯形波等),而噪声作为一种无规则的随机电压信号更是与测量过程共存。

4) 测量电路的阻抗匹配

在多级系统中,输出级阻抗对下一输入级有影响,为了使被测电路的工作状态尽量少受影响,测量电路应具有足够高的输入阻抗。因此当采用电压表与电流表测量小电阻时,应采用电压表并联方案;而当测量大电阻时,则应采用电流表串联的方式。在高频测量时,由输入电阻 R_i 与输入电容 C_i 构成的复阻抗将变小,对被测电路的影响变大,此时不仅要考虑电压表输入阻抗对待测信号的影响,而且还要考虑到二者的阻抗匹配问题,以免引起较大的测量误差。同样,通过前面的分析我们知道,在高频、微波等频段进行测量时,还需要考虑由于前后级电路的阻抗不匹配引起的信号反射,导致测量结果误差过大,更严重的可能导致设备损坏等问题。

5) 测量准确度的要求差异大

由于被测对象的特点,对电压的测量准确度要求不同,其中:一些微弱、精密电信号(如电台测试中接收机灵敏度、高度表测试中的误差电压等)所需要的测量准确度较高;而一些电压(如仪器的供电电压、设备状态电压)的测量则要求的准确度较低。

6) 测量速度要求高

根据被测对象的不同,按测量速度的要求,可以将测量过程分为静态测量和动态测量。静态测量是对直流(慢变化信号)信号的测量,测量速度可以是几次/秒;而动态测量则主要是指对高速瞬变信号的测量,测量速度可能达到数亿次/秒。但是,精度与速度存在矛盾,应根据需要而定。

7) 抗干扰性能要求高

在工业现场测试中,通常都存在较大的干扰。特别是对测量准确度和精度要求较高的测量,干扰可能引入较大的测量误差,因此需要测量仪器仪表具有较强的抗干扰能力。通常用串模干扰抑制比(Series Mode Rejection Ratio,SMRR)和共模干扰抑制比(Common Mode Rejection Ratio,CMRR)来表征,通常数字式电压表的共模干扰抑制比可达到 90dB 以上。此外,电压表内部漂移、抖动和其他噪声造成的干扰也会影响电压测量的分辨力和测量准确度。在进行电压表内部电路设计时,需要采取多种措施来抑制内部噪声,测量时也要采取相应的措施(如接地、屏蔽等)来减少干扰的影响。

3.1.1.3 电压测量的方法和分类

1) 电压测量的方法

由于被测电压的幅值、频率以及波形的差异很大,因此电压测量的分类方法很多。例如,按被测对象分类,电压测量可以分为直流电压测量和交流电压测量;按测量技术分类,则可以分为模拟测量和数字测量。具体常用的测量方法有如下几种。

(1) 交流电压的模拟测量方法。交流电压的模拟测量以有效值测量为主,测量时首先将交流电压(有效值、峰值和平均值)转换为直流电流,然后驱动表头进行指示。与此相对应的交流电压模拟测量的仪器包括有效值、峰值和平均值电压表/电平表等。

(2) 直流电压的数字化测量方法。该方法将模拟直流电压通过 A/D 转换器等器件转化为数字量然后进行一定的运算后,将测量结果送数字显示。相应的测量仪器有数字电压表(DVM),数字多用表(DMM)等。

(3) 交流电压的数字化测量方法。该方法首先通过特定的电路将交流电压(有效值、峰值和平均值)转化为直流电压,然后送 A/D 转换器进行模拟电压的数字化,得到代表模拟电压的数字值,最后将数字值进行运算、处理后送数字显示,得到测量结果。与此相对应的测量仪器有 DVM。

(4) 基于采样的交流电压测量方法。该方法是基于运算与专用集成电路相结合的一种测量方法,首先将交流电压通过 A/D 转换器数字化,得到一系列离散的瞬时采样值 $u(k)$,然后通过公式 $U_{rms} \approx \sqrt{\dfrac{1}{N}\sum_{k=1}^{N}u^2(k)}$($N$ 为 $u(t)$ 的一个周期内的采样点数)进行计算,从而得到待测电压值的有效值。

(5) 示波测量方法。该方法是通过示波器进行交流电压测量,具体方法是将交流电压送模拟或数字示波器进行显示,通过显示波形读出测量结果。从这个意义上来讲,示波器也可认为是一种广义的电压测量仪器。

2) 电压测量仪器的分类

根据分类标准的不同,电压测量仪器的种类也很多,通常可分为以下几种分类方法。

(1) 按被测对象分类。按电压测量仪器测量的信号特征分类,可以分为直流电压表和交流电压表两种。而基于仪表的测量频段范围,交流电压表又可以分为超低频电压表、低频电压表、视频电压表、高频或射频电压表和超高频电压表等。

(2) 按被测信号的特点分类。我们知道,表征交流电压有三个基本参量,分别是有效值、峰值和平均值,因此根据电压测量仪器测量的交流电压具体特征量,电压测量仪器可以分为峰值电压表、有效值电压表和平均值电压表。通常如未作特殊说明,一般以有效值电压表为主。

(3) 按测量技术分类。按电压测量时所采用的测量技术,将电压测量仪器可以分为模拟式电压表和数字式电压表。对于模拟式电压表,从被测信号输入到测量仪器,到最后测量结果的显示,采用的都是模拟信号的处理方式,并以磁电式仪表作为指示器。对于数字式电压表,虽然也会采用部分模拟电路进行信号的调理,但其主要处理方法是将模拟量通过模/数(A/D)变换器变成数字量,然后对数字量进行运算处理,并最终以数字方式显示被测电压值。

基本的数字式电压表是直流数字电压表。在此基础上,为了进行交流电压的测量,需要在信号输入端增加交/直流变换电路,即构成了交流数字电压表;如果需要进行电流、电压、电阻等多功能测量,则需在直流数字电压表的基础上,增加交流电压/直流电压转换、电流/直流电压(I/V)转换、电阻/直流电压转换电路,就构成了通常意义上的数字万用表(Digital Multi-Meter,DMM)。

数字式电压表具有使用方便、准确度高、速度快、抗干扰能力强等优点,从而得到了大规模的使用。模拟式电压表虽然在使用的便捷性和准确度、分辨率等指标上均不及数字式电压表,但由于结构简单、价格便宜、频率范围宽等优势,在目前的电子测量领域仍占有一定的地位。

3.1.1.4 电压标准

电压和电阻是电磁学中的两个基本量,因此通过电压基准和电阻基准,理论上我们就可以得到其他电磁量基准。目前常用的电压标准有标准电池、齐纳管电压标准和约瑟夫森量子电压基准。电阻标准有精密线绕电阻和霍耳电阻基准。

1) 标准电池

标准电池的原理是利用化学反应产生稳定可靠的电动势(1.01860V),它是一种重要的电压实物标准,可以作为各级计量、检定、研究以及生产等部门的直流电压标准量具。根据其原理,标准电池可以分为饱和型和不饱和型两种。

(1) 饱和型标准电池。饱和型标准电池的电动势非常稳定,其年稳定性优于$0.5\mu V$,但受环境温度的影响较大,与温度的变化关系约为$-40\mu V/℃$,因而常用于计量部门恒温条件下的电压标准器具。

(2) 不饱和型标准电池。不饱和型标准电池受温度的影响较小,其温度系数只有约$-4\mu V/℃$,约为饱和型标准电池的1/10,但由于稳定性较差,故而仅用于实验室中的便携式电位差计等一般工作量具。

由于标准电池特殊的结构特性,因而在使用中应注意避免倾倒、震动以及大的冲击。由于标准电池的电压值与温度有较紧密的关系,因而在使用时需要根据当时的实际温度对电压值进行修正。对于饱和型标准电池,其修正公式为

$$E_t = E_{20} - [39.94(t-20) + 0.929(t-20)^2 - 0.0092(t-20)^3 + 0.00006(t-20)^4] \times 10^{-6} \quad (V) \tag{3.1}$$

式中:E_t、E_{20}分别为t(使用时的温度)和20℃(出厂检定时温度)时标准电池的电动势。

2) 齐纳管电压标准

齐纳管电压标准是利用齐纳二极管的稳压特性制作的电子式电压标准(也称为固态电压标准)。虽然齐纳管的稳压特性仍然受温度漂移的影响,但通过采用高稳定的电源和内部恒温控制电路,可将齐纳管电压标准的温度系数控制在非常小的范围。在实际使用时,将齐纳管和恒温控制电路集成在一起,可构成便于使用的精密电压基准源,如LM199/299/399、REF102系列等。为了克服单个电压标准

的波动,可以通过将多个精密电压基准源并联,得到它们的平均值,以消除波动。

目前常用的齐纳管电压标准的输出电压有 10V、1V 和 1.0186V 等几种。其中,10V 输出的电压标准由于便于检定和传递到高电压,且运输、保存较为方便,因而使用较多。例如,WUK7000 系列直流电压参考标准的 10V 输出年稳定性可达 0.5×10^{-6};1V 和 1.018V 输出的年稳定性也可达到 2×10^{-6},温度系数约为 0.5×10^{-7}。

3) 约瑟夫森量子电压基准

约瑟夫森量子电压基准的原理是约瑟夫森(Josephson)效应。1962 年,英国物理学家约瑟夫森计算了超导结的隧道效应并得出结论,即:如果两个超导体的距离足够近(约 10Å),则电子对可以通过超导体之间极薄的绝缘层形成超导电流;如果超导结上加有电压,则可以产生高频的超导电流。这种效应称为量子隧道效应,这种超导体-绝缘体-超导体(SIS)结构称为约瑟夫森结。

约瑟夫森效应指出,当在约瑟夫森结两边加上电压 V 时,将得到穿透绝缘层的超导电流,而这种电流是一种交变电流,超导交变电流的频率与电压的关系为

$$f = \frac{2e}{h}V = K_J V \tag{3.2}$$

式中:e 为电子电荷;h 为普朗克常数,取值为 6.63×10^{-34} J·s;K_J 为一常数。当电压 V 为 mV 量级时,频率 f 相当于厘米波。

与以上相反,当用一定频率的微波信号辐射约瑟夫森结时,将在约瑟夫森结上产生量子化的阶梯电压 V_n,且产生的电压与辐射频率之间满足

$$V_n = n\frac{f}{K_J} \tag{3.3}$$

其中,K_J 的定义与式(3.2)相同。式(3.3)说明,根据约瑟夫森效应可以由稳定的频率得到确定的电压,也就是说通过高稳定的时间(频率)基准可以得到量子化的高稳定度电压基准,从而使量子化电压基准的准确度接近时间(频率)准确度。

国际计量委员会(CIPM)建议从 1990 年 1 月 1 日开始,在世界范围内同时启用约瑟夫森电压量子基准(JJAVS),并给出 K_{J-90} = 483597.9GHz/V。

在实际使用时,由于单个约瑟夫森结产生的量子电压较低(mV 级),因此为满足使用要求,采取在一个芯片上将成千上万个或更多的约瑟夫森结串联,得到约瑟夫森结阵(JJA),可产生 1~10V 的电压。

1993 年底,中国计量科学研究院(NIM)量子部建立了我国的 1V 约瑟夫森量子电压基准,测量不确定度达到 6×10^{-9};1999 年年底,建立了 10V 的约瑟夫森结阵电压基准,合成不确定度为 5.4×10^{-9}。

在实际使用中有时也会用到交流电压标准,交流电压标准通常经过交流-直流变换,由直流电压标准建立,如电阻桥式高频电压标准等。

3.1.2 直流电压的模拟测量

直流电压模拟测量的原理通常是先将被测直流电压变换成直流电流,再利用常见的磁电式表头等模拟显示装置对测量的电压进行显示,进而得到测量值。根据显示表头的不同,又分为磁电式电压表和动圈式电压表。

3.1.2.1 磁电式电压表

磁电式电压表由刻度盘、指针、蹄形磁铁、极靴、螺旋弹簧、线圈、圆柱形铁芯等构成,其最基本的结构是磁铁和线圈,如图3-1所示。

 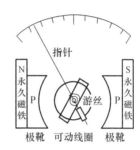

图3-1 磁电式电压表

图3-1中,永久磁铁、极靴和铁心构成固定磁路;带铝框架的线圈、固定在转轴上的指针以及螺旋弹簧等构成活动部分。磁电式电压表的工作原理是利用载流导体与磁场之间的作用来产生转动力矩,使导体框架转动而带动指针偏转。当直流电流经螺旋弹簧加到线圈上时,与铁心轴向平行的线圈(两边)就会产生转动力矩使指针产生偏转,线圈转动使螺旋弹簧被扭转,从而产生一个阻碍线圈转动的阻碍力矩,其大小随线圈转动角度的增大而增大,当转动力矩与阻碍力矩达到平衡时,线圈停止转动使指针指向固定的位置。此时指针的偏转角 α 与通过线圈的直流电流 I 成正比,即

$$\alpha = \frac{\varphi_0}{N}I = S_I I \tag{3.4}$$

式中:φ_0 为线圈转动单位角度时穿过它的磁链;N 为游丝的反作用力矩系数;$S_I = \frac{\varphi_0}{N}$ 为电流灵敏度,对于一个特定的仪表,该值是个常数。铝框与线圈一起偏转,通过在偏转过程中产生相应的感应电流,并由此产生安培阻力,保证指针快速停摆。

3.1.2.2 动圈式电压表

为了扩展磁电式仪表的使用范围,解决磁电式表头使用中的电压、电流限制,在表头中串联分压电阻,利用被测电压直接驱动表头,从而构成动圈式电压表,如图3-2所示。

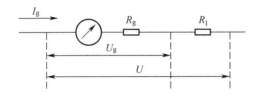

图 3-2 单量程动圈式电压表原理图

图 3-2 中，U 为待测电压，I_g 为通过表头的电流，U_g 为表头两端的电压，R_g 为表头的内阻，R_1 为串联的分压电阻，有

$$I_g = \frac{U_g}{R_g} = \frac{U}{R_g + R_1} \tag{3.5}$$

表头的电流灵敏度为 S_I，则表头的偏转角度为

$$\alpha = S_I I_g = S_I \frac{U}{R_g + R_1} = \frac{S_I}{R_g + R_1} U \tag{3.6}$$

由于 S_I、R_g、R_1 均为定值，因此可以认为 α 与 U 成正比，指针的指示值能反映被测电压的大小。

当被测电压 U 达到电压表的量程最大值 U_m 时，通过表头的电流 I_m 为满偏电流。此时因为 $U_m = I_m(R_g + R_1)$，所以有

$$R_1 = \frac{U_m}{I_m} - R_g \tag{3.7}$$

电压表的内阻为 $R_V = R_g + R_1 = \dfrac{U_m}{I_m}$，定义

$$K_V = \frac{R_V}{U_m} = \frac{1}{I_{m1}} \tag{3.8}$$

式(3.8)为电压表的电压灵敏度，单位为 Ω/V，数值越大，表明为使指针偏转同样角度所需的驱动电流越小，一般标在动圈式电压表的表盘上。实际使用时，可由此推算出不同量程时的电压表内阻，即

$$R_V = K_V U_m \tag{3.9}$$

如果需要扩大电压表的量程，则可以通过串联电阻的方式实现。图 3-3 所示为四量程动圈式电压表的原理图。

图 3-3 中，各分压电阻的阻值可表示为

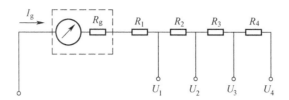

图 3-3　四量程动圈式电压表原理图

$$\begin{cases} R_1 = \dfrac{U_1}{I_\mathrm{m}} - R_\mathrm{g} \\ R_2 = \dfrac{U_2 - U_1}{I_\mathrm{m}} \\ R_3 = \dfrac{U_3 - U_2}{I_\mathrm{m}} \\ R_4 = \dfrac{U_4 - U_3}{I_\mathrm{m}} \end{cases} \quad (3.10)$$

由此可知,动圈式直流电压表的测量误差除与表头读数有关外,主要取决于表头本身和分压电阻的准确度。其主要优点是结构简单、使用方便;缺点是灵敏度不高、输入电阻低,当量程较低时,输入电阻更小,负载效应对被测电路的工作状态及测量结果的影响较大。

3.1.2.3　电子电压表

为了解决前述动圈式电压表灵敏度低、输入电阻小等问题,在原磁电式表头的基础上,增加了源极跟随器、直流电压放大器等部件,从而构成了直流电子电压表,如图 3-4 所示。

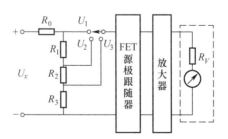

图 3-4　电子电压表组成框图

通过在输入端使用场效应管源极跟随器或真空三极管阴极跟随器,以提高输入阻抗;通过使用高增益的放大器,以提高电压表的测量灵敏度;通过在输入端增加分压电路,扩展电压表的电压测量范围。

由于直流放大器的零点漂移限制了电压表灵敏度的提高,为此,在电子电压表中采用调制式放大器代替直流放大器,从而使得电子电压表能完成微伏级电压的测量。

3.1.3 交流电压的模拟测量

3.1.3.1 表征交流电压的基本参量

交流电压除了可以用常用的函数关系来表示其随时间的变化规律以外,还可以用峰值、峰峰值、平均值、有效值、波形系数、波峰因数等来表征。

1) 峰值

任一交变电压在所观察的时间内或一个周期性信号在一个周期内偏离零电平的最大电压瞬时值称为峰值,用 U_P 表示。任一交变电压在所观察的时间内或一个周期性信号在一个周期内偏离直流分量的最大值称为幅值或振幅,通常用 U_m 表示。简单讲,以直流分量为参考的最大电压幅值称为振幅。

如图 3-5 所示,U_P、U_m、$\overline{U}$ 分别为电压的峰值、振幅和平均值,并有 $U_P = \overline{U} + U_m$,此时 $u(t)$ 可表示为 $u(t) = \overline{U} + U_m \sin\omega t$,其中,$\omega = \dfrac{2\pi}{T}$,$T$ 为 $u(t)$ 的周期。

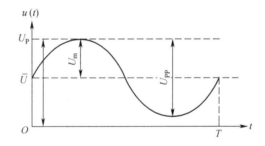

图 3-5 交流电压的峰值

对于正弦交流信号,当不含直流分量时,其振幅等于峰值,且正负峰值相等。

2) 平均值(均值)

任何一个周期性信号 $u(t)$,在一个周期内电压的平均大小称为平均值,常用 $\overline{U}$ 表示。平均值在数学上定义为

$$\overline{U} = \frac{1}{T} \int_0^T u(t)\,\mathrm{d}t \tag{3.11}$$

式中:T 为 $u(t)$ 的周期;$\overline{U}$ 相当于交流电压 $u(t)$ 的直流分量。在交流电压测量中,平均值通常是指经过全波或半波整流后的波形(一般若无特指,均为全波整流),即

$$\overline{U} = \frac{1}{T}\int_0^T |u(t)| \mathrm{d}t \tag{3.12}$$

对于理想的正弦交流电压 $u(t) = U_\mathrm{p}\sin\omega t$，若 $\omega = \frac{2\pi}{T}$，则有

$$\overline{U}_\sim = \frac{2}{\pi}U_\mathrm{p} \approx 0.637 U_\mathrm{p} \tag{3.13}$$

3）有效值

任一交流电压 $u(t)$ 在一个周期 T 内通过某纯电阻负载 R 所产生的热量，与一个直流电压 V 在同一负载上产生的热量相等，则该直流电压 V 的数值就表示了交流电压 $u(t)$ 的有效值，常用 U_rms 表示。推算过程如下。

直流电压 V 在时间 T 内在电阻 R 上产生的热量为

$$Q_= = I^2 R T = \frac{V^2}{R}T \tag{3.14}$$

交流电压 $u(t)$ 在时间 T 内在电阻 R 上产生的热量为

$$Q_\sim = \int_0^T \frac{u^2(t)}{R}\mathrm{d}t \tag{3.15}$$

由 $Q_= = Q_\sim$ 得，交流电压的有效值可表示为

$$U_\mathrm{rms} = V = \sqrt{\frac{1}{T}\int_0^T u^2(t)\mathrm{d}t} \tag{3.16}$$

从式（3.16）可以看出，交流电压的有效值在数学上为交流电压的均方根值。有效值反映了交流电压的功率，是表征交流电压的重要参量。

同样，对于理想的正弦交流电压 $u(t) = U_\mathrm{p}\sin\omega t$，若 $\omega = \frac{2\pi}{T}$，则有

$$U_\mathrm{rms} = \frac{1}{\sqrt{2}}U_\mathrm{p} = 0.707 U_\mathrm{p} \tag{3.17}$$

当不特别指明时，通常所说的交流电压的值就是它的有效值，而且各类电压表的示值都是按有效值进行刻度的。

4）波峰因数和波形系数

为了对同一交流电压的峰值、有效值及平均值的关系进行表征，引入了波形系数和波峰因数。

（1）波峰因数。交流电压的波峰因数定义为交流电压的峰值与有效值的比值，用 K_P 表示，即

$$K_\mathrm{p} = \frac{U_\mathrm{p}}{U_\mathrm{rms}} = \frac{峰值}{有效值} \tag{3.18}$$

对于理想的正弦交流电压 $u(t) = U_\mathrm{p}\sin\omega t$，若 $\omega = \frac{2\pi}{T}$，则有

$$K_{p\sim} = \frac{U_p}{U_p/\sqrt{2}} = \sqrt{2} \approx 1.41 \qquad (3.19)$$

（2）波形系数。交流电压的波形系数定义为交流电压的有效值与平均值之比，用 K_F 表示，即

$$K_F = \frac{U_{rms}}{\overline{U}} = \frac{有效值}{平均值} \qquad (3.20)$$

同样，对于理想的正弦交流电压 $u(t) = U_p \sin\omega t$，若 $\omega = \frac{2\pi}{T}$，则有

$$K_{F\sim} = \frac{(1/\sqrt{2})U_p}{(2/\pi)U_p} = \frac{\pi}{2\sqrt{2}} \approx 1.11 \qquad (3.21)$$

常见波形的波峰因数和波形系数可查表 3-1 得到。

表 3-1 常见波形的波峰因数和波形系数

序号	波形名称	波峰因数	波形系数	备注
1	正弦波	$K_p = 1.41$	$K_F = 1.11$	—
2	方波	$K_p = 1$	$K_F = 1$	—
3	三角波	$K_p = 1.73$	$K_F = 1.15$	
4	锯齿波	$K_p = 1.73$	$K_F = 1.15$	
5	脉冲波	$K_p = \sqrt{\dfrac{T}{\tau}}$	$K_F = \sqrt{\dfrac{T}{\tau}}$	τ 为脉冲宽度；T 为脉冲周期
6	白噪声	$K_p = 3$	$K_F = 1.25$	—

3.1.3.2 交流电压的峰值测量

交流电压的测量方法很多，常见的模拟测量方法是首先通过检波等 AC/DC 变换的方法，将交流电压转换为直流电压，然后通过直流电压测量的方法进行测量，最后经过相应的参数变换得到交流电压的相应值。根据其检波特性的不同，交流电压的模拟测量方法可以分为峰值电压测量、平均值电压测量、有效值电压测量等，相应的电压测量仪器分别为峰值电压表、平均值电压表、有效值电压表。

当被测电压的频率较高时，常采用峰值检波的方式将交流电压转换为相应的直流电压进行测量，以减小测量误差。以峰值检波为原理的交流电压表称为峰值电压表。

1）峰值检波器

峰值检波器是指检波输出的直流电压与输入交流信号的峰值成比例的检波器。常见的峰值检波器有串联式、并联式和倍压式 3 种。

（1）串联式峰值检波器。图 3-6 所示为串联式峰值检波器及其波形图。串联式峰值检波器又称为开路式峰值检波器、包络检波器。

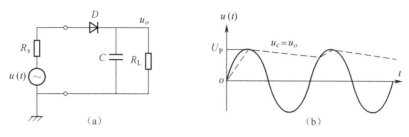

图 3-6　串联式峰值检波器及其波形图

在被测电压 $u(t)$ 的正半周，二极管 D 导通，输入电压通过二极管对电容 C 进行充电，由于充电时常数 $(R_d+R_s)C$ 非常小（R_d 为二极管的导通电阻，R_s 为输入交流电压的等效信号源内阻），电容 C 上电压迅速达到输入电压的峰值 U_P。在输入电压的负半周，二极管 D 截止，电容 C 通过电阻 R_L 放电，由于放电时常数 R_LC 很大，另外，输入电压负半周的时间相对较短，因此在放电时间内，电容两端的电压下降很小，从而使得电容两端的平均值 $\overline{U}_c$ 接近输入电压的峰值。

由以上分析可知，在以上充放电的过程中，要想电路正常工作，需要满足

$$\begin{cases}(R_d+R_s)C \ll T_{\min}\\ R_LC \gg T_{\max}\end{cases} \tag{3.22}$$

式中：$T_{\min}$ 为输入交流信号的最小周期；$T_{\max}$ 为输入交流信号的最大周期；R_d 和 R_s 分别为二极管的正向导通电阻及被测电压的等效信号源内阻。式(3.22)表示充电时常数要远小于输入交流信号的最小周期，放电时常数要远大于输入交流信号的最大周期。

（2）并联式峰值检波器。图 3-7 所示为并联式峰值检波器的电路及波形图。并联式峰值检波器也称为闭路式峰值检波器。与图 3-6 相比，该电路中电容、二极管的位置进行了互换。同样，该电路要正常工作，需满足

$$\begin{cases}(R_d+R_s)C \ll T_{\min}\\ (R_d+R_L)C \gg T_{\max}\end{cases} \tag{3.23}$$

该电路的工作原理与串联式峰值检波相同，在此不再赘述。

串联式峰值检波器与并联式峰值检波器的不同之处在于串联式峰值检波器直接从电容上输出接近于正峰值的直流电压，如果被测电压中有直流成分，那么它也将被反映到输出电压中去。而并联式峰值检波电路中，虽然电容上的电压仍被充至输入电压的峰值，即包含了其中可能存在的直流成分，但输出电压为电容上与充电电流方向相反的电压与输入电压相叠加的结果。电容上的电压包含输入电压中

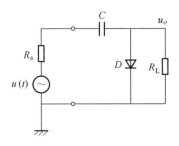

图 3-7　并联式峰值检波器

的直流分量和接近于被测峰值的直流电压两部分,在输出电容上存储的被测直流分量与存在于被测信号中的直流分量相互抵消,因此输出中仅包含了接近于被测峰值的直流电压和被测信号中的交流成分,经滤波后去掉交流电压,得到的峰值检波的结果为不包含被测直流成分,接近被测交流峰值的直流电压。

(3) 倍压式峰值检波器。从前面的分析可知,以上两种检波器只是应用了输入信号的半个周期,有时为了提高检波效率,对以上电路进行改进,设计了图 3-8 所示的倍压式峰值检波器。

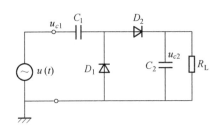

图 3-8　倍压式峰值检波器

在输入电压的负半周,输入电压通过二极管 D_1 对 C_1 进行充电,使 C_1 两端的电压很快达到输入电压的峰值;在输入电压的正半周,u_{c1} 与 $u(t)$ 串联后,通过二极管 D_2 对 C_2 进行充电,使 C_2 两端的电压迅速达到 u_{c1} 与 $u(t)$ 的峰值。由于 $R_L C_2 \gg T_{\max}$,因此放电非常缓慢,可以近似认为 C_2 两端的电压等于输入电压峰值的两倍。

(4) 改进的峰值检波器。以上简单的峰值检波电路均有类似的明显缺点,从其工作的波形图可以发现,在由充电阶段和放电阶段两个阶段构成的一个充放电周期内,在充电阶段由于输入电压的等效信号源内阻与二极管的导通电阻相加往往还不够小,导致充电时间常数不够小,电压不能完全跟随输入电压的变化,电容上往往充不到被测电压的峰值;而在放电阶段,虽然放电时间常数很大,放电非常缓慢,但在充放电时间的边缘阶段,二极管两端的反向电压还不足以使二极管充分截止,从而加快了电容的放电,造成输出电压的波动。为解决以上问题,经常采用图 3-9 所示的运算放大器对以上电路进行改进。

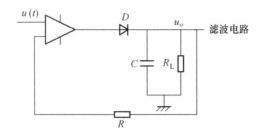

图 3-9 应用运放改善输出波形特性原理示意图

2) 峰值电压表的构成

峰值电压表的主体是峰值检波器,首先通过峰值检波实现交流/直流的变换,然后将变换后的直流电压进行显示,以获得测量结果。峰值电压表的优点是测量频率范围宽、输入阻抗高、有较高的灵敏度,缺点是存在非线性失真。

峰值电压表主要由峰值检波器、可变量程分压器、直流放大器和微安表等组成。检波器是实现交流电压测量(AC-DC 变换)的核心部件。同时,为了测量小信号电压,放大器也是电压表中不可缺少的部件。峰值电压表一般是先检波后放大,故称为检波-放大式峰值电压表,如图 3-10 所示。

检波二极管的正向压降限制了其测量小信号电压的能力(灵敏度限制),同时检波二极管的反向击穿电压对电压测量的上限有所限制。为减小高频信号在传输过程中的损失,通常将峰值检波器直接设计在探头中。

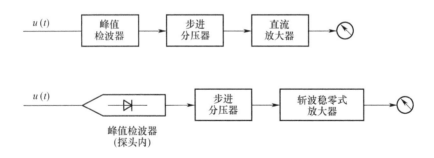

图 3-10 检波—放大式峰值电压表组成框图

对于采用检波—放大式结构的峰值电压表,电压表的频响特性主要与峰值检波器的频率响应有关。为提高频率范围,通常采用超高频二极管检波,其频率范围可从 0 到几百兆赫,并具有较高的输入阻抗。由于放大器放大的是检波后的直流信号,因此其频率特性不会影响整个电压表的频率响应。

对于以上结构的峰值电压表,由于受到直流放大器的噪声及零点漂移的影响,因此电压表的灵敏度不能很高。此外,信号未经放大直接检波,使得电压表能检测的最小信号受到一定的限制。为了解决以上问题,在电路中设计了一级斩波器,将检波后的直流信号变为交流,进行交流放大,从而克服直流放大器所存在的以上问题。改进后的电压表架构称为检波-放大-检波式,如图3-11所示。这种峰值电压表的频率测量上限可达几十吉赫兹(GHz),一般将这种电压表称为"高频毫伏表"或"超高频毫伏表"。

图 3-11　检波—放大—检波式交流电压表组成框图

3) 峰值电压表的刻度特性

峰值电压表的表头刻度按(纯)正弦波有效值刻度。因此,当输入 $u(t)$ 为正弦波时,读数 α 为 $u(t)$ 的有效值 U_{rms}(而不是该纯正弦波的峰值 U_P)。对于非正弦波的任意波形,读数 α 没有直接意义(既不等于其峰值 U_P 也不等于其有效值 U_{rms}),但可由读数 α 换算出峰值和有效值。

由读数 α 换算出峰值和有效值的步骤如下。

(1) 把读数 α 想象为有效值等于 α 的纯正弦波输入时的读数,即 $U_{rms\sim} = \alpha$。

(2) 将 $U_{rms\sim}$ 转换为该纯正弦波的峰值,即 $U_{P\sim} = \sqrt{2}\,U_{rms\sim} = \sqrt{2}\,\alpha$。

(3) 对于峰值电压表,由于任意波形的峰值相等,即读数相等,因此假设峰值等于 $U_{P\sim}$ 的被测波形(任意波)输入,则 $U_{P任意} = U_{P\sim} = \sqrt{2}\,\alpha$。

(4) 由 $U_{P任意}$,再根据该波形的波峰因数(查表可得),可得其有效值为

$$U_{rms任意} = \frac{U_{P任意}}{K_{P任意}} = \frac{\sqrt{2}\,\alpha}{K_{P任意}} \tag{3.24}$$

上述过程可统一推导为

$$\begin{cases} U_{rms任意} = \dfrac{U_{P任意}}{K_{P任意}} = \dfrac{U_{P\sim}}{K_{P任意}} = \dfrac{K_{P\sim}\,U_{rms\sim}}{K_{P任意}} = k\alpha \\ k = \dfrac{K_{P\sim}}{K_{P任意}} = \dfrac{\sqrt{2}}{K_{P任意}} \end{cases} \tag{3.25}$$

式(3.25)表明:对任意波形,欲从读数 α 得到有效值,需将 α 乘以因子 k(若任意波为正弦波,则 $k=1$,读数 α 为正弦波的有效值)。

综上所述,对于任意波形而言,峰值电压表的读数 α 没有直接意义,由读数 α 到峰值和有效值需进行换算,换算关系归纳为

$$\begin{cases} (任意波) 峰值\ U_P = \sqrt{2}\alpha = 1.41\alpha \\ (任意波) 有效值\ U_{rms} = \dfrac{\sqrt{2}\alpha}{K_p} = \dfrac{1.41\alpha}{K_p} \end{cases} \quad (3.26)$$

式中：α 为峰值电压表读数；K_p 为波峰因数。

[例]：用峰值电压表分别测量正弦波、方波、三角波的电压，电压表的指针均指在 10V 位置，求被测电压的有效值、峰值各为多少？

解：

对于对峰值电压表，如果任意波形的峰值相等，即读数相等，那么三种波形的峰值为

$$U_P = \sqrt{2}\alpha \approx 14.14(V)$$

对于待测的正弦波，由于表头是按正弦波有效值刻度的，因此，表头的指示就是正弦波的有效值，即

$$U_{rms\sim} = \alpha = 10(V)$$

对于三角波，查表得其波峰因数 $K_{P\Delta} = 1.73$，因此其有效值为

$$U_{rms\Delta} = \frac{\sqrt{2}}{K_{P\Delta}}\alpha = \frac{\sqrt{2}}{1.73} \times 10 = 8.17(V)$$

对于方波，由于其波峰因数 $K_{P方} = 1$，因此其有效值为

$$U_{rms方} = \frac{\sqrt{2}}{K_{P方}}\alpha = \frac{\sqrt{2}}{1} \times 10 = 14.14(V)$$

4）峰值电压表的误差分析

峰值电压表在测量时若以示值 α 作为被测电压的有效值，则所引起的绝对误差为

$$\Delta U = \alpha - \frac{\sqrt{2}}{K_P}\alpha = \alpha\left(1 - \frac{\sqrt{2}}{K_P}\right) \quad (3.27)$$

实际相对误差为

$$\gamma_U = \frac{\alpha - \frac{\sqrt{2}}{K_P}\alpha}{\frac{\sqrt{2}}{K_P}\alpha} = \frac{K_P - \sqrt{2}}{\sqrt{2}} = \frac{K_P}{\sqrt{2}} - 1 \quad (3.28)$$

对于上面的例子，可以求出测量方波有效值时的实际相对误差为 -29%，测

量三角波有效值时的实际相对误差为 22.3%。可见,误差还是比较大的,所以,用峰值电压表测量非正弦波信号的电压时,要进行波形换算,以减小测量误差。

用峰值电压表测量交流电压,除了波形误差之外,还有理论误差。由峰值检波电路的原理可以知道,峰值检波的输出电压平均值总是小于被测电压的峰值,这是峰值电压表的固有误差。另外,峰值电压表主要用于测量高频交流电压,如果应用在低频情况,则测量的误差也会增加。经分析,低频时相对误差为

$$\gamma_L = -\frac{1}{2fRC} \tag{3.29}$$

式中:f 为输入电压的频率;RC 为检波电路的等效电阻和充电电容。显然,频率越低,误差越大。除低频误差外,在频率较高的情况下,电路的分布参数影响也必会带来一定的误差。

3.1.3.3 交流电压的平均值测量

1) 均值检波器

如图 3-12 所示,检波电路输出的直流电压正比于输入电压绝对值的平均值,这种电路称为平均值检波器。其中,图 3-12(a)为半波整流电路,图 3-12(c)为全波整流电路,图 3-12(b)为图 3-12(a)的简化形式,用电阻代替了其中的一个反向二极管;图 3-12(d)为图 3-12(c)的简化形式,用两个电阻代替了两个二极管。由于电阻 R 的阻值一般大于二极管的导通电阻,以及电阻支路的分流作用,必然使检波器的损耗增加,并使流经微安表的电流减小,因此需要适当选择电阻的阻值,以保证电路正常工作。微安表两端并联的电容,不仅可以滤除检波器输出电流中的交流成分,防止表头指针抖动,而且可以避免脉冲电流在表头内阻上的热损耗。

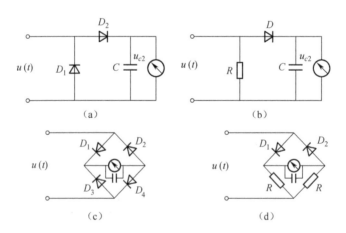

图 3-12 典型平均值检波电路

以全波整流为例,设输入电压为 $u(t)$,二极管的正向电阻为 R_d、反向电阻为

R_r，电流表的内阻为 r_m。通常情况下，R_d 为 100~500Ω，r_m 为 1~3kΩ 左右，二极管的反向电阻远大于其导通电阻，因此在忽略反向电流的情况下，流过电流表的平均电流为

$$\overline{I} = \frac{1}{T}\int_0^T \frac{|u(t)|}{2R_D + r_m} dt = \frac{1}{2R_D + r_m}\frac{1}{T}\int_0^T |u(t)| dt = \frac{\overline{U}}{2R_D + r_m} \quad (3.30)$$

从式(3.30)可以看出，流过表头的平均电流与输入电压的平均值成正比。而磁电式表头指针的偏转又与平均电流成正比，因此表头指针的偏转程度能反映输入电压平均值的大小，它与输入电压的平均值成正比关系。

2) 均值电压表的构成

均值电压表采用上述的均值检波器完成交流到直流的变换，均值检波器一般采用全波整流电路或者半波整流电路。由于二极管的非线性及检波电路的特殊构造，因此均值检波器的输入阻抗一般较低，且检波灵敏度呈现出非线性特性。为方便使用，均值电压表一般都设计成放大—检波式的架构，具体如图 3-13 所示。

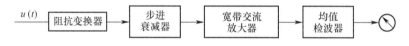

图 3-13 均值电压表组成框图

由图 3-13 可见，均值电压表由阻抗变换器、步进衰减器、宽带交流放大器、均值检波器和微安表等组成。作为均值电压表的输入级，阻抗变换器通常采用射极跟随器或源极跟随器来提高均值电压表的输入阻抗。该级具有较低的输出阻抗，有利于后级衰减器的阻抗匹配。步进衰减器通常由阻容式分压电路构成，用来改变均值电压表的量程，以扩大电压表的使用范围。宽带交流放大器通常采用多级负反馈电路构成，为整个电路提供较大的电压增益，提高电压表的测量灵敏度，并使检波器工作在线性区域，同时，放大器的高输入阻抗也减小了负载效应。

均值检波器通过整流和滤波(检波)提取宽带放大器输出电压的平均值，并输出与它成正比的直流电流，最后驱动微安表和指针摆动指示电压的大小。由于电路中的放大器是交流放大器，放大器的幅频特性直接决定了电压表测量的频率范围，而灵敏度受放大器内部噪声及电路增益的限制，因此均值电压表的灵敏度一般较低，只能做到毫伏级。测量信号的频率范围也较低，只能工作在视频以下，因此这种电压表又称为视频毫伏表，典型的频率范围为 20Hz~10MHz，主要用于低频电压测量。

3) 均值电压表的刻度特性

由于均值电压表的表头刻度是按(纯)正弦波有效值刻度的，因此当输入电压 $u(t)$ 为正弦波时，读数 α 为 $u(t)$ 的有效值 $U_{rms\sim}$（而不是该纯正弦波的均值）。对

于非正弦波的任意波形,读数 α 没有直接意义(既不等于其均值,也不等于其有效值 U_{rms}),但可由读数 α 换算出均值和有效值。

由读数 α 换算出均值和有效值的步骤如下。

(1) 把读数 α 想象为有效值等于 α 的纯正弦波输入时的读数,即 $U_{rms\sim} = \alpha$。

(2) 由 $U_{rms\sim}$ 计算该纯正弦波的均值,即

$$\overline{U}_\sim = \frac{\alpha}{K_{F\sim}} = \frac{\alpha}{\frac{\pi}{2\sqrt{2}}} = 0.9\alpha \tag{3.31}$$

(3) 假设均值等于 $\overline{U}_\sim$ 的被测波形(任意波)输入,对于均值电压表,(任意波形的)均值相等,即读数相等,因此有

$$\overline{U}_{任意} = \overline{U}_\sim = 0.9\alpha \tag{3.32}$$

(4) 由 $\overline{U}_{任意}$,再根据该波形的波形系数(查表可得),其有效值为

$$U_{rms任意} = K_{F任意}\overline{U}_{任意} = K_{F任意} \times 0.9\alpha \tag{3.33}$$

上述过程可统一推导为

$$\begin{cases} U_{rms任意} = K_{F任意}\overline{U}_{任意} = K_{F任意} \times \overline{U}_\sim = K_{F任意} \times \dfrac{U_{rms\sim}}{K_{F\sim}} = k\alpha \\ k = \dfrac{K_{F任意}}{K_{F\sim}} = \dfrac{K_{F任意}}{1.11} = 0.9K_{F任意} \end{cases} \tag{3.34}$$

式(3.34)表明,对于任意波形,欲从均值电压表读数 α 得到有效值,需将 α 乘以因子 k(若任意波为正弦波,则 k = 1,读数 α 为正弦波的有效值)。

综上所述,对于任意波形而言,均值电压表的读数 α 没有直接意义,由读数 α 到均值和有效值需进行换算,换算关系归纳为

$$\begin{cases} (任意波) \text{均值 } \overline{U} = 0.9\alpha \\ (任意波) \text{有效值 } U_{rms} = K_F \times 0.9\alpha \end{cases} \tag{3.35}$$

式中:α 为均值电压表读数;K_F 为波形系数。

[例]:用具有正弦有效值刻度的均值电压表测量一个方波电压,读数为 1.0V,问该方波电压的有效值为多少?

解:

根据上述均值电压表的刻度特性及读数 α = 1.0V,则有以下结论。

(1) 假设电压表有一正弦波输入,其有效值 $U_{rms\sim} = \alpha = 1.0V$。

(2) 该正弦波的均值 $\overline{U}_\sim = 0.9\alpha = 0.9V$。

(3) 将方波电压引入电压表输入,其均值 $\overline{U}_{任意} = \overline{U}_\sim = 0.9\alpha = 0.9V$。

(4)查表可知,方波的波形系数 $K_{F方波} = 1$,则该方波的有效值为

$$U_{rms} = K_{F方波} \times \overline{U}_\sim = 0.9V$$

[例]:用均值电压表分别测量正弦波、方波、三角波的电压,电压表的指针均指在 10V 位置,求被测电压的有效值为多少?

解:

根据均值电压表的特性可知,三种波形的电压表示值相等,则平均值相等,故三种波形的平均值均为

$$\overline{U}_\sim = \overline{U}_\Delta = \overline{U}_{方波} = 0.9\alpha = 9V$$

对于正弦波,由于电压表本来就是按其有效值刻度的,电压表的示值就是正弦波的有效值,因此正弦波的有效值为

$$U_{rms\sim} = \alpha = 10V$$

对于三角波,其波形系数 $K_{F\Delta} = 1.15$,因此有效值为

$$U_{rms\Delta} = K_{F\Delta} \times \overline{U}_\sim = 10.35V$$

对于三角波,其波形系数 $K_{F方波} = 1$,因此有效值为

$$U_{rms方波} = K_{F方波} \times \overline{U}_\sim = 9V$$

[例]:用均值电压表测量某脉冲信号的电压,脉冲的周期 $T = 50\mu s$,脉宽 $\tau = 5\mu s$,电压表的示值 15V。求其有效值为多少?

解:

由于电压测量采用均值电压表,因此脉冲信号的平均值为

$$\overline{U}_{脉冲} = 0.9\alpha = 13.5V$$

对于脉冲信号,有

$$K_{F脉冲} = \sqrt{\frac{T}{\tau}} = \sqrt{\frac{50}{5}} \approx 3.16$$

其有效值为

$$U_{rms脉冲} = K_{F脉冲} \times \overline{U}_{脉冲} = 42.66V$$

4)均值电压表的误差分析

均值电压表在测量时若以示值 α 作为被测电压的有效值,则所引起的绝对误差为

$$\Delta U = \alpha - 0.9K_F\alpha = \alpha(1 - 0.9K_F) \tag{3.36}$$

实际相对误差为

$$\gamma_U = \frac{\alpha(1 - 0.9K_F)}{K_F \times 0.9\alpha} = \frac{1 - 0.9K_F}{K_F \times 0.9} = \frac{1.11}{K_F} - 1 \tag{3.37}$$

对于上面的例子,可以求出测量方波有效值时的实际相对误差为 11%,测量

三角波有效值时的实际相对误差为-3.4%。可见,误差相对还是比较大的。因此,用均值电压表测量非正弦波信号的电压时,要进行波形换算,以减小测量误差。

当使用均值电压表测量不同波形的交流电压时,除了上述分析的波形误差为主要误差之外,还有直流微安表的误差,以及由于检波二极管的非线性以及特性变化等所造成的误差。

3.1.3.4 交流电压的有效值测量

在对不同波形信号的电压测量过程中,有时需要对噪声信号以及非线性失真信号进行电压测量。从前面的分析我们知道,对于已知波峰因数或波形系数的非正弦波,可以通过峰值电压表或平均值电压表进行测量,再借助波形参数(K_F、K_P)进行转换,进而得到所要求的电压有效值及电压平均值等。但对于噪声以及非线性失真信号,由于其波形参数未知,因此难以通过以上方式进行测量。为解决以上问题,在工程实际中,采用有效值电压表直接对输入信号的有效值进行测量,这就是所谓的真有效值电压表。

能直接测出任意波形电压有效值的检波器称为有效值检波器。目前常用的有效值检波器有热电转换式、计算式和二极管检波式三种。

1) 热电转换式

热电转换式有效值电压表是基于热电转换式有效值检波器实现交流电压有效值测量的。其根本依据是交流电压有效值的物理定义,利用热电偶的热电效应完成。

两种不同导体的两端相互连接在一起,组成一个闭合回路,当两节点处温度不同时,回路中将产生电动势,从而形成电流,这一现象称为热电效应,所产生的电动势称为热电动势,如图3-14所示。当热端T和冷端T_0存在温差($T \neq T_0$)时,则存在热电动势,且热电动势的大小与温差$\Delta T = T - T_0$成正比。

图3-14 热电效应示意图

将两种不同金属进行特别封装并标定后,称为一对热电偶(简称为热偶)。将热电偶的冷端温度标定为恒定的参考温度,则通过热电动势就可得到热端(被测温度点)的温度,依据该方法可以通过热电偶进行温度的测量。在此基础上,若通过被测交流电压对热电偶的热端进行加热,则热电动势将反映该交流电压的有效值,从而实现有效值检波。通过热电偶进行热电转换的示意图如图3-15所示。流过微安表的直流电流I与被测电压$u(t)$的有效值U_{rms}的关系为电流$I \propto$热电动势∝热端与冷端的温差,而热端温度∝$u(t)$功率∝$u(t)$的有效值U_{rms}的平方,故有$I \propto U_{\text{rms}}^2$。

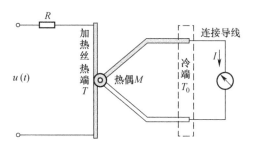

图 3-15 热电转换示意图

由于热电偶具有非线性的转换关系,因此利用热电偶进行上述变换时,需要对电路进行线性化处理,如图 3-16 所示。改造后的电路由宽带放大器、测量热电偶、平衡热电偶和高增益的差分放大器等部分组成。

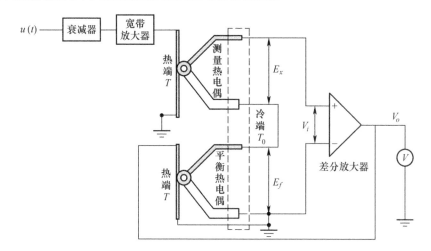

图 3-16 热电偶有效值电压表原理图

平衡热电偶的作用主要是使电压表刻度盘的刻度线性化,另外还可以提高电路的热稳定性。热电偶式有效值电压表测量及线性化的过程实际上是一个通过平衡热电偶形成的电压负反馈系统。其中:测量热电偶的热电动势$E_x \propto U_{i\text{-rms}}^2$,令$E_x = k_1 U_{i\text{-rms}}^2$;平衡热电偶的热电动势$E_f \propto U_{o\text{-rms}}^2$,即$E_f = k_2 U_{o\text{-rms}}^2$。假如两对热偶具有相同特性,即$k_1 = k_2 = k$,则差分放大器输入电压$U_i = E_x - E_f = k(U_{i\text{-rms}}^2 - U_{o\text{-rms}}^2)$,由差分放大器的特性可知:当放大器的增益足够大时,有$U_i = E_x - E_f = 0$,即$U_{i\text{-rms}} = U_{o\text{-rms}}$,也就是说输出电压等于输入电压的有效值,从而实现了有效值的测量及转换关系的线性化。

基于热电偶的有效值电压表的灵敏度及频率范围取决于宽带放大器的带宽及增益,表头刻度呈线性,理论上不存在波形误差,因此读数与波形无关,也称为真有效值电压表。其主要缺点是有热惯性,使用时需要等指针偏转稳定后才能读数,而且抗过载能力较差、容易损坏,使用时应注意。

2) 计算式

计算式有效值电压表是根据交流电压有效值的数学计算式 $U_{rms} = \sqrt{\frac{1}{T}\int_0^T u^2(t)dt}$,利用有关的运算电路来实现有效值检波的。其原理框图如图 3-17 所示。

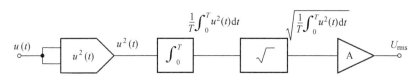

图 3-17 计算式有效值电压表原理框图

输入交流电压 $u(t)$ 经乘法器变换为 $u^2(t)$,再经积分器实现积分平均的功能,即 $U' = \frac{1}{T}\int_0^T u^2(t)dt$,最后利用开方器实现开方运算得到交流电压的有效值,即 $U_{rms} = \sqrt{\frac{1}{T}\int_0^T u^2(t)dt}$。

计算式有效值电压表的输出示值就是被测电压的有效值,而与被测电压的波形无关。当然,由于放大器动态范围和工作带宽的限制,对于某些被测信号,例如尖峰过高、高次谐波分量丰富的波形,会产生一定的波形误差。

3) 二极管检波式

二极管检波式有效值检波是利用二极管的平方律特性工作的,其原理如图 3-18 所示。

由于在小信号输入时,二极管的正向特性曲线起始部分的输出与输入之间近似呈平方关系,因此如果选择合适的工作点,输出电流与输入电压的关系为

$$i = K[E_0 + u(t)]^2 \tag{3.38}$$

式中: K 为与二极管特性有关的系数。将式(3.38)展开,则有

$$i = K[E_0 + u(t)]^2 = KE_0^2 + 2KE_0 u(t) + Ku^2(t) \tag{3.39}$$

由于直流电流表的指针偏转与电流 i 的平均值 $\bar{I}$ 成比例,即

$$\bar{I} = \frac{1}{T}\int_0^T i(t)dt = KE_0^2 + 2KE_0\left[\frac{1}{T}\int_0^T u(t)dt\right] + K\left[\frac{1}{T}\int_0^T u^2(t)dt\right] \tag{3.40}$$

$$= KE_0^2 + 2KE_0\bar{U} + KU_{rms}^2$$

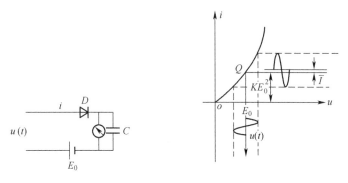

图 3-18 二极管平方律特性原理图

式中：KE_0^2 为静态工作点的电流，称为起始电流；$\overline{U}$ 为被测电压的平均值，对于正弦波或周期对称的输入电压，$\overline{U}=0$；KU_{rms}^2 为与被测电压有效值的平方成比例的电流平均值，即平方律检波的结果。

如果可以消除起始电流的影响，则流过直流电流表的电流为

$$\overline{I} = KU_{rms}^2 \tag{3.41}$$

从而可以实现有效值的转换。

二极管检波式有效值电压表的优点是可以实现任意周期性信号的有效值测量，没有波形误差，其缺点是当采用正弦波有效值进行刻度时，表盘的刻度是非线性的。

随着集成电路技术的发展，出现了可以完成真有效值运算的单片集成电路，如 AD536A，极大地简化了电路设计。

3.1.4 直流电压的数字化测量及 A/D 转换

3.1.4.1 数字电压表

1）数字电压表的特点

通过以上的分析我们知道，虽然模拟式电压表具有原理简单、使用方便、价格低廉等诸多优势，但同样由于其原理及结构的原因，模拟式电压表的表头误差和测量误差极大地限制了其测量精度和测量灵敏度等指标的进一步提高。随着数字化技术及集成电路的快速发展，数字化的测量方法大量应用到了电压的测量中。对于数字化的电压测量，利用 A/D 转换器将模拟电压转换为数字量进行测量，通过数字计算的形式给出测量结果，并在直观地显示界面上进行显示。与模拟式电压表相比，数字式电压表在测量结果的准确性、使用的便捷性、显示的直观性等方面均具有突出的优点。

（1）测量准确度高。由于采用集成运放、嵌入式数字处理器等多种电路及相

应技术,直流数字电压表的测量准确度可以达到10^{-7}量级,测量灵敏度(分辨力)优于$1\mu V$。另外,由于目前数字式电压表的输入阻抗已经达到$1000M\Omega$以上,因此在测量时,其负载效应几乎可以忽略不计,因此也从另一方面提高了电压测量的准确度。

(2)测量结果显示直观。数字式电压表普遍采用了单片机及嵌入式计算机及数字逻辑电路,可以方便地将测量结果转换为人们普遍容易接受的十进制数字显示,部分数字电压表还具备总线及测量结果打印功能,方便了工程实践中对测量数据的使用。

(3)测量的速度快。基于数字式电压表的原理及结构设计等因素,数字式电压表摆脱了模拟式电压表的指针惯性等不利因素,有效提高了测量及显示速度。例如,最常用的是德科技公司的34401A数字多用表的测量速度可以达到每秒1000次以上。

(4)测量的自动化程度高。数字式电压表由于大量采用了微处理器、FPGA等数字逻辑电路,因此具有很强的测量、存储、计算、自检、校准、自诊断等功能,部分还配备了LAN、GPIB等总线,可以通过遥控操作仪器自动执行测量,并可以方便地构成自动测试系统,在程序控制下自动完成复杂的测试测量工作,自动化程度有了显著的提高。

(5)测量的功能更加丰富。在数字式电压表的基础上通过功能扩展构成的数字多用表(DMM),已经具备了直流电压、直流电流、交流电压、交流电流以及电阻、二极管、电容、电感、频率、温度等多种测量功能。

总之,数字式电压表具有测量灵敏度及准确度高、测量速度快、使用方便等优点,已经在绝大多数的应用场合取代了模拟式电压表,但由于其测量原理限制,输入的待测交流信号频率范围一般在10MHz以下,普通的手持式电压表的频率限制更是在300kHz以下。

2)数字电压表的分类

数字电压表的分类方法很多,其中:按数字电压表的显示位数,可以分为3位半、5位、6位半等;按数字电压表的测量速度,可以分为高速、低速;按使用及便捷程度,可以分为袖珍式、便携式、台式;按被测对象,可以分为交流电压表和直流电压表;按仪器所使用的A/D转换的方式,可以分为直接转换型和间接转换型。

(1)直接转换型数字电压表。直接转换型数字电压表也称为比较型数字电压表,其原理是将被测电压与基准电压相比较,将被测电压量化为与模拟电压对应的数字量,并将数字测量结果直接进行显示。直接转换型数字电压表的特点是测量速度快、测量精度高、抗串模干扰的能力强。

(2)间接转换型数字电压表。间接转换型数字电压表也称为双积分型数字电压表,包括电压—时间变换(V-T变换)和电压—频率变换(V-f变换)两种。V-T

变换是用积分器将被测电压转化为时间,用时间控制电子计数器进行脉冲计数,以脉冲计数值代表电压测量结果;V-f 变换则是将被测电压经过积分转变为相应频率的脉冲信号,在标准闸门时间内,使用该脉冲信号驱动计数器计数,最终用闸门时间内的脉冲计数代表电压测量结果。间接转换型数字电压表的特点是抗干扰能力强(积分的作用)、测量精度高,但测量速度较慢。

3) 数字电压表的组成及原理

DVM 是利用模/数转换原理,将被测模拟电压转换为数字量,并将测量结果以数字形式显示出来的电子测量仪器。DVM 的组成框图如图 3-19 所示,包括模拟和数字两部分。模拟部分主要由输入电路和 A/D 转换器(Analog to Digital Converter, ADC)组成,其中:输入电路的主要功能是完成对输入电压的调理,包括信号的衰减(或放大)、阻抗变换等,以满足 A/D 转换电路的输入量程及信号类型等需要;A/D 转换器负责实现模拟电压到数字量的转换,是数字电压表的核心部件,电压表的准确度、分辨率等技术指标主要取决于这一部分电路。数字部分包括数字显示器、逻辑控制电路、时钟发生器等部件,其中:数字显示器的功能是显示模拟电压的数字量结果;逻辑控制电路的功能则是在统一时钟作用下,完成内部电路的协调有序工作;时钟发生器的功能是产生高稳定的时钟,供数字逻辑电路使用。

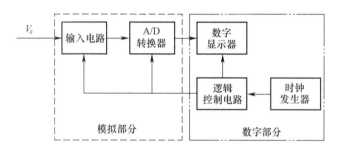

图 3-19 直流数字电压表组成框图

4) 数字电压表的主要性能指标

(1) 显示位数。数字式电压表的测量结果一般以十进制数直接显示,显示位数可用整数或带分数表示,其中:整数或带分数中的整数部分称为完整显示位,可以显示 0~9 的数字;带分数的分数位表示在数字电压表的首位存在的一个非完整的显示位,分子表示的是首位能显示的最大十进制数,分母则表示满量程的最高位数字。例如,4 位的 DVM,具有 4 位完整显示位,其最大显示数字为 9999;$4\frac{1}{2}$ 位(4 位半)的 DVM,只具有 4 位的完整显示位和 1 位非完整显示位,其最大显示数字为 19999;$4\frac{3}{4}$ 位的 DVM,最大显示数字为 39999。

(2) 量程。数字电压表的量程包括基本量程和扩展量程。基本量程是指没有经过衰减或放大时 DVM 的输入电压范围,由 A/D 转换器动态范围确定。扩展量程是以基本量程为基础,借助于步进分压器或前置放大器向两端扩展而得到的多个量程。例如,基本量程为 10V 的 DVM,可扩展出 0.1V、1V、10V、100V、1000V 等 5 档量程;基本量程为 2V 或 20V 的 DVM,可扩展出 200mV、2V、20V、200V、1000V 等 5 档量程。

(3) 分辨力。分辨力是指 DVM 能够分辨最小电压变化量的能力,反映了 DVM 的灵敏度,用每个字对应的电压值来表示。不同的量程上能分辨的最小电压变化的能力有所不同,显然,在最小量程上具有最高分辨力。例如,某 3 位半的 DVM,在 200mV 最小量程上,可以测量的最大输入电压为 199.9mV,其分辨力为 0.1mV/字(当输入电压变化 0.1mV 时,显示的末位数字将变化"1 个字")。

(4) 分辨率。分辨率一般与数字电压表中 A/D 转换器的位数有关,位数越多,分辨率越高。分辨率一般用百分数表示,与量程无关,比较直观。例如上述的 DVM 在最小量程 200mV 上分辨力为 0.1mV,则分辨率为 $\frac{0.1\text{mV}}{200\text{mV}} \times 100\% = 0.05\%$。分辨率也可直接从显示位数得到(与量程无关),例如 3 位半的 DVM,可显示出 1999(共 2000 个字),则分辨率为 $\frac{1}{2000} \times 100\% = 0.05\%$。

(5) 测量速度。测量速度是指 DVM 每秒钟可以完成的测量次数。它主要取决于 A/D 转换器的转换速度。一般低速、高精度的 DVM 测量速度在几次/秒至几十次/秒。例如,德科技公司的 34410A 数字多用表,每秒可以提供 10000 个 $5\frac{1}{2}$ 位的读数。

(6) 测量精度。测量精度取决于 DVM 的固有误差和使用时的附加误差(温度等)。其固有误差表达式为

$$\Delta U = \pm (\alpha\% U_x + \beta\% U_m) \tag{3.42}$$

示值(读数)相对误差为

$$\gamma = \frac{\Delta U}{U_x} = \frac{\pm(\alpha\% U_x + \beta\% U_m)}{U_x} = \pm\left(\alpha\% + \beta\%\frac{U_m}{U_x}\right) \tag{3.43}$$

式中:U_x 为被测电压的读数;U_m 为该量程的满度值;α 为误差的相对项系数;β 为误差的固定项系数。

从式(3.42)可以看出,DVM 的固有误差由两部分构成,分别是读数误差和满度误差。读数误差 $\pm\alpha\% U_x$ 与当前读数有关,主要包括 DVM 的刻度系数误差和非线性误差。满度误差 $\pm\beta\% U_m$ 与当前读数无关,只与选用的量程有关。有时将 $\pm\beta\% U_m$ 等效为"$\pm n$ 字"的电压量表示,即 $\Delta U = \pm(\alpha\% U_x + n\ 字)$。例如某 4 位半

DVM,说明书给出基本量程为2V,$\Delta U = \pm(0.01\%$ 读数 + 1 字),则在2V量程上,1 字=0.1mV,由 $\pm\beta\% U_m = \pm\beta\% \times 2V = 0.1mV$ 可知$\beta\% = 0.005\%$,即表达式中"1字"的满度误差项与"0.005%"的表示是完全等价的。当被测量(读数值)很小时,满度误差起主要作用;当被测量较大时,读数误差起主要作用。为减小满度误差的影响,应合理选择量程,以使被测量大于满量程的2/3以上。

[例]:某 $4\frac{1}{2}$ 位的 DVM,基本量程为 2V,固有误差为 $\pm(0.02\% U_x + 0.01\% U_m)$,求其满度误差相当于几个字?

解:

满度误差为

$$\Delta U_{FS} = \pm 0.01\% U_m = \pm 0.01\% \times 2V = \pm 0.0002V$$

基本量程上每个字所代表的电压为

$$U_x = \frac{2}{19999} = 0.0001V$$

因此在 2V 档上,满度误差 $\pm 0.01\% U_m$ 也可以用±2 个字来表示。

[例]:分别用某 $4\frac{1}{2}$ 位的电压表的 2V 档和 20V 档测量 1.5V 直流电压,如果 2V 档和 20V 档的固有误差分别为 $\pm 0.02\% U_x \pm 1$ 个字 和 $\pm 0.03\% U_x \pm 1$ 个字,求两种情况下,由固有误差引起的测量误差分别是多少?

解:

该 DVM 是 4 位半的显示,最大显示为 19999,则 2V 档的±1 个字代表的电压为

$$U_{e1} = \pm \frac{2}{19999} = \pm 0.0001V$$

20V 档的±1 个字代表的电压为

$$U_{e2} = \pm \frac{20}{19999} = \pm 0.001V$$

2V 档测量时的示值误差为

$$\gamma_1 = \frac{\Delta U_1}{U_x} = \frac{\pm 0.02\% \times 1.5 \pm 0.0001}{1.5} = 0.027\%$$

20V 档测量时的示值误差为

$$\gamma_2 = \frac{\Delta U_2}{U_x} = \frac{\pm 0.03\% \times 1.5 \pm 0.001}{1.5} = 0.097\%$$

可见,采用不同的量程测量同一电压时,±1 个字对测量结果的影响不同,测量时应尽量选择合适的量程。

(7) 输入阻抗。数字电压表的输入阻抗取决于输入电路(并与量程有关),一般情况下,输入阻抗越大越好,否则将影响测量精度。对于直流 DVM,输入阻抗用输入电阻表示,一般在 10~1000MΩ 之间。对于交流 DVM,输入阻抗用输入电阻和输入电容的并联值表示,电容值一般在几十至几百皮法之间。

3.1.4.2 比较式 A/D 转换器

比较式 A/D 转换器的特点是转换速度快,尤其适合于对转换速度要求比较高的场合,但也存在抗干扰性能较差等问题。常见的比较式 A/D 转换器有逐次逼近比较式、线性斜坡(又称为斜坡电压)比较式、余数再循环比较式等类型。比较常用的是:①逐次逼近比较式 A/D 转换器,其突出特点是原理简单,使用也比较方便;②余数再循环比较式 A/D 转换器,其特点是转换速度快、性能优良,因而在数字电压表中得到了广泛应用。

1) 逐次逼近比较式 A/D 转换器

逐次逼近比较式 A/D 转换器的基本原理是借鉴天平称重的过程,采用"对分搜索"的策略,将被测电压和一个可变的基准电压进行逐次比较,逐步缩小被测电压的未知范围,最终逼近被测电压。如图 3-20 所示,逐次逼近比较式 A/D 转换器的电路主要由比较器、D/A 转换器、逐次逼近移位寄存器等构成。

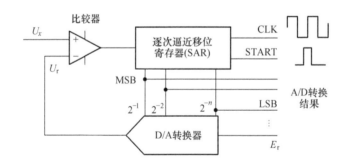

图 3-20 逐次逼近比较式 A/D 转换原理框图

图 3-20 中,比较器完成每次测量过程中的待测电压 U_x 与基准电压 U_r 的比较;D/A 转换器通过基准电压 E_r 与权电阻网络的配合完成 D/A 转换,提供比较器的基准电压;逐次逼近移位寄存器将每次比较的结果存储,并作为 D/A 转换器的输入。此外还有必需的逻辑电路控制整个 A/D 转换电路的运行。

在时钟信号的控制下,A/D 转换电路开始工作以后的每一个时钟到来时,逐次逼近移位寄存器首先根据 U_r 与 U_x 的相对关系,对上一次加到 D/A 转换器的基准码进行处理。如果 $U_r > U_x$,则将该基准码置"0",否则置"1",即"小者留,大者弃",然后给下一位基准码置"1"。重复以上的过程,直到 SAR 的所有位处理完毕。

假设基准电压为 $E_r = 10V$，为便于对分搜索，将其分成一系列(相差一半)的不同的标准值。U_r 可分解为

$$U_r = \frac{1}{2}E_r + \frac{1}{4}E_r + \cdots + \frac{1}{2^n}E_r + \cdots = 5V + 2.5V + \cdots = 10V \quad (3.44)$$

式(3.44)表示，若把 E_r 不断细分(每次取上一次的一半)足够小的量，便可无限逼近，当只取有限项时，则项数决定了其逼近的程度。如果只取前 4 项，则有

$$U_r = 5V + 2.5V + 1.25V + 0.625V = 9.375V \quad (3.45)$$

其逼近的最大误差为 10V−9.375V=0.625V，相当于最后一项的值。

现假设有一被测电压 $U_x = 8.5V$，我们以一个基本量程为 10V、SAR 的输出为 6 位的 A/D 转换器为例，说明完成一次 A/D 转换的过程。

(1) 起始脉冲控制 A/D 转换电路开始工作，第 1 个时钟脉冲 CP_1 使逐次逼近移位寄存器的最高位置"1"，SAR 输出基准码"100000"，经 D/A 转换器输出基准电压 $U_r = 2^{-1} \times 10V = 5V$，由于 5V<8.5V，比较器输出为高电平，因此，当第 2 个时钟脉冲到来时，SAR 的最高位将保留"1"。

(2) 第 2 个时钟脉冲 CP_2 到来时，最高位保留"1"的同时，次高位置"1"，SAR 输出基准码"110000"，经 D/A 转换器输出基准电压 $U_r = (2^{-1} + 2^{-2}) \times 10V = 7.5V$，由于 7.5V<8.5V，比较器输出仍为高电平，因此，当第 3 个时钟脉冲到来时，SAR 的次高位将保留"1"。

(3) 第 3 个时钟脉冲 CP_3 到来时，次高位保留"1"的同时，第 3 位置"1"，SAR 输出基准码"111000"，经 D/A 转换器输出基准电压 $U_r = (2^{-1} + 2^{-2} + 2^{-3}) \times 10V = 8.75V$，由于 8.75V>8.5V，比较器输出为低电平，因此，当第 4 个时钟脉冲到来时，SAR 的第 3 位将置"0"。

(4) 第 4 个时钟脉冲 CP_4 到来时，第 3 位置"0"的同时，第 4 位置"1"，SAR 输出基准码"110100"，经 D/A 转换器输出基准电压 $U_r = (2^{-1} + 2^{-2} + 2^{-4}) \times 10V = 8.125V$，由于 8.125V<8.5V，比较器输出为高电平，因此，当第 5 个时钟脉冲到来时，SAR 的第 4 位将置"1"。

(5) 第 5 个时钟脉冲 CP_5 到来时，第 4 位保留"1"的同时，第 5 位置"1"，SAR 输出基准码"110110"，经 D/A 转换器输出基准电压 $U_r = (2^{-1} + 2^{-2} + 2^{-4} + 2^{-5}) \times 10V = 8.4375V$，由于 8.4375V<8.5V，比较器输出为高电平，因此，当第 6 个时钟脉冲到来时，SAR 的第 5 位将置"1"。

(6) 第 6 个时钟脉冲 CP_6 到来时，第 5 位保留"1"的同时，第 6 位置"1"，SAR 输出基准码"110111"，经 D/A 转换器输出基准电压 $U_r = (2^{-1} + 2^{-2} + 2^{-4} + 2^{-5} + 2^{-6}) \times 10V = 8.59375V$，由于 8.59375V>8.5V，比较器输出为低电平，因此，当第 7 个时钟脉冲到来时，SAR 的第 6 位将置"0"。

至此转换完成,最终 SAR 的输出为"110110"。上述转换结果与输入电压 U_x 的误差为 8.5V-8.4375V=0.0625V。该误差是由于 SAR 的输出位数不足引起的,随着位数的增加,误差会进一步减小(图 3-21)。

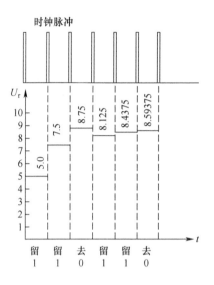

图 3-21 逐次逼近比较式 A/D 转换时序图

从上面分析可知,在整个转换过程中,由 D/A 转换网络提供的基准电压对转换结果起着关键的作用。最常见的是权电阻 D/A 转换电路,如图 3-22 所示。其中,$K_1 \sim K_6$ 为电子开关,其通断对应该位的取值。如果接通 E_r,则代表取值为"1";反之,如果接地,则代表取值为"0"。K_1 对应最低位,K_6 对应最高位。

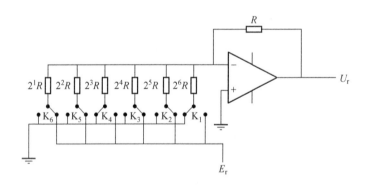

图 3-22 权电阻 D/A 转换电路原理图

从上面的分析我们可以看出,逐次逼近比较式 A/D 转换器采用对分搜索逐次逼近的直接比较方法,因此其转换时间仅与 A/D 转换器的输出位数和时钟频率有关,而与输入电压大小无关,转换速度较快,但也由于直接与被测电压比较,因此容易受到外部干扰。

目前常用的单片集成逐次逼近比较式 A/D 转换器有 8 位的 ADC0809,12 位的 ADC1210 以及 16 位的 AD7805 等。

2) 余数循环比较式 A/D 转换器

由于受 A/D 转换器输出位数等条件的限制,逐次逼近比较式 A/D 转换器在完成转换后,所得的转换值与被测电压之间不可避免会存在剩余误差。若要减小误差,提高分辨率,只有增加位数,但是位数太多,不仅电路复杂,增加成本,而且比较后期的电压较小,易受干扰噪声影响,影响测量结果。如果在上述处理的基础上,将每次比较结束之后的剩余误差进行放大处理后,再重复以上的比较过程,则理论上分辨率可以无限提高,这种方法称为余数循环比较。

余数循环比较式 A/D 转换器的基本思想是利用了余数循环移位的方法,首先经过分级比较,确定被测电压的最高位,然后把余下的部分放大,即余数部分向左移位后再进行测量,从而确定次高位,如此循环直至完全可以分辨的所有位的检测。

如图 3-23 所示,余数循环比较式 A/D 转换器电路中包括比较器、D/A 转换器、采样保持电路、放大器、减法器、转换开关以及具有数据存储、极性检测及控制功能的控制电路。其中,比较器的功能是对两个输入的信号进行比较,输出极性代表两个输入信号的大小关系,如果同相输入端的电压大于反相输入端的电压,则输出为正,反之输出为负,该极性确定提供给 D/A 转换电路的基准电压 E_r 的极性;D/A 转换器电路将上次 A/D 转换的二进制数码转换为模拟电压送比较器与上次进入 A/D 转换的输入电压相减,得到差值电压;放大器的放大位数与 D/A 转换器

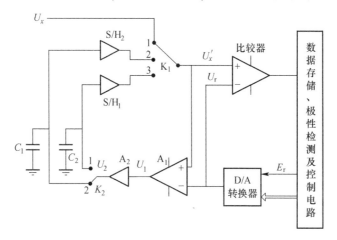

图 3-23 余数循环比较式 A/D 转换器原理框图

有关,若 D/A 转换器采用 BCD 码,则放大倍数为 10,而若 D/A 转换器是二进制转换器,则放大倍数为 16。电路工作过程如下。

(1) 电路开始工作时,被测电压 U_x 通过电子开关 K_1 作用于比较器的同相输入端,D/A 转换器的输出电压接至比较器的反相输入端。控制电路根据输入电压的极性和 A/D 转换的数值给 D/A 转换器提供基准电压和二进制或 BCD 码格式的 D/A 转换的输入;减法器输出的差值电压经 A_2 放大后形成电压 U_2,经电子开关 K_2 选通送 S/H_1 电路,给电容 C_2 充电并保存在电容 C_2 上,作为下次转换所需的余数电压。

(2) 第二次比较时,电子开关 K_2 选通 S/H_1 电路,将上次转换得到的余数电压送比较器的同相端,反相端的电压依然来自于 D/A 转换的输出,经减法运算后,得新的余数电压经 A_2 放大后,形成电压 U_2,经电子开关 K_2 选通送 S/H_2 电路,给电容 C_1 充电并在电容 C_1 上保持,作为下次转换所需的余数电压。

(3) 如此循环,直到比较器两输入端电压相同,差值电压为零为止。

设 D/A 转换器采用二进制格式,多次循环比较过程中,每次所得的数码为 N_n,n 为循环比较的次数,则最终的转换结果为

$$N = N_1 \times 16^0 + N_2 \times 16^{-1} + \cdots + N_n \times 16^{-(n-1)} \qquad (3.46)$$

若 D/A 转换器采用 BCD 码格式,则最终的转换结果为

$$N = N_1 \times 10^0 + N_2 \times 10^{-1} + \cdots + N_n \times 10^{-(n-1)} \qquad (3.47)$$

若输入电压 $U_x = 8.325\text{V}$,D/A 转换器采用 BCD 码格式,A_2 放大倍数为 10,则比较过程如下:

(1) K_1 接"1",K_2 接 S/H_1,$U'_x = 8.325\text{V}$,数据检测为"1000",经 D/A 转换后的输出电压 $U_r = 8\text{V}$,$U_1 = U'_x - U_r = 0.325\text{V}$,放大后有 $U_2 = 3.25\text{V}$。

(2) K_1 接"3",K_2 接 S/H_2,$U'_x = 3.25\text{V}$,数据检测为"0011",经 D/A 转换后的输出电压 $U_r = 3\text{V}$,$U_1 = U'_x - U_r = 0.25\text{V}$,放大后有 $U_2 = 2.5\text{V}$。

(3) K_1 接"2",K_2 接 S/H_1,$U'_x = 2.5\text{V}$,数据检测为"0010",经 D/A 转换后的输出电压 $U_r = 2\text{V}$,$U_1 = U'_x - U_r = 0.5\text{V}$,放大后有 $U_2 = 5\text{V}$。

(4) K_1 接"3",K_2 接 S/H_2,$U'_x = 5\text{V}$,数据检测为"0101",经 D/A 转换后的输出电压 $U_r = 5\text{V}$,$U_1 = U'_x - U_r = 0.0\text{V}$,放大后有 $U_2 = 0\text{V}$,结束转换。

最终的输出为 $N = 8 \times 10^0 + 3 \times 10^{-1} + 2 \times 10^{-2} + 5 \times 10^{-3} = 8.325\text{V}$。

从上例可以看出,余数循环式 A/D 转换器的转换过程可以不断地进行下去,每转换一次,分辨率就可以提高一个数量级,因此分辨率很高。由于受电路元器件的热噪声、保持电容的泄漏和介质吸收以及 D/A 转换的非线性等因素限制,目前的余数循环比较式 A/D 转换器的分辨率只能达到 $10^{-6} \sim 10^{-7}$。就转换速率来看,余数循环式 A/D 转换器的转换速度只与电路中的 D/A 转换器、比较器、放大器、S/H 电路的响应速度,以及电子开关的转换速度等因素有关,相比于其他方式的

A/D 转换器,转换速率较快。

比较式 A/D 转换器还有并行比较式、线性斜坡比较式等电路,二者的工作原理都比较简单,其中:并行比较式 A/D 转换器由于采用同时比较的方式,其转换时间主要取决于比较器的上升时间和编码器的工作延时,因此转换速度很快,但随之而来的是电路复杂、需要的元器件多、成本高;线性斜坡比较式 A/D 转换器则需要一个大范围内变化的线性斜坡电压,而斜坡电压的线性会直接影响转换的结果。基于以上原因,并行比较式 A/D 转换器、线性斜坡比较式 A/D 转换器应用较少,在此不再赘述。

3.1.4.3 积分式 A/D 转换器

积分式 A/D 转换器是数字电压表中常用的 A/D 转换电路,是德科技公司及其前身 Agilent 公司的 DVM、DMM 大都采用积分式 A/D 转换器,其突出的特点是能较好地抑制串模干扰,容易实现较高的转换准确度,因此虽然其转换速率还有一定的问题,但在国内对转换速率要求不是太高的 DVM、DMM 中也得到了广泛的使用。

常用的积分式 A/D 转换器有双积分式、三积分式、多积分式等,下面首先以双积分式 A/D 转换电路为例介绍其工作原理。

1) 双积分式 A/D 转换器

根据其工作原理,双积分式 A/D 转换器也称为双斜积分式 A/D 转换器或双斜式 A/D 转换器,属于 V-T 变换式,是 DVM、DMM 中最基本的 A/D 转换器。其基本原理是在一个测量周期内,首先将被测电压 U_x 加到积分器的输入端,在固定时间内进行积分,也称为定时积分;然后切断 U_x,在积分器的输入端加与 U_x 极性相反的基准电压 U_r,由于 U_r 一定,因此称为定值积分,但积分方向相反,直到积分输出达到起始电平为止,从而将 U_x 转换成时间间隔进行测量,用电子计数器对此时间间隔进行计数,通过电子计数器的计数值,再结合基准电压 U_r,即可计算出待测电压的值 U_x。

双积分式 A/D 转换器的原理图如图 3-24 所示。转换过程中的波形关系如图 3-25 所示。

双积分式 A/D 转换器包括积分器、过零比较器、计数器及逻辑控制电路等部分。其中,积分器完成输入待测电压和基准电压的积分,积分信号的输入由电子开关控制,基准电压包括 $+U_r$ 和 $-U_r$,两个基准电压大小相等、符号相反,具体接入积分电路时,由逻辑控制电路根据输入待测电压的极性进行选择;比较器是过零比较器,比较结果作为门电路的门控信号,控制计数脉冲的输入;计数器完成有计数脉冲输入时的脉冲计数。

双积分 A/D 转换器的工作过程分为三个阶段,分别是复零阶段、定时积分阶段、定值积分阶段。

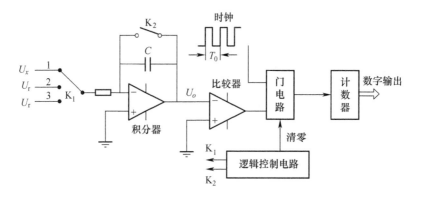

图 3-24 双积分 A/D 转换器原理框图

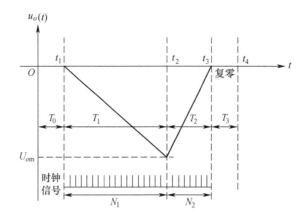

图 3-25 双积分 A/D 转换示意图

(1) 复零阶段,也称为准备阶段,对应 $0 \sim t_1$。此时开关 K_2 闭合,积分电容 C 短接,使积分器输出电压 U_o 归零,为下一阶段做准备。

(2) 定时积分阶段,也称为取样阶段,对应 $t_1 \sim t_2$。在 t_1 时刻,控制逻辑电路控制 K_2 断开,K_1 与"1"接通,将输入待测电压接入(设输入电压为正电压)加到积分器的输入端,积分器输出电压 u_o 线性下降(反向积分),比较器输出电平变为高电平,打开计数闸门,时钟脉冲通过闸门,计数器开始计数。经过规定的时间 T_1,u_o 达到最大值 U_{om},即

$$U_{om} = -\frac{1}{RC}\int_{t_1}^{t_2} u_x \mathrm{d}t = -\frac{T_1}{RC}u_x \tag{3.48}$$

式中:$-\dfrac{T_1}{RC}$ 为积分波形的斜率(定值)。

(3) 定值积分阶段,也称为比较阶段,对应 $t_2 \sim t_3$。在 t_2 时刻,控制逻辑电路

控制K_1与"2"接通,将$-U_r$基准电压加到积分器的输入端,积分器输出电压u_o线性上升(反向积分)。待积分器输出电压过零时,比较器输出电平变为低电平,关闭计数闸门,断开计数时钟脉冲信号,停止计数。此时有

$$0 = U_{om} - \frac{1}{RC}\int_{t_2}^{t_3}(-U_r)dt = U_{om} + \frac{T_2}{RC}U_r \quad (3.49)$$

式中:$-\frac{T_1}{RC}$为积分波形的斜率(定值)。

将U_{om}代入,得

$$\frac{T_2}{RC}U_r - \frac{T_1}{RC}u_x = 0 \quad (3.50)$$

进而有

$$u_x = \frac{T_2}{T_1}U_r \quad (3.51)$$

由于T_1、T_2是通过对同一时钟信号(设周期为T_0)计数得到的(设定时积分与定值积分的计数值分别为N_1、N_2,即$T_1 = N_1 T_0$,$T_2 = N_2 T_0$,代入式(3.51),则有

$$u_x = \frac{T_2}{T_1}U_r = \frac{N_2 T_0}{N_1 T_0}U_r = \frac{N_2}{N_1}U_r \quad (3.52)$$

将式(3.52)进行变换,则有

$$N_2 = \frac{U_x N_1}{U_r} = \frac{1}{e}U_x \quad (3.53)$$

式中:$e = \frac{U_r}{N_1}$为A/D转换器的刻度系数("V/字")。例如,若$U_r = 10V$,$N_1 = 10000$,则有$e = \frac{U_r}{N_1} = \frac{10}{10000} = 1mV/$字。

从以上分析可见,定值积分的计数结果N_2(数字量)可以表示被测电压u_x,N_2为双积分A/D转换的结果。积分器的R、C元件对A/D转换结果不会产生影响,因而对元件参数的精度和稳定性要求不高。基准电压U_r的精度和稳定性对A/D转换结果有影响,一般需采用精密基准电压源。

双积分式A/D转换器基于V-T变换的比较测量原理,一次测量包括3个连续过程,所需时间为$T_0 + T_1 + T_2$。其中,T_0、T_1是固定的,T_2与被测电压u_x有关,u_x越大T_2越大。一般转换时间在几十毫秒至几百毫秒(转换速度为几次/秒至几十次/秒),其速度是较低的,常用于高精度慢速测量的场合。

3.1.4.4 其他A/D转换器

除以上介绍的比较常用的A/D转换器之外,还有脉宽调制式、电荷平衡式等

多种可用于 DVM、DMM 的 A/D 转换器。限于篇幅所限,本部分只给出两种 A/D 转换器的简单介绍,具体工作原理请参阅相关参考文献。

(1)脉宽调制式 A/D 转换器。如图 3-26 所示,脉宽调制式 A/D 转换器是积分式 A/D 转换器的一种特殊形式,它将被测电压转换成与之成比例的脉冲宽度,对脉宽进行计数,从而得到代表模拟电压的数字量,也属于 V-T 变换。由于脉宽调制式 A/D 转换器仍属于积分型 A/D 转换器,因此也具有双积分 A/D 转换器的优点,积分元件 RC 的变化不会影响 A/D 转换的精度;当选择的节拍方波周期为工频周期的整数倍时,可以较好地抑制串模干扰。由于脉宽调制式 A/D 转换器在一个转换周期内有四次积分,所以又称为四积分法。积分器的非线性误差在两次上升和两次下降过程中可以相互补偿,故可以有效降低总的误差。

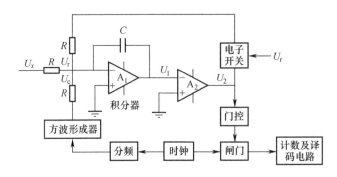

图 3-26 脉宽调制式 A/D 转换器原理框图

(2)电荷平衡法 A/D 转换器。如图 3-27 所示,电荷平衡法 A/D 转换器属于 V-f 型 A/D 转换器,被测电压通过积分后输出线性变化的电压,利用该电压控制一个振荡器,产生与被测电压成正比例的频率值,再用电子计数器测量该频率值,即可以求出被测电压的大小。电荷平衡法 A/D 转换器的转换速度与精度不能兼顾,如果需要较高的转换精度,则必须增加计数周期,将导致转换速度变慢;反之,虽然可以增加转换速度,但又会损失转换精度。电荷平衡法 A/D 转换器具有良好的抗干扰性,能滤除被测信号中的噪声。由于门控计数时间可方便地改变和设定,因此当将计数时间选为工频周期的整数倍时,便可以很好地抑制工频干扰。如果测量过程中存在某特定频率的干扰信号,也可以针对该频率设定相应的计数时间,以便抑制该干扰。因此,电荷平衡法 A/D 转换器特别适合于存在干扰严重的测量。

3.1.5 数字多用表

3.1.5.1 数字多用表的基本原理

数字多用表(DMM)也称为数字万用表,是指具有测量直流电压、直流电流、交

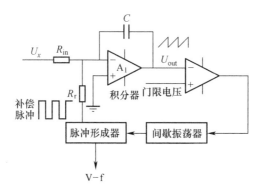

图 3-27 电荷平衡法 A/D 转换器原理框图

流电压、交流电流及电阻等多种功能的数字测量仪器。部分 DMM 还有频率、周期、导通(断开)以及二极管、电容、电感等的测量功能。

如图 3-28 所示,数字多用表以测量直流电压的直流数字电压表为基础,通过 AC/DC 变换器、I/V 变换器、Ω/V 变换器,把交流电压、电流和电阻转换成直流电压后,再用直流数字电压表进行测量,因此数字多用表可认为是数字电压表(DVM)的功能扩展。其中,AC/DC 变换器用于实现交流电压到直流电压的变换;I/V 变换器用于实现直流电流到直流电压的变换;Ω/V 变换器则用于实现电阻到直流电压的变换。

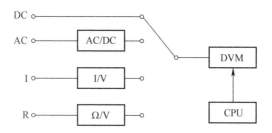

图 3-28 数字多用表组成原理框图

DVM 的相关内容前面已经进行了详细介绍,本节将主要讨论 I/V、Ω/V 等相关内容。基于 DVM 的相关测量及显示原理,以上变换也应是线性变换,即变换器的输出与输入之间应满足线性关系。

3.1.5.2 I/V 变换器

I/V 变换的最终依据是欧姆定律 $U = IR$,即将被测电流通过一个已知的取样电阻,测量取样电阻两端的电压,即可得到被测电流。为实现不同量程的电流测量,可以选择不同的取样电阻。图 3-29 所示为典型的 I/V 变换器。

假如变换后采用的电压量程为 200mV,则通过量程开关选择取样电阻分别为

1kΩ、100Ω、10Ω、1Ω、0.1Ω,便可测量 200μA、2mA、20mA、200mA、2A 的满量程电流。

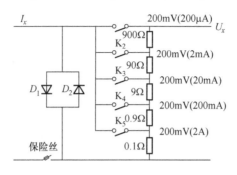

图 3-29 I/V 变换器

为了实现仪器在小量程上的过载保护,在仪器的输入端设计了两个反向并联的二极管,以保证在取样电阻两端的电压超过安全电压时,其中一个二极管能导通,并使保险丝融化、断开,以保护后面的电路。

为了减小对被测电路的影响,标准电阻的取值应尽可能小,通常在几欧姆以下。因此,取值后的输出电压 U_x 一般较小,为满足后续处理电路的需要,一般需要在后级增加高输入阻抗的同相放大器,以减小变换器对电流的旁路作用所带来的附加误差。

3.1.5.3 Ω/V 变换器

Ω/V 变换的依据同样是欧姆定律。对于纯电阻,可用一个恒流源流过被测电阻,测量被测电阻两端的电压,即可得到被测电阻阻值。而对于电感、电容参数的测量,则需采用交流基准电压,并将实部和虚部分离后分别测量得到。

Ω/V 变换原理图如图 3-30 所示。

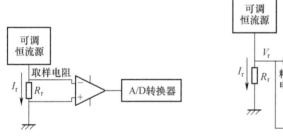 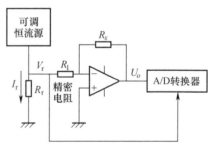

(a) 实现 Ω/V 变换的简单原理　　(b) 通过运放实现比例测量的 Ω/V 变换

图 3-30 电阻电压变换原理图

在图 3-30(a)中,恒流源 I_r 流过被测电阻 R_r,并对 R_r 两端的电压放大后送入 A/D 转换器。为了实现不同量程电阻的测量,要求恒流源可调。图 3-30(a)的电路对于大电阻的测量不利,因为要求的恒流源电流 I_r 很小,而较小的电流精度控制很难,因此电流精度对测量精度影响较大。图 3-30(b)中,将被测电阻作为反馈电阻,将恒流源 I_r 流过一个已知的精密电阻,从而得到基准电压 U_r,此时放大器的输出为

$$U_o = -\frac{R_x}{R_1}U_r \qquad (3.54)$$

于是有

$$R_x = -\frac{U_o}{U_r}R_1 \qquad (3.55)$$

如果将 U_o 作为 A/D 转换器的输入,并将 U_r 直接作为 A/D 转换器的基准电压,即可实现比例测量。

3.1.5.4 AC/DC 变换器

前面我们探讨过,在模拟电压测量中常用二极管检波器构成的 AC/DC 变换器,由于受二极管非线性特性和二极管导通电压的影响,这种 AC/DC 变换器的转换特性是非线件的,虽然在模拟式电压表中可以用非线性的刻度来校正,但受直流数字电压表本身功能的限制,这种 AC/DC 变换器不适用于交流电压的数字测量,需要设计专用的线性 AC/DC 变换器以满足数字多用表的测量需求。

1)线性半波整流器

线性半波整流器主要是利用以运算放大器为基本放大元件的负反馈放大电路构成的线性半波检波器实现的,该检波器有效克服了检波二极管的非线性,实现了线性的 AC/DC 转换。线性半波整流器的基本电路与检波波形如图 3-31 所示。

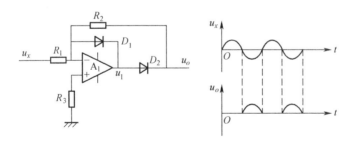

图 3-31 线性半波检波电路原理及波形示意图

从电路分析可知,由于以 A_1 为核心构成反向放大器,因此在 u_x 正半周,u_1 电压为负,二极管 D_1 导通,D_2 截止,由于运算放大器本身的特性,u_o 被钳位在 0V;在 u_x 负半周,u_1 电压为正,二极管 D_1 截止,D_2 导通,设 D_2 检波增益为 k_d,则 $\frac{u_o}{u_i} =$

$-k \times k_\mathrm{d}$,由于 k 值可以很大,因此输出近似为 $u_o = -k \times k_\mathrm{d} \times u_x \approx -\dfrac{R_2}{R_1} \times u_x$,而与 k_d 基本无关,从而削弱了二极管伏安特性的非线性失真,使输出 u_o 线性正比于被测电压 u_x。

2)线性全波整流器

同样,为了提高检波电路的灵敏度,充分利用输入电压全周期的信号,应在前述半波检波电路的基础上设计全波检波电路。

如图 3-32 所示,全波检波电路由一个半波检波电路和一个由运算放大器构成的加法器两部分组成。其中,以 A_1 为核心构成半波检波电路,以 A_2 为核心则构成加法器电路。电路工作原理如下。

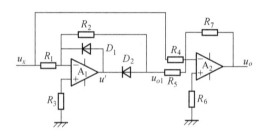

图 3-32 全波检波电路原理图

由于在 u_x 正半周时,二极管 D_1 截止,D_2 导通,半波检波电路的输出电压为

$$u_{o1} = -\dfrac{R_2}{R_1} u_x \tag{3.56}$$

该输出电压与直通来的输入电压共同加在加法器的输入端,通过加法器进行求和运算,最终输出电压为

$$u_o = -\left(\dfrac{R_7}{R_4}u_x + \dfrac{R_7}{R_5}u_{o1}\right) = -\left(\dfrac{R_7}{R_4}u_x - \dfrac{R_7}{R_5}\dfrac{R_2}{R_1}u_x\right) = \left(\dfrac{R_7}{R_5}\dfrac{R_2}{R_1} - \dfrac{R_7}{R_4}\right)u_x \tag{3.57}$$

若取 $R_1 = R_2 = R_4 = R_7 = 2R_5$,则有

$$u_o = u_x \tag{3.58}$$

在 u_x 负半周时,二极管 D_1 导通,D_2 截止,半波检波电路的输出电压 $u_{o1} = 0$。此时加在加法器输入端的电压只有直通过来的输入电压 u_x,检波电路的输出电压为

$$u_o = -\dfrac{R_7}{R_4}u_x = -u_x \tag{3.59}$$

全波检波电路的输出特性为

$$u_o = \begin{cases} u_x, & u_x > 0 \\ -u_x, & u_x < 0 \end{cases} \tag{3.60}$$

如果在 R_7 两端并联一只电容,则其输出电压与输入电压绝对值的平均值成比例。全波检波电路波形及特性曲线如图 3-33 所示。

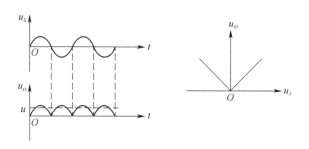

图 3-33　全波检波电路波形及特性曲线

实际数字电压表所使用的 AC/DC 变换器,通常在以上全波检波电路的基础上进一步完善,构成图 3-34 所示的平均值 AC/DC 变换电路。

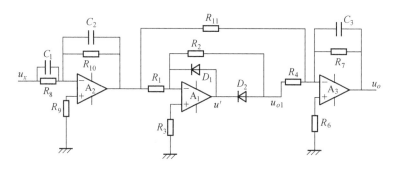

图 3-34　平均值 AC/DC 变换器原理图

平均值 AC/DC 变换器由三级电路构成。第一级电路为输入级,主要完成变换量程并提高测量灵敏度;第二级电路由以运算放大器为主构成的并联负反馈线性全波检波电路;第三级电路是由运算放大器、电阻和电容构成的低通滤波电路,用于抑制纹波。信号经第三级电路滤波后,输出直流电压 u_o,即被测信号的全波平均值。

3.2　信号发生器

3.2.1　概述

信号发生器产生各种幅度、频率、相位可变的仿真信号或激励信号。在现代电子测试技术领域,从最基本的电子元器件性能测试,到大型电子信息装备的性能测试与故障诊断,信号发生器已广泛应用于科研、生产、试验、使用、维护、修理等装备全寿命周期各个环节,在航空、航天、兵器、船舶、电子、核等国防科技工业系统、装备技术保障和民用消费电子领域都得到了广泛应用,因此信号发生器是电子测量领域中使用最广泛的基本测量仪器。

信号发生器又称为信号源,一般是指能够产生频率、幅度、波形、占空比、调制形式等波形特征参数可控的多种波形的信号产生装置。在实际工程应用中,能产生三角波、锯齿波、矩形波(含方波)、正弦波的信号发生器,又称为函数信号发生器。

随着科技的发展,特别是新体制武器装备的发展与应用,工程实际中使用到的信号形式越来越多,也越来越复杂,其主要的发展变化表现在以下几个方面。

(1)频带范围越来越宽。目前信号发生器的上限频率已突破1500GHz,调制带宽更是已经达到了1000MHz。

(2)数字化程度越来越高。随着以FPGA(现场可编程逻辑阵列)为代表的大规模集成电路的应用,目前信号发生器的体积越来越小,而功能则越来越强大。

(3)性能越来越优异。信号发生器的输出信号频谱纯度不断提高,单边带相位噪声进一步降低,频率切换时间已经接近或达到100ns量级,可以很好地满足雷达、电子对抗装备等军事装备的测试需求。

(4)集成化程度越来越高。随着数字仿真设计及智能制造技术的不断提高,信号发生器的模块化、小型化水平不断提高,从而进一步降低了信号发生器的体积及制造成本,提高了可靠性及性价比。

本章所涉及的是当前军用测试技术中使用最为广泛的函数信号发生器、锁相及频率合成信号发生器、射频合成信号发生器的基本概念、工作原理、主要技术指标及用途,重点是各种信号发生器的原理及技术指标。

3.2.1.1 信号发生器的功能

由于信号发生器产生信号的特征参数均可人为设定,因此可以方便地模拟各种情况下不同特性的信号,对于产品研发和电路实验非常实用。

在实际的装备测试过程中,信号发生器的用途非常广泛,最常见的用途就是用作被测对象的输入激励,为被测对象的测试提供一个波形参数受控的信号,以模拟各种不同情况下被测对象的工作状态,并通过测量、对比不同输入信号下的输出信号状态,判断被测对象的功能和特性是否满足设计和使用要求。从简单的电阻、电容、电感等电子元件特性的测量,到雷达、电子战装备、通信导航设备指标的测试,甚至卫星、航天飞机、宇宙飞船等系统级的性能评估,均离不开信号发生器的支持。信号发生器的使用也贯穿到武器装备全寿命过程中,从装备研制、生产到维护保障各个环节都离不开信号发生器,主要体现在以下几个方面。

1)元器件参数测量

在进行电感、电容、放大器、混频器、滤波器等器件特性测量时,信号发生器产生一定频率、功率的激励信号,注入到被测器件中,并通过将输出信号与输入激励信号相对比,得到器件的带宽、频响、插入损耗、增益等详细技术指标。

2）网络参数测量

常见的两端口及多端口部件(如衰减器、功分器等)在进行幅频特性、相频特性等网络参数测量时,需要使用信号发生器产生频率、幅度、相位可控的输入激励信号,通过对不同输入条件下被测部件输出信号的测量及数据处理,得到代表部件特性的网络参数。

3）接收机性能测试

在机载通信导航设备中,接收机是其主要组成部分和关键设备,对装备的性能起着非常重要的作用。对其进行功能性能测试时,利用信号发生器产生不同参数特性的输入信号,实现对接收机工作灵敏度、选择性、AGC 范围、带宽、交调失真等指标的测试。

4）发射机性能测试

发射机作为机载通信导航设备的另一个重要部件,其功能和性能的测试同样离不开信号发生器。在发射机功能性能测试中,使用信号发生器产生不同频率的高稳定射频信号,作为发射机的本振信号或中频信号,实现对发射机增益、带宽等指标的测试。

5）特殊信号模拟

特殊信号模拟是指在实际的通信导航、雷达及电子对抗等装备的测试过程中,使用信号发生器产生装备测试所需的特殊体制信号(如电台、雷达等装备发射的射频信号;雷达测试所需的目标射频回波信号;战场复杂电磁环境下的多目标、多辐射源信号等),以实现待测装备或系统功能及性能的特性评估。

6）自动测试系统集成

近年来,随着总线技术及计算机技术的不断进步,自动测试系统得到了快速的发展。信号发生器作为自动测试系统中测试激励信号的产生仪器,被广泛应用于自动测试系统中,从而大大提高了测试效率和测试重复性。以 VXI 总线和 PXI 总线为代表的模块化信号发生器,由于最大限度地利用了计算机资源,并且模块的显示、控制、驱动、配置等都由计算机统一管理,便于系统集成和使用,因而在自动测试系统中得到了大量的使用。

3.2.1.2　信号发生器的分类

由于信号发生器在电子测量领域应用广泛,因此信号发生器的种类很多,分类方法也多种多样。一般从信号发生器的输出频率范围、波形特征、调制特性以及应用领域等方面进行分类。

1）输出频率范围

按信号发生器的输出频率范围,大致可以分为低频信号发生器、射频信号发生器、微波信号发生器、毫米波信号发生器等几类,具体如表 3-2 所列。随着装备技术的发展,目前太赫兹(THz)频段的信号发生器也已经投入使用。

表 3-2 按信号发生器输出频率范围的分类

序号	信号发生器名称	频率范围
1	超低频信号发生器	0.0001~1000Hz
2	低频信号发生器	1Hz~1MHz
3	视频信号发生器	20Hz~10MHz
4	高频信号发生器	200kHz~30MHz
5	甚高频信号发生器	30kHz~300MHz
6	超高频信号发生器	300MHz~3GHz
7	微波信号发生器	3~20GHz
8	毫米波信号发生器	20~300GHz

2)输出波形

按输出信号的波形特征,信号发生器可以分为正弦信号发生器、函数及任意波形信号发生器、脉冲信号发生器以及随机信号发生器等,每种信号发生器的信号特征如表 3-3 所列。

表 3-3 按信号发生器输出波形的分类

序号	信号发生器名称	信 号 特 征
1	正弦信号发生器	正弦信号或受调制的正弦信号
2	脉冲信号发生器	信号参数不同的脉冲信号
3	函数信号发生器	幅度与时间成一定函数关系的信号
4	随机信号发生器	信号波形幅度不确定的随机信号

3)调制特性

按调制特性,信号发生器可以分为连续波信号发生器、模拟调制信号发生器及矢量信号发生器。连续波信号发生器产生单一频率的连续波正弦信号,信号的频率、幅度、相位等参数均可以单独控制;模拟调制信号发生器具备基本的调幅、调频、调相及脉冲调制等模拟调制功能;矢量信号发生器的输出信号矢量特性可控,可产生各种形式的数字调制信号。

4)应用

从应用的角度,信号发生器可以分为合成信号发生器、扫频信号发生器及合成扫频信号发生器。合成信号发生器的输出信号频率可在基准振荡器频率的基础上,通过算术方法导出,输出信号的频率控制较为灵活;扫频信号发生器的输出频率可随调制信号的波形而变化,具有较宽的频率调制特性;合成扫频信号发生器则是以上两者的结合,具备以上全部的功能,且扫频准确度比一般的扫频信号发生器高。

3.2.1.3 信号发生器的技术指标

根据信号的主要技术参数及应用情况,信号发生器的技术指标可以分为频率特性、扫描特性、功率(幅度)特性、频谱特性及调制特性。

1) 频率特性

信号发生器的频率特性主要包括频率范围、频率准确度、频率稳定度等。

(1) 频率范围。频率范围是指信号发生器所产生的载波频率范围,该范围既可连续亦可由若干频段或一系列离散频率来覆盖。例如,是德科技的 N9310A 模拟信号发生器的输出频率范围为 9kHz~3GHz;E8257D PSG 连续波和模拟信号发生器的输出频率范围为 250kHz~20GHz(选件 520)等。

(2) 频率准确度。频率准确度是指信号发生器的频率指示值和其真值的接近程度,分为绝对准确度和相对准确度。绝对准确度是输出频率误差的实际大小,一般以千赫、兆赫等表示;相对准确度是输出频率误差与理想输出频率的比值,一般以 10 的幂次方表示,如 1×10^{-6}、1×10^{-8} 等。相对准确度的定义为

$$\alpha = \frac{f - f_o}{f_o} = \frac{\Delta f}{f_o} \times 100\% \qquad (3.61)$$

式中: $\Delta f = f - f_o$ 为绝对频率偏差。

(3) 频率稳定度。频率稳定度是指在外界环境不变的情况下,在规定的时间内,信号发生器的输出频率相对于设置值的偏差值的大小。频率稳定度的定义为

$$\delta = \frac{f_{max} - f_{min}}{f_o} \times 100\% \qquad (3.62)$$

式中: f_{max}、f_{min} 分别为信号发生器在 15min 内输出信号频率的最大值和最小值;f_o 为信号发生器的设置频率(标称频率)。

频率稳定度一般分为长期频率稳定度(长稳)和短期频率稳定度(短稳)。其中,短期频率稳定度是指经过预热后,在 15min 时间内信号发生器输出频率所发生的最大变化;长期频率稳定度则是指信号发生器在经过规定的预热时间后,信号频率在任意 3h 内所发生的最大变化。

在实际的信号发生器指标中,频率稳定度一般用内部时基参考振荡器的老化率表示。例如思仪公司的 1465C 信号发生器的时基老化率典型值为 $\pm10\times10^{-10}$/天(连续通电 30 天后);是德科技的 E8257D PSG 连续波和模拟信号发生器的时基老化率典型值为 $\pm2.5\times10^{-10}$/天(连续通电 30 天后)。

(4) 频率分辨力。频率分辨力是指信号发生器在有效频率范围内可得到并可

重复产生的频率最小增量。随着技术的不断进步，目前的信号发生器频率分辨率可以做到非常高。例如，是德科技的 E8257D PSG 连续波和模拟信号发生器，在连续波输出模式时，其频率分辨率为 0.001Hz；扫描模式输出时，频率分辨率为 0.01Hz。又如，思仪公司的 1465C 信号发生器的频率分辨率也达到了 0.001Hz。

2) 扫描特性

扫描功能是指信号发生器的输出频率、输出功率可以按要求的规律变化的功能。按频率及功率的变化情况，信号发生器的扫描可以分为斜坡扫描和数字扫描。其中，数字扫描又可细分为步进扫描和列表扫描。

（1）斜坡扫描，也称为模拟扫描，此时信号发生器的输出频率或功率在给定的频率和功率范围内呈线性的连续变化。

（2）数字扫描，是指信号发生器采用数字化方式实现频率或功率的不连续扫描。在步进扫描状态下，信号发生器的输出频率和功率在给定范围内按规定的步进变化。在列表扫描状态下，信号发生器的频率、功率的变化依据是事先给定的信号序列。信号发生器与扫描相关的技术参数主要包括扫描范围、扫描宽度、扫描时间、扫描准确度等。一般情况下，扫描列表中各个点的频率、功率及驻留时间均可单独设置。斜坡扫描及步进、列表扫描如图 3-35 所示。

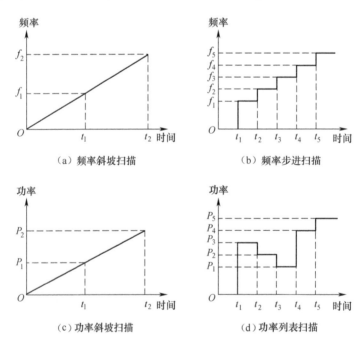

图 3-35　斜坡扫描及步进、列表扫描

3）功率特性

信号发生器的功率或幅度特性包括最大输出功率、最小输出功率、功率准确度、功率平坦度、功率分辨力等。功率特性示意如图3-36所示。

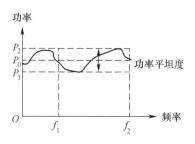

图3-36 功率特性示意图

（1）最大输出功率，是指信号发生器正常工作时可以输出的最大功率，一般以dBm表示。例如，是德科技的E8257D PSG连续波和模拟信号发生器的最大输出功率为+23dBm，思仪公司的1442A射频信号发生器的最大输出功率为+7dBm。

（2）最小输出功率，是指信号发生器正常工作时可以输出的最小功率，一般以dBm表示。例如，是德科技的E8257D PSG连续波和模拟信号发生器的最小输出功率为-135dBm；思仪公司的1442A射频信号发生器的最小输出功率为-120dBm。

（3）功率准确度，是指信号发生器的实际输出功率相对于设定值的变化情况。

（4）功率稳定度，与频率稳定度的定义类似，是指信号发生器经过规定的预热时间后，在规定的时间间隔内，输出信号的功率相对设定输出功率的变化量。

（5）功率平坦度，是指在输出频率变化时，输出功率随频率的变化情况。对于通常的信号发生器，功率平坦度可以通过多点修正以满足要求。

（6）功率分辨力，与频率分辨力类似，是指在有效功率范围内可得到并可重复产生的功率最小增量。例如，是德科技的E8257D PSG连续波和模拟信号发生器的功率分辨力可以达到0.01dB。

（7）剩余调幅，是指噪声引起的信号幅度的波动。剩余调幅并不影响频率的短期稳定度，但它却影响频谱纯度。剩余调幅的大小直接限制了信号发生器在调幅系统中的应用，它的单位通常是dBc，也可以用平均有效值来表示。

4）频谱特性

频谱特性是衡量输出信号的频率稳定性和频谱纯度等特性的一项非常重要的指标。信号发生器频谱特性指标主要包括单边带噪声、谐波寄生、分谐波寄生、非谐波寄生、相位噪声、剩余调频等，如图3-37所示。

（1）单边带（SSB）相位噪声，是指在载波频谱中对称边带的一半边带中，偏离载波一定频率，在1Hz带宽内对噪声的积分值与载波功率之比的对数值，单位

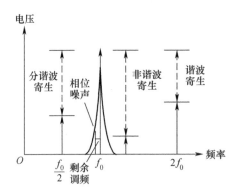

图 3-37 信号发生器的频谱特性

为 dBc/Hz。单边带相位噪声与三个因素有关,分别是相位噪声大小、偏离载波的频率和输出频率。

(2) 剩余调频,是指在载波情况下不需要的调频。它的实质是对载波边带中偏离载波一段频率(一个带宽)的连续积分,其结果表征了这段带宽的噪声功率。剩余调频与两个因素有关,分别是频率和测量带宽。一般来说,测量剩余调频的常用带宽为 300Hz~3kHz 和 50Hz~15kHz。

(3) 杂散,是指除谐波之外所有的离散频谱。一般情况下,产生杂散的原因是由混频和分频产生的,并且在频域上是相对于载波对称出现的。杂散与电源纹波有直接关系,它不仅会影响被测系统的性能,而且也会形成剩余调频和剩余调幅。

(4) 谐波,是指基波整数倍的频率分量。谐波电平是指总的谐波电平与基波电平比值的分贝数,单位是 dBc。在线性测量和宽带功率测量中,谐波限制了信号发生器的测量能力。一般情况下,信号发生器的谐波含量会随着输出频率的不同而有所变化,在高电平输出时谐波会变大。

(5) 非谐波,是指频率不满足基波整数倍的频率分量。非谐波电平是指某频率电平与基波电平比值的分贝数,单位是 dBc。

(6) 分谐波,是指频率为基波频率一半或几分之几的频率分量。分谐波电平常指基波频率一半的谐波电平与基波电平比值的分贝数,单位是 dBc。

5) 调制特性

大多数信号发生器都具有调制功能。调制包括模拟调制和矢量(数字)调制两大类。其中,模拟调制主要指幅度调制、频率调制、相位调制以及脉冲调制四种;矢量(数字)调制包括幅移键控(ASK)、相移键控(PSK)、频移键控(FSK)、正交幅度调制(QAM)等。当调制信号由信号发生器的内部产生时,称为内调制;反之,当调制信号由信号发生器外部产生时,则称为外调制。

(1) 幅度调制,是指载波幅度按照给定的规律改变而频率保持不变的调制方法。调幅信号如图 3-38 所示,与信号发生器幅度调制相关的主要指标包括调幅带宽、调幅频响、调幅因数/调幅深度、调幅失真、调幅灵敏度、调幅准确度等。

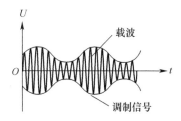

图 3-38 调幅信号

（2）频率调制,是指载波频率按照给定的规律改变而幅度保持不变的调制方法。调频信号如图 3-39 所示,频率调制的主要技术参数包括调频带宽、调频失真、调频频偏、调频频偏准确度、调频频偏灵敏度等。

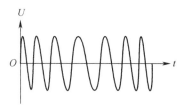

图 3-39 调频信号

（3）相位调制,简称为调相,是指载波的相位按照给定的规律改变的调制过程,是数字通信中常用的调制方式。与相位调制有关的技术参数包括调相带宽、调相失真、调相相偏、调相相偏准确度、调相相偏灵敏度等。

（4）脉冲调制,是指按给定规律,载波在未调制电平和零电平之间重复接通和断开而形成载波脉冲的过程。脉冲调制的主要技术参数包括脉冲重复周期、脉冲重复频率、脉冲宽度、开关比、上升下降时间、脉冲压缩、射频脉冲延迟、脉冲过冲、电平准确度等。

（5）幅移键控(ASK),是指以基带数字信号控制载波的幅度变化的调制方式。在该种调制方式下,数字调制信号的每一个特征状态都用正弦载波信号幅度的一个特定值来表示,而载波的频率和相位不变。

（6）频移键控(FSK),是指以基带数字信号控制载波的频率变化的调制方式。最常见的是用两个频率代表二进制 1 和 0 的双频 FSK 系统。根据已调波的相位是否连续,FSK 又可以分为相位连续的 FSK 和相位不连续的 FSK。

（7）相移键控(PSK),是指以基带数字信号控制载波的相位变化的调制方式。相移键控又可分为绝对调相和相对调相。绝对调相是指固定用某种相位的载波表示"1",用另一种相位的载波表示"0";而相对调相则是利用前后相邻码元的相对相位值来表示数据码元,例如,利用相邻码元载波相位(一般为初相)变化表示为"1",不变则表示为"0"。

(8) 正交幅度调制(QAM),是指利用两个正交载波的幅度调制来传输信息的调制方式。两个载波的相位通常相差 $\pi/2$,因此称为正交载波。与其他数字调制方式类似,QAM 发射信号集也可以用星座图来表示。星座图上的每一个星座点对应发射信号集中的一个信号,如果 QAM 的发射信号集数量为 N,则称为 $N-$QAM,如常见的 16-QAM、64-QAM 等。

3.2.2 函数及任意波形信号发生器

3.2.2.1 基本概念

函数信号发生器是指输出信号波形可以通过数学函数描述的信号发生器。常用的信号波形包括正弦波、三角波、锯齿波、方波和脉冲串等。为满足工程实际的应用需求,有些函数信号发生器还具备频率扫描、频率及幅度调制等功能。

在实际的测试应用中,除了需要产生上述规则的测试信号之外,有时还需要产生各种不规则信号,例如:复杂电磁环境下的通信导航、雷达、电子对抗等电信号;水下目标探测时的水声信号;装备工作中的机械振动信号等瞬变信号。这类信号的共同特点就是波形极不规则,不仅不能通过确定的数学函数进行描述,也无法通过常规的信号产生方法产生测试所需的物理信号,为此人们通过采集、存储、回放的方式设计出了能产生用户自定义信号的任意波形信号发生器。与传统的信号发生器相比,任意波形信号发生器最大的优势在于产生信号的方式灵活,除了可以生成正弦波、方波等标准信号外,还能够通过波形编辑、数据回放等专用软件,模拟产生被测对象在实际工作场景中的真实信号。

目前,函数信号发生器和任意波形信号发生器已经基本融为一体,原理上都采用直接数字合成等技术来产生所需的波形。由于波形产生原理的原因,输出频率一般不超过 2GHz,而输出频率的下限在理论上可任意地降低,甚至可以到直流。

3.2.2.2 函数信号发生器的基本工作原理

函数信号发生器通常以某种波形为基本波形,然后在此基础上,通过波形变换的方式产生所需的其他波形。早期使用较多的是采用振荡器等模拟方法产生三角波,在此基础上产生方波、正弦波等其他波形。近年来,随着专用集成电路及数字合成技术的发展,采用模拟原理的函数信号发生器已基本不再发展,转而采用直接数字合成的方案。下面对基于模拟合成原理的函数信号发生器做简单介绍。

1) 三角波产生电路

从上述的分析可知,模拟函数信号发生器的关键是基本信号(三角波信号)的产生。由于需要在一个较宽的频带范围内产生三角波,因此目前最常用的产生电路是由比较器和触发器为主构成的门限判定振荡电路,如图 3-40 所示。

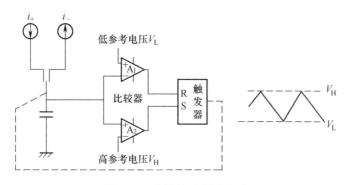

图 3-40　门限判定振荡电路

图 3-40 中,i_+、i_- 是两个性质完全相同、电流方向相反的电流源,在 RS 触发器输出的控制下分别对电容 C 进行充电;A_1、A_2 为两个运算放大器构成的比较器,将电容上的充电电压与比较器的高、低基准电压进行比较,当电容两端的电压大于 V_H 或小于 V_L 时,分别输出到 RS 触发器的置位及复位端;RS 触发器根据其输入的复位、置位信号,输出相应幅度、相应频率及占空比的方波信号。

正常情况下,由于两个电流源的电流恒定且参数相同,因此充电电流为常数,这样振荡器的频率就与 V_H、V_L 呈线性关系,改变两个电压的设置值可以改变振荡电路的振荡频率;而输出波形的占空比可以通过调节 i_+、i_- 的电流值,从而改变电容充电到固定电压的时间来实现。为使输出频率不变,在改变 i_+、i_- 时,只需改变二者的相对比例,而不能改变总和。

从电容器端可以得到三角波,触发器输出端是方波信号,而比较器的输出端则是窄脉冲。

2) 正弦波产生电路

在实际的电子测量工作中,使用最多的还是正弦波信号,因此在通过上述电路产生三角波信号以后,就需要通过某种电路完成三角波到正弦波的变换。

通常的方法是用一个低通或带通滤波器从三角波中选择所需的基波,然而这在实际情况下是很难做到的,原因就是所需的滤波器高端截止频率必须很宽,而且滤波器的频带还应是可调的,以适应不同频率的输出信号需要,而这样的滤波器基本无法实现。一个可行的方法是将三角波信号通过一个非线性电路,实现波形变换,只要该电路的传输函数满足正弦要求即可。目前常用的是分段折线逼近的波形综合法,该方法实现的二极管正弦波形成电路如图 3-41 所示,省去了难以实现的可调滤波器,但其输出波形的失真程度则取决于传输函数的正弦失真度。在对信号的失真要求不太高的情况下,该方法还是比较有效的。

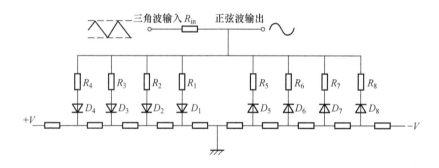

图 3-41 二极管正弦波形成电路

正弦波可以看成是由许多斜率不同的折线段组成的,如图 3-42 所示。如果折线段选得足够多,并适当选择转折点的位置,便能得到较为逼真的正弦波。斜率不同的折线段可由三角波经分压得到,因此,将三角波经过分压系数不同的电路网络,便可得到近似的正弦波输出。

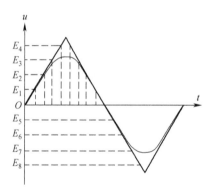

图 3-42 正弦波折线近似

图 3-41 中用二极管和电阻构成三角波的"限幅"电路,它实际上是一个由输入三角波控制的可变分压器,其中 $D_1 \sim D_4$ 实现正弦波正半周的近似,$D_5 \sim D_8$ 实现负半周的近似。当然,分压网络的级数越多,逼近的程度也就越好。为了保证输出信号有较小的失真,通常将正弦波一个周期分成 22 段或 26 段,用 10 个或 12 个二极管组成分压网络,这种正弦波成形网络所获得的正弦信号失真可以小于 0.5%。

除此之外,还有利用场效应管的 I_D-U_{DS} 曲线中的正弦关系区域,通过场效应管和放大器组成的正弦波转换电路如图 3-43 所示,详细电路工作原理可以参见相关参考资料。

3) 调制

根据测试测量工作的实际需要,函数信号发生器一般都需要有调制功能,常用

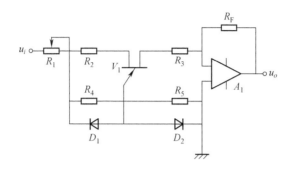

图 3-43 场效应管正弦波转换电路

的调制方式是调幅、调频,部分函数信号发生器还要具有脉冲调制的功能。在以上电路中实现频率调制比较方便,只需通过调制信号电压改变三角波产生电路的基准电压,从而改变一定条件下的电容充放电时间,即可改变输出三角波信号的频率。幅度调制相对困难,因为需要同时增加门限电压和电流源的充放电电流,通常的做法是在后面的波形输出电路增加一级可变增益放大电路,调制信号直接控制电路的放大倍数,从而实现输出电压的调制。

3.2.2.3 任意波形信号发生器的工作原理

任意波形信号发生器的设计核心是产生频率可变的任意波形信号。随着计算机及集成电路技术的发展,目前的基本设计思想是通过现场采样、数学计算或者其他方法产生所需重现信号的数字化波形数据,将数字化的波形数据存入由非易失性存储器(RAM)构成的波形参数存储器中,存储器的各地址单元顺序与波形的取样点相对应。波形产生时,由微处理器根据所需输出的波形参数,控制地址产生电路产生随机存储器的地址,在其他信号的配合下,把波形参数存储器中的波形数据按顺序读出,经 D/A 转换、信号调理等电路处理后,获得所需的波形信号。

显然,由于数字波形数据采样及波形生成时 D/A 转换电路的量化作用,由该方法产生的信号波形会带有一些小的阶梯,称为量化误差。要减小量化误差,一种方法是增加取样点和取样精度,然而,过多增加取样点,会使输出信号的频率难以提高。另一种方法是增加输出滤波器,使输出波形得以平滑,减小量化噪声。

如图 3-44 所示,CPU 是电路的控制核心,根据仪器人机接口的交互信息,控制各个单元电路协同工作;波形 RAM 和调制 RAM 中存储载波的波形和调制信号的数字波形数据;DDS 单元根据 CPU 的控制,产生满足一定频率要求的波形 RAM 及调制 RAM 的地址及其他控制信号;电路中的滤波器根据输出波形的不同对 DDS 输出的信号进行不同的滤波处理;方波形成电路采用高速比较器,输出占空比可调的方波信号;调幅电路利用乘法器,实现调幅功能。另外根据需要,电路中可能还有幅度乘法器、加偏电路、线性放大器等电路,根据对输出信号的不同要求,实现对输出波形的幅度、偏移等控制。

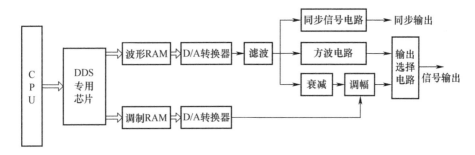

图 3-44 任意波形信号发生器基本组成原理

目前,大部分的任意波形信号发生器都提供相对应的可以在计算机上独立运行的波形编辑软件,利用计算机的数据处理能力来生成或导入用户自定义的信号。常用的波形生成方法是在标准波形产生的基础上,通过将多个标准波形组合以生成一个用户需要的任意波形。标准波形常用数学的方法产生,常用的数学函数有 sin( )、cos( )、exp( )、log( )、sqrt( )、abs( )、int( )、max( )、min( ) 等。

波形编辑软件提供的波形处理方法多种多样,例如:手动绘制波形;波形的水平或垂直拉伸(压缩);波形的水平或垂直翻转;波形的剪切、粘贴、复制。某些波形编辑软件还支持波形的加、减、乘、除等操作。

3.2.2.4 函数及任意波形信号发生器的主要技术指标

1) 函数信号发生器的主要指标

函数信号发生器的主要技术指标包括以下几个方面。

(1) 输出波形。通常的函数信号发生器输出波形有正弦波、方波、脉冲和三角波等,有的还具有锯齿波、斜波、TTL 同步输出及单次脉冲输出等。

(2) 输出频率范围。通常情况下,受器件参数等条件的限制,函数信号发生器的输出频率范围一般分为若干频段,如 1Hz～100Hz、100Hz～10kHz、10～100kHz 等波段。

(3) 输出电压范围。对于正弦信号,一般指输出电压的峰峰值;对于脉冲数字信号,则指其输出信号电平,一般满足 TTL 和 CMOS 输出电平的需求。

(4) 波形特性。一般指输出波形的频率稳定度、频率准确度、波形失真等。

(5) 输出阻抗。函数信号发生器的输出阻抗一般是 50Ω,TTL 同步输出的阻抗一般为 600Ω。

2) 任意波形信号发生器的主要指标

任意波形信号发生器的指标大多与函数信号发生器相近,但由于其独特的原理及结构,因此也有部分指标与函数信号发生器不同。

(1) 幅度分辨力。幅度分辨力是指任意波形信号发生器输出电压幅度的分辨能力,主要取决于 D/A 转换器的性能。目前,多数任意波形信号发生器采用 12 位或 14 位分辨率的 D/A 转换器。

(2) 相位分辨力。相位分辨力是指波形的时间分辨能力,通常是指波形存储器存储样点的点数,也可以定义为存储器的深度或容量。当然,存储的波形样点越多,意味着产生波形的失真越小,尤其是对慢速变化的波形来说,在一定的采样率下,为了表现一个信号细节的变化过程,则需要很大容量的存储器。

(3) 最高采样率。任意波形信号发生器的最高采样率是指输出波形样点的速率,它表征输出波形的最高频率分量。按照取样定理,采样率至少要比产生的最高频率分量高一倍,但仅满足以上条件时,信号会出现比较严重的失真。因此,实际的任意波形信号发生器工作时,采样率往往要高于 2 倍输出信号的最高频率。例如,是德科技公司的 33250 函数/任意波形信号发生器的采样率可以达到 200MSa/s;思仪公司的 1652A 函数/任意波形信号发生器的采样率可以达到 2.5GSa/s。

(4) 存储深度。存储深度有时也称为记录长度,对应任意波形信号发生器中的波形存储器容量,决定可以存储的最大样点数量。存储深度在信号保真度中发挥着重要作用,它决定着可以存储多少个数据点来定义一个波形。提高存储深度,可以存储更多周期的波形,存储更多的波形细节,还原复杂的信号。例如,是德科技公司的 33250 函数/任意波形信号发生器的存储深度可以达到 64k 点。

(5) 带宽。带宽通常指任意波形信号发生器输出电路的模拟带宽,一般以正弦波输出时的 3dB 点定义其带宽。任意波形信号发生器的输出带宽与输出滤波器等的性能相关,并直接限制了其输出信号的最高频率。针对正弦波、方波、三角波、脉冲波等不同信号,任意波形信号发生器输出信号的最高频率一般都不相同。例如,思仪公司的 1652A 函数/任意波形信号发生器在正弦波输出时的带宽最高为 500MHz。

(6) 输出通道数量与输出信号种类。输出通道数量是指任意波形信号发生器是单通道输出还是双通道或多通道输出。通常在多通道输出时,通道间具有同步的功能,各输出通道之间的相位差可以控制,以产生满足特定需求的信号。多数信号发生器还具有调制输出的功能,可以产生常用的 AM、FM、PM 等模拟调制信号,以及 ASK、FSK、PSK、PWM 等数字调制信号。有些信号发生器还集成有多个数字输出通道,用于数字系统的测试。

3.2.3 脉冲信号发生器

3.2.3.1 基本概念

脉冲信号通常是指持续时间较短、宽度及幅度有特定变化规律的电压或电流信号。常见的脉冲信号有矩形、锯齿形、阶梯形、钟形、数字编码序列等,如图 3-45 所示。

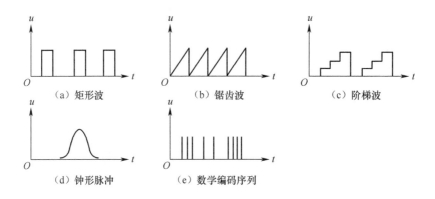

图 3-45　常见的脉冲信号

脉冲信号发生器可以产生不同重复频率、不同宽度和幅度的脉冲信号,是脉冲与数字电路等方面科研与生产不可或缺的仪器设备,广泛应用于雷达、电子对抗、通信、导航、集成电路和半导体器件测试等电子测量领域。在航空通信导航装备的研制生产及维护保障中,经常需要对视频放大器以及其他宽带电路的幅频特性、开关及逻辑电路的响应时间等指标进行测试,都需要用到脉冲信号发生器。另外,在对示波器等仪器进行检定与计量时,也需要脉冲信号发生器提供标准测试信号。脉冲信号发生器已成为时域测量的重要仪器。

脉冲信号发生器的分类方法有很多。按照频率范围,脉冲信号发生器可以分为射频脉冲信号发生器和视频脉冲信号发生器。前者一般是通过将高频或超高频信号发生器的输出信号受矩形脉冲的调制而获得,而常用的脉冲信号发生器都是以产生矩形脉冲为主的视频脉冲信号发生器。按照用途和产生脉冲的方法,脉冲发生器又可以分为通用脉冲信号发生器、快速(广谱)脉冲信号发生器、函数信号发生器、数字化可编程脉冲信号发生器及特种脉冲信号发生器等。

1) 通用脉冲信号发生器

通用脉冲信号发生器是最为常用的脉冲信号发生器,可以产生频率、延迟时间、脉冲持续时间、脉冲幅度等参数在一定范围内调节的脉冲信号。通用脉冲信号发生器除可以输出主脉冲外,还可以输出与主脉冲之间具有一定时间关系的同步脉冲,用于某些装备测试对时间相关信号模拟的需求。通用脉冲信号发生器主要向集成化、多功能、高可靠性等方向发展,在高频、大功率输出等方面还需进一步提高。目前常用的脉冲信号发生器主要有单脉冲信号发生器、双脉冲信号发生器、群脉冲信号发生器等,其最高频率可达 500MHz 以上,前后沿小于 100ps。

2) 快速脉冲发生器

快速脉冲发生器以快速脉冲前沿为主要特征,常用于数字通信、雷达等领域电路的时域瞬态特性测试。基于快速脉冲信号的宽频谱特性,在时域测试中,快速脉冲信号发生器常用于提供宽谱的激励信号,尤其在微波网络、宽带元器件的时域测试中,脉冲信号发生器相当于频域测试中的扫频信号源。理论上脉冲信号可以产生无限的频谱,但是在实际测量中由于器件、电路、工艺以及噪声等因素的限制,其频谱也还是有限的。快速脉冲信号发生器的发展趋势是提高波形质量、边沿上升(下降)时间和幅度等指标,这都取决于器件发展的水平。目前常用的快速脉冲信号发生器有大幅度快速脉冲信号发生器和小幅度快速脉冲信号发生器等。

3) 数字化可编程脉冲信号发生器

数字化可编程脉冲信号发生器是随着微处理器技术特别是总线技术及自动测试系统的出现而高速发展并进入实用的,具备通用脉冲信号发生器的全部输出特性,但在此基础上突出了其程控能力,通过程控接口可接受多种数据源(如计算机等)的控制,产生测试所需的脉冲信号,成为自动测试系统的一个组成部分。目前数字化可编程脉冲信号发生器大多采用了数字化可编程技术,并带有串行数据输出能力,其发展方向是高精度及高度自动化。

4) 特种脉冲信号发生器

特种脉冲信号发生器也称为专用脉冲信号发生器,具有特定用途,并对某些参数有特殊要求,主要包括精密延迟脉冲信号发生器、稳幅脉冲信号发生器、高压脉冲信号发生器、功率脉冲信号发生器等。

3.2.3.2 脉冲信号发生器的基本工作原理

1) 脉冲信号发生器的基本组成

脉冲信号发生器的原理框图如图 3-46 所示。虽然各种类型的脉冲信号发生器各有特点,但一般均包括主振级、延时级、脉冲形成级、整形级、输出级等。

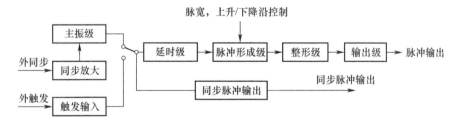

图 3-46 脉冲信号发生器的原理框图

(1) 主振级。主振级的主要功能是形成周期性的振荡信号,从而确定输出脉冲的重复频率。主振级一般需要具有较高的频率稳定度和较宽的频率调节范围。为了输出良好的同步脉冲,主振级的输出信号还应具有陡峭的前沿和足够的幅度。主振级通常由自激振荡器或专用的频率合成电路构成。外同步电路将各种不同波形、幅度、极性的外同步输入信号经整形、放大后,转换成能触发延时级正常工作的触发信号。如果使用外触发信号,则可以将外触发信号经过同步放大后直接作为延时级的触发信号,这时仪器的输出脉冲重复频率将与外触发脉冲相同,这有利于保证测试时的系统同步。

（2）延时级。在雷达、电子对抗及通信导航装备的测试中,经常需要模拟发射电磁信号的回波脉冲信号,这时脉冲信号与同步脉冲之间有一个可调节的时间间隔,需要通过延时级电路完成。延时级电路通常由单稳态电路和微分电路等组成,在全频段内其输出要满足一定的延时和幅度要求,以便能够正常触发下一级电路。

（3）脉冲形成级。该部分电路的主要功能是形成矩形脉冲波形,并实现脉冲宽度的调节。它是脉冲信号发生器的关键部分,通常由单稳态触发器等脉冲电路组成,要求有较高的稳定性。该部分电路涉及的关键技术较多,包括高速脉冲波形生成、极窄脉冲波形生成等技术。

（4）整形级。该部分电路的主要功能是改善矩形脉冲的形状,确保生成脉冲的质量,同时还具有电流放大的作用,以满足输出级的激励要求。高速脉冲信号发生器的这一级电路常采用高速器件对输入脉冲进行整形,以输出满足指标要求的脉冲信号。

（5）输出级。该部分电路的主要功能是完成输出脉冲的幅度、电平控制和输出阻抗的调节,一般包括输出衰减电路、放大电路、输出阻抗匹配电路以及输出控制电路等。

2）脉冲信号发生器的关键技术

（1）高速脉冲生成技术。由于前期的电子测量领域对脉冲信号的速度及上升、下降沿等指标的要求并不高,因此通过传统的脉冲发生电路可以产生满足要求的矩形脉冲,这种电路一般由开关元件和惰性网络组成,利用各种形式的多谐振荡器直接产生矩形波或者利用脉冲整形电路(单/双稳态触发器等)将现有的各种触发信号变换成符合要求的矩形脉冲波形。但随着技术的进步,测试测量中对高速脉冲的需求越来越高,如何生成纳秒甚至皮秒级的脉冲也逐渐成为脉冲信号发生器设计的热点。高速脉冲产生的核心是由以高速器件为主构成的高速脉冲产生电路。就目前来看,可以产生纳秒、皮秒级脉冲的高速器件,有隧道二极管、雪崩晶体三极管、阶跃恢复二极管、耿氏器件等分立元件,ECL门电路、转移电子器件逻辑电路、超导逻辑电路、砷化镓场效应管逻辑电路等集成电路,以及脉冲放电管及光导开关。其中,应用最为普遍、最具代表性的器件为雪崩三极管、隧道二极管和阶跃恢复二极管。

（2）可编程数据式脉冲发生技术。如图3-47所示,可编程数据式脉冲发生技术是基于可编程数据发生技术实现的一种脉冲生成技术,是随着高速串行数据产生技术的发展而发展的。它通过高速串行数据产生的方式来生成脉冲波形,即脉冲信号的高电平状态和低电平状态是与可编程数据的"1"和"0"相对应的。因此,该技术产生的脉冲信号的脉冲宽度通过设置对应数据列中连续"1"的个数(正脉冲输出)或连续"0"的个数(负脉冲输出)来控制和调整,而信号延迟也是通过在对应脉冲波形的数据列前添加 n 个"0"数据或 n 个"1"数据来控制。

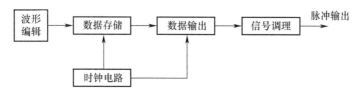

图 3-47　可编程数据脉冲信号发生器组成原理

利用该技术实现的脉冲信号发生器具有编程功能强,以及脉冲波形和信号延迟控制方便等优点,并且具有多种脉冲宽度的脉冲序列输出功能,多采用数字集成,易于实现高速脉冲输出。因此,国外著名仪器公司都有基于此技术的脉冲信号发生器。但由于该技术的原理所限,其输出脉冲的脉冲宽度及延迟的分辨力较低(一个时钟周期),因此难以产生极窄脉冲信号,应用领域有限。

(3) 脉冲波形数字合成技术。脉冲波形的合成原理如图 3-48 所示。系统根据需要产生每个脉冲的触发信号,触发信号根据用户指定的延时数据,产生一定的脉冲延时,并在延时后产生该脉冲的上升沿触发信号和下降沿触发信号,在上升沿触发信号到来时置为高电平,在下降沿触发信号到来时置为低电平,由此形成一个脉冲波形。脉冲的周期由触发信号的周期决定,脉冲的延时以及脉冲宽度均由相对触发信号的延时量决定。

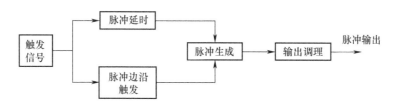

图 3-48　脉冲波形合成原理

(4) 信号调理技术。对于脉冲信号来说,通过信号调理电路对输出脉冲信号的波形参数进行调整是非常有必要的。作为信号发生器中的关键部分,信号调理部分综合了信号的接收、整形、程控衰减/放大、阻抗匹配等电路,其组成框图如图 3-49 所示。

对于一个高性能的信号发生器,波形整形和程控放大部分是直接决定输出脉冲性能参数的关键部分。尤其是对高速脉冲信号发生器而言,波形整形是通过使用隧道二极管、阶跃恢复二极管等高速器件对脉冲进行整形,可以使脉冲的边沿、脉宽等参数满足要求;程控放大是通过可控集成运算放大器、脉冲信号调理专用集

图 3-49 信号调理电路组成框图

成电路等来实现。

3.2.3.3 脉冲信号发生器的主要技术指标

(1) 频率特性。频率特性主要指输出脉冲的重复频率或重复周期及其分辨力。

(2) 脉冲宽度。脉冲宽度是指单个脉冲上升和下降沿幅度 50% 两点之间的时间间隔。在已知频率的情况下,脉冲宽度可以用占空比表征。目前脉冲信号发生器占空比的可调范围为 0.5%~99.9%。脉宽分辨力也达皮秒级。

(3) 脉冲延时。如图 3-50 所示,脉冲延时是指触发脉冲与输出脉冲的 50% 幅度处的时间间隔。由于器件延时及电路的反应时间等因素造成的输出脉冲与触发脉冲之间的一个不可避免的时间延时,通常称为固定延时;可以根据测试要求设置的输出脉冲信号与触发脉冲之间的延时,称为可变延时。脉冲信号的延时在雷达、电子对抗、通信导航等装备测试中有着重要的作用。

(4) 上升/下降时间。如图 3-50 所示,上升/下降时间是指输出脉冲的上升或下降边沿的转换时间。脉冲信号发生器的上升/下降时间的调节范围及调节精度决定了脉冲信号发生器的通用性和适用性。

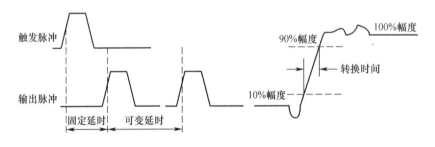

图 3-50 脉冲参数示意图

(5) 电平特性。脉冲信号的电平特性主要包括脉冲的幅度、幅度精度等。不同的测试需求对脉冲幅度的要求是不同的,例如磁控管、闸流管、行波管等高压大功率器件的测试需要高压脉冲信号,而大部分的测试只需要 5V 以下的稳幅脉冲信号即可,但有时要求脉冲幅度可以精确调节。

(6) 波形失真。波形失真主要指脉冲信号的过冲、振铃等。过冲是指脉冲边沿位置幅度的失真。振铃是指脉冲正峰和负峰处的失真,包括脉冲顶部和底部的过冲。如图 3-51 所示,为了保证脉冲信号的质量,过冲和振铃都必须在一定的范围内,以保证被测设备不会被过高的过冲和振铃干扰而导致工作不正常。

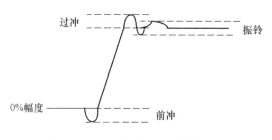

图 3-51　脉冲信号的过冲和振铃

3.2.4　射频合成信号发生器

3.2.4.1　基本概念

射频合成信号发生器是指利用频率合成的方式产生射频频段信号的信号发生装置,输出信号一般是正弦波或以正弦波为载波的调制信号。在电子测量领域中,射频合成信号发生器是使用最为普遍的测量仪器,如器件/部件测试、射频器件驱动、电磁干扰/电磁兼容及其他仪器仪表校准/检验等,以上应用中对信号发生器的一般要求是具有调频、调幅、调相、脉冲调制以及数字调制等功能,输出频率范围较宽,输出功率准确等。具体到机载通信导航设备的测试中,无论是一个放大器频响特性的简单测试,还是接收机灵敏度、静噪灵敏度、选择性、互调干扰性等测试,都离不开射频合成信号发生器在一个较宽的频率范围内提供的稳定、准确的载波或调制信号。

一般来讲,射频频段并没有严格的定义,人们通常只是用来区别于微波频段和毫米波频段以及频率更高的亚毫米波频段。通常,射频频率上限不超过 3GHz,但随着通信技术发展的需要,射频频率范围也在不断向上扩展。尤其是随着电子技术特别是计算机技术和通信技术的飞速发展,目前所说的射频频率上限已经达到了 6GHz,基本上覆盖了机载通信导航设备的工作频段。

随着现代电子技术的发展,越来越多的数字技术被引入频率合成设计领域,DDS、小数分频、数字补偿等技术手段更加完善,在频率合成中的地位也更加重要,再结合其他先进电子设计技术,为射频合成信号发生器的研制、生产及广泛应用提供了良好的物质基础。目前射频合成信号发生器具有以下显著的特点。

1) 频率分辨力更高

由于受直接频率合成中的标准频率信号数量以及间接频率合成中的锁相环参考频率及锁相速度等问题的限制,前期的射频合成信号发生器的频率分辨力一般在 1kHz 左右。随着直接数字频率合成(DDS)、小数分频等技术的快速发展,目前信号发生器频率分辨力已经得到了很大的提高。例如思仪公司的 1422 射频合成信号发生器的频率分辨力已经达到了 0.01Hz,甚至可以设置为 0.001Hz。

2) 调制性能更好

为满足机载通信导航设备等军事装备的测试需求,射频合成信号发生器的调制性能也在逐渐发展,调制功能更加丰富,调制的技术指标也有很大的提高。例如,思仪公司的 1422 射频信号发生器的调制方式包括脉冲调制、幅度调制、频率调制、相位调制、矢量调制等多种调制方式,调制深度、调制准确度、调制失真等指标也都有较大的提高。

3) 使用更加便捷

由于电子元器件及仪器设计加工技术的快速发展,目前射频合成信号发生器体积更小,重量更轻,控制及显示等人机界面也都有了长足的进步,更加方便使用者使用。

3.2.4.2 直接及间接频率合成

频率合成是指由一个或多个高稳定的基准频率(一般由高稳定的石英晶体振荡器产生),通过基本的代数运算(加、减、乘、除),得到一系列所需的频率的过程。所有输出频率均具有与基准频率相同的高稳定度。

频率合成的方法很多,但基本上分为两类,分别是直接频率合成法和间接频率合成法。直接频率合成又可分为模拟直接合成和数字直接合成。模拟直接合成是采用基准频率通过谐波发生器,产生一系列谐波频率,然后利用混频、倍频和分频进行频率的算术运算,最终得到所需的频率;数字直接合成法则是利用 D/A 转换电路,将存储在波形数据存储器中的波形数据读出,再进行 D/A 转换,从而得到一定频率的输出波形的方法。间接频率合成则是通过锁相技术进行频率的算术运算,最后得到所需频率的频率合成方法。

1) 模拟直接频率合成

模拟直接频率合成是通过基准频率混频、倍频和分频等方法产生一系列频率信号,并用窄带滤波器将其选出。图 3-52 所示为通信中常用的 3.628MHz 信号的模拟直接频率合成原理框图。

高稳定的石英晶体振荡器,产生 1MHz 的基准频率信号,通过谐波发生器产生各种频率的谐波,由高性能的滤波器组选出 2~9MHz 频率的谐波。根据需要,在各次谐波的基础上,通过分频、混频、滤波等手段将各个信号进行组合处理,最后得到 3.628MHz 的输出信号。

模拟直接频率合成的优点是频率转换时间小,频率切换迅速,相位噪声很低。缺点是输出频点少,杂散大,电路硬件结构复杂,需要大量的倍频器、混频器、分频器和窄带滤波器,仪器体积大,价格昂贵,因此目前已很少采用。

2) 数字直接频率合成

数字直接频率合成也称为直接数字频率合成(DDS),是基于取样技术和数字

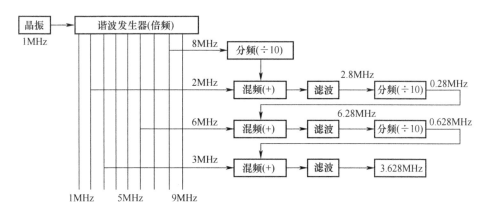

图 3-52 模拟直接频率合成原理框图

计算技术,将先进的数字信号处理理论方法与信号合成及仪器技术相结合而发展起来的一种新的频率合成方法。

如图 3-53 所示,DDS 的基本原理是把归一化单位振幅的正弦信号一个周期的相位(2π 弧度)等分成 2^A 个点,求出每个相位所对应的正弦函数值,并用 N 位二进制数表示,写入只读存储器(ROM)中。信号产生时,在控制计算机及高稳定的时钟等信号的控制下,依次读取 ROM 中每个存储单元的离散正弦函数值,经 D/A 转换后得到需要的模拟正弦信号,输出信号的频率可以通过改变控制 ROM 读取的时钟频率来实现,输出幅度的调节则可以通过信号调理电路来实现。

按以上分析,如果一个周期的相位点数为 2^A,控制 ROM 读取的参考时钟周期为 T_r,则完成一个周期的数据读取与 D/A 转换所需要的时间为 $t = T_r \times 2^A$,相应的输出信号的频率为 $f_o = \dfrac{1}{T_r \times 2^A} = \dfrac{f_r}{2^A}$。

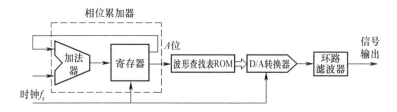

图 3-53 直接数字频率合成原理图

实际设计时,通常保持参考时钟的频率不变,但在读取 ROM 表时,采用每 K 个点读取一次的方法,将完成一个 2π 周期数据读取的时间缩小为原来的 $1/K$,此

时输出信号频率为 $f_o = \dfrac{K}{T_r \times 2^A} = K\dfrac{f_r}{2^A}$，从而将输出频率提高了 K 倍。当 $K=1$ 时，输出频率最低，即 DDS 的最小频率分辨率 $f_{\min} = \dfrac{f_r}{2^A}$。当 $K = 2^{A-1}$ 时，DDS 的输出频率最高，此时有 $f_o = \dfrac{2^{A-1}}{T_r \times 2^A} = \dfrac{f_r}{2}$。$K$ 称为频率控制字，一般通过微处理器预置。对 ROM 的寻址可以通过相位累加器实现，相位累加器的相位在参考时钟的控制下以 $\dfrac{2\pi}{K \times 2^A}$ 为步进进行累加，相位累加器的输出即作为存储器的地址。

继续前面的分析。设 DDS 相位累加器的位数为 A，频率控制字为 K，DDS 的最大输出频率为 $f_{o\max}$，时钟采样频率为 f_r。根据采样定理，输出频率与采样频率之间需满足 $f_{o\max} \leqslant \dfrac{f_r}{2}$，即 $f_o = \dfrac{K}{T_r \times 2^A} = K\dfrac{f_r}{2^A} \leqslant \dfrac{f_r}{2}$，因此有

$$K \leqslant 2^{A-1} \tag{3.63}$$

当频率控制字 $K=1$ 时，输出频率最小，即 $f_{\min} = \dfrac{f_r}{2^A}$。在参考时钟频率一定的条件下，输出频率的分辨率是由相位累加器的位数决定的，有 $\Delta_f = f_{\min} = \dfrac{f_r}{2^A}$。假设参考时钟的频率为 1.25GHz，累加器相位为 32 位，则频率分辨率为 0.29Hz。而 K 改变时，其频率分辨率不会发生变化，因此 DDS 可以解决所谓的"快捷变"与"小步进"之间的矛盾。另外，虽然从上面的分析可以得到，DDS 的最大频率为 $f_{o\max} = \dfrac{f_r}{2}$，但是如果一个完整信号波形点数过少，则重现后的波形失真将非常严重，虽然可以经过后续的滤波等信号调理，但最终的信号质量也很难满足要求。同样，由于 D/A 转换器、存储器等器件的限制，因此 DDS 输出频率的上限一般不高，目前仍只能达到几十兆赫兹。

DDS 的优点是能够有效解决频率的快捷变和小步进之间的矛盾，且集成度高。其缺点是频率上限较低，杂散也比较大。具体有以下几点。

（1）频率分辨率高，频点数多。从以上的分析可以看出，直接数字频率合成器的输出频率分辨率和频点数随相位累加器的位数呈指数增长，分辨率可达 0.001Hz 或更高，可满足精细频率控制的要求。

（2）频率转换快。DDS 是一个开环系统，无任何反馈环节，它的频率转换时间主要由频率控制字状态改变所需的时间及各电路的时延所决定，频率转换时间可达纳秒级。

(3) 相位连续。由于只需改变累加器累加步长就可以改变 DDS 的输出频率，而不需要改变原有的累加值，因此 DDS 变频时相位是连续的。

(4) 信号相干。由于通过 DDS 产生的所有频率都是由同一时钟源控制得来的，因此所产生的信号都是相干信号，在通信、雷达、导航等设备中都有极好的应用。

(5) 相位噪声小。DDS 的输出频率由数字控制直接产生，没有反馈环路，因此 DDS 输出信号的相位噪声主要取决于参考源的相位噪声。一般情况下，参考源的相位噪声可以通过一些措施做到足够小。

(6) 便于调制。在目前的技术条件下，得益于大规模集成电路技术的快速发展，DDS 芯片都可以提供相位、频率和幅度调制接口，也可方便地实现线性调频、FSK、PSK、GMSK 等数字调制。

(7) 接口丰富。目前 DDS 芯片都可以提供微处理器接口，易于控制，使用方便。

3) 间接频率合成

锁相环是一个利用信号间的相位差产生控制电压，调谐压控振荡器产生目标频率的负反馈控制系统，是实现间接频率合成的主要手段。如图 3-54 所示，锁相环一般由鉴相器（PD）、环路滤波器（LPF）、压控振荡器（VCO）及基准晶体振荡器等部分组成。由于频率是相位对时间的微分，因此当两个输入信号的相位同步时，这两个电信号的频率也就保持了一致。

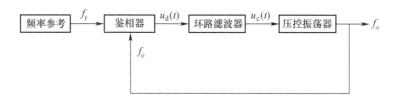

图 3-54 锁相环的基本原理框图

(1) 鉴相器。鉴相器通常简称为 PD，用于实现锁相环中两个信号的相位比较，并产生与两信号相位差成比例的误差电压。

(2) 环路滤波器。环路滤波器简称为 LPF，用于滤除鉴相器输出的误差电压中的高频成分和噪声，以满足后续压控振荡器对输入电压的要求，保证环路性能，提高系统的稳定性。

(3) 压控振荡器。压控振荡器简称为 VCO，是一个输出频率受输入电压控制的振荡器。

锁相环开始工作时，VCO 按固有频率振荡，输出信号的频率 f_o 与参考信号的

频率 f_r 没有固定关系,经鉴相器后生成代表二者相位差的误差电压 $u_d(t)$;误差电压经低通滤波器滤波后,形成 VCO 的控制电压 $u_c(t)$,控制 VCO 的输出频率向靠近参考频率的方向调整;在一定条件下,通过多次反馈调整,f_o 与 f_r 的频率越来越近,最终 $f_o=f_r$,鉴相器的输出不再变化,环路进入"锁定"状态。此时虽然所需的输出频率来自 VCO,但由于环路处于锁定状态,因此输出频率的稳定度等技术指标却与基准频率相同。

在射频合成信号发生器中,由于信号发生器都有一定的输出频率范围,且在频率范围内可调,因此需要不同形式的锁相环,以满足要求。

常用的锁相环主要有倍频式锁相环、分频式锁相环、混频式锁相环以及多环合成式锁相环等。

(1) 倍频式锁相环。倍频式锁相环是实现对输入频率进行乘法运算的锁相环。倍频式锁相环主要有谐波倍频环和数字倍频环。

谐波倍频环如图 3-55 所示。谐波倍频环首先将输入的频率为 f_r 的参考信号 $u_r(t)$ 经过谐波生成网络,并从中选出所需的频率为 Nf_r 的谐波信号;在鉴相器中将该信号与 VCO 的输出信号进行相位比较,产生代表二者相位差的误差电压;经 LPF 低通滤波后,送入 VCO 调节压控振荡器的输出频率;待环路锁定后,环路的输出信号频率 $f_o = Nf_r$,实现了对输入参考频率的 N 倍频。

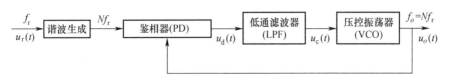

图 3-55 谐波倍频环

数字倍频环如图 3-56 所示。数字倍频环是在反馈回路中加入数字分频器,将输出信号经过 N 分频后送入鉴相器,与基准频率信号进行比较,当环路锁定时有 $f_o = Nf_r$。

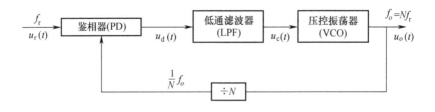

图 3-56 数字倍频环

(2) 分频式锁相环。分频式锁相环实现对输入信号频率的除法运算,根据其实现的原理不同,有两种基本形式,分别是谐波分频环和数字分频环。

谐波分频环如图 3-57 所示。谐波分频环将输出信号的频率通过谐波生成网络生成多次谐波,并从中取出需要的频率 Nf_o。在鉴相器中将输入参考频率与输出频率的 N 次谐波进行相位比较,当环路锁定后,输出频率 $Nf_o=f_r$,即 $f_o=\dfrac{f_r}{N}$,实现了对输入信号的 N 次分频。

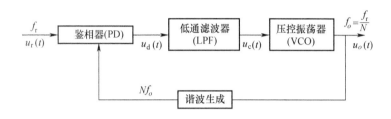

图 3-57 谐波分频环

数字分频环如图 3-58 所示。在数字分频环中,首先将输入的基准信号进行 N 分频,然后将频率等于 f_r 的 $\dfrac{1}{N}$ 的参考频率信号送入鉴相器,与输出信号进行鉴相。当环路锁定时,输出频率 $f_o=\dfrac{1}{N}f_r$,实现了对输入信号的 N 次分频。

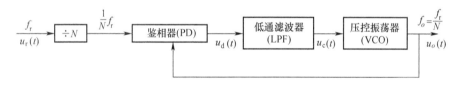

图 3-58 数字分频环

(3) 混频式锁相环。混频式锁相环实现对频率的加减运算。根据对输入频率的运算情况,可以分为相加混频环和相减混频环。

相加混频环如图 3-59 所示。环路中有一个混频器,混频器对频率为 f_{r2} 的参考信号与输出信号进行混频,输出取下边频,频率为 f_o-f_{r2}。将混频后的下边频信号送入鉴相器,与输入的频率为 f_{r1} 的参考信号进行鉴相。当环路锁定后,有 $f_o=f_{r1}+f_{r2}$,实现了对输入的两个参考频率信号的频率相加。

相减混频环如图 3-60 所示。环路中也有一个混频器,混频器对频率为 f_{r2} 的参考信号与输出信号进行混频,但输出取上边频,混频后输出信号的频率为 f_o+f_{r2}。将混频后的上边频信号送入鉴相器,与输入的频率为 f_{r1} 的参考信号进行鉴相。当环路锁定后,有 $f_o+f_{r2}=f_{r1}$,即 $f_o=f_{r1}-f_{r2}$,从而实现了对输入的两个参考频率信

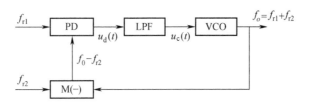

图 3-59 相加混频环

号的频率相减。

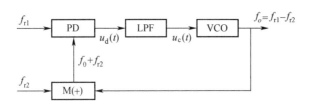

图 3-60 相减混频环

从以上分析可以看出,在混频式锁相环中,如果输入两个参考信号,其中一个信号采用固定频率,而另一个信号采用可变频率,则原理上可以实现输出频率在一定范围内的连续可调,而且即使两个输入参考信号的频率相差较大,也不影响其频率稳定度。

(4) 多环合成式锁相环。以上分析的单环形锁相环虽然原理简单,易于实现,但也存在频率点数目少、频率分辨率低等缺点,因此在实际应用中,合成信号源大多采用由多个锁相环构成的多环合成式锁相环。如图 3-61 所示,该双环合成式锁相环由一个倍频环和一个加法混频环组成,倍频环的输出作为加法混频环的一个输入,内插振荡器的连续可变输出作为加法混频环的另一个输入,可知混频环的输出频率为 $f_o = Nf_{r1} + f_{r2}$。

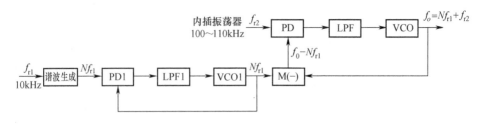

图 3-61 双环合成式锁相环

与以往的频率合成方式相比,多环合成式锁相环具有控制方便、输出频点多、频率准确度高、频率特性好、功耗低、集成度高、便于频率调制等优点,广泛应用于通信导航、仪器仪表、家用电器、医疗电子等领域。但由于其原理所限,这种锁相环也存在频率转换速度低的问题,从而在一定程度上限制了其在高速跳频通信等领域的应用。

(5) 小数分频锁相环。从以上的分析可以知道,对于倍频环,其输出频率与输入参考频率之间的关系为 $f_o = Nf_r$,其中 N 为整数。输出频率的最小步进只能是参考信号的频率 f_r,也就是说,输出的频率分辨力为 f_r。如果要进一步提高输出信号的频率分辨力,就必须降低 f_r,而 f_r 降低,将导致锁相环的环路锁定时间增加,降低频率切换速度及环路稳定性。

随着微处理器技术的发展,以嵌入式控制器为核心的小数分频锁相环,为提高频率分辨力提供了一个较好的途径,从而在现代频率合成技术中得到了较多的运用。

图 3-62 所示为小数分频锁相环的原理框图。在嵌入式控制器的控制下,锁相环中分频器的分频比是可以变化的。在实际工作中,虽然分频器每次分频的分频比都是整数,但通过"平均",从总体分频结果上看,实现了小数分频的效果。假设希望的分频系数整数部分为 N,小数部分为 k,小数部分的位数为 n,则需要进行 k 次 ($N+1$) 分频和 ($10^n - k$) 次 N 分频,共完成 10^n 次分频。实际上,在 10^n 次分频中的平均分频系数为

$$(k + N \times 10^n) / 10^n = k / 10^n + N \tag{3.64}$$

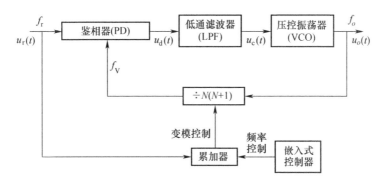

图 3-62　小数分频锁相环原理框图

例如,要实现 10.1 次分频,只要进行 1 次 11 分频和 9 次 10 分频,则平均分频系数为 1/10 + 10 = 10.1。又如,要实现 31.18 次分频,只要进行 18 次 32 分频和 82 次 31 分频和则平均分频系数为 18/100 + 31 = 31.18。

从以上分析可知,由于小数分频器中存在 $N+1$ 及 N 两种分频比,而且每种分频都可能进行多次,那么在实际使用时就需要设法把两种分频方式进行适当控制,

以免造成一段时间内都是 N 分频,而在另一段时间都是 $N+1$ 分频,从而使输出频率不均匀。

以上分频比的控制是在微处理器控制下,结合累加器实现的。具体的方法是通过对小数部分 k 进行累加计数。若累加结果未达到 10^n,则进行 N 分频;若达到或超过 10^n,则累加结果高位溢出,并取 $N+1$ 分频。这样,至多经过 10^n 次累加计数,累加计数器就可以回零,并重复新的计数累加过程。

用累加结果控制分频系数,在电路上比较容易实现。当累加结果高位未溢出时,进行正常的 N 分频,即当分频器有 N 个脉冲输入时才有一个输出脉冲。而当高位溢出时,可以利用溢出信号,将被分频的脉冲去掉一个,称为"吞脉冲"。此时分频器从实际效果看,仍是输入 N 个脉冲时有一个输出脉冲,但实际上加上被"吞"掉的脉冲,共有 $N+1$ 个输入脉冲才有一个输出脉冲,因此当累加器溢出时为 $N+1$ 分频。

在实际电路中,采用上面的方法从分频器加到鉴相器的信号频率虽然也有很小的变化,但是只要用鉴相器输出信号的平均值去控制压控振荡器,就能得到所要求的输出频率。理论上,小数分频锁相环可以利用包含多位小数的分频系数,达到极高的频率分辨力。例如,采用这种方法的频率合成器的频率分辨力可达 $1\mu Hz$,这在其他频率合成技术中是很难实现的。

3.2.4.3 射频合成信号发生器的基本工作原理

如图 3-63 所示,射频合成信号发生器一般由调制驱动电路、频率合成电路、信号调理电路、显示及人机接口单元、嵌入式处理单元和电源等部分组成。

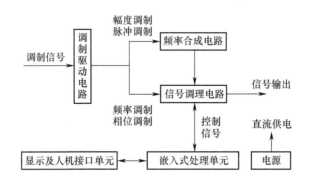

图 3-63 射频合成信号发生器组成框图

1) 频率合成电路

频率合成电路是射频合成信号发生器的核心部分,对整机的输出频率范围、频率稳定性、频率分辨力、频谱纯度(单边带相位噪声、剩余调频、杂散)、频率(相位)调制等技术指标起着决定性的作用。

前面已经分析了直接频率合成与间接频率合成的概念及原理,但由于以上两种方法的固有问题,因此目前较少将其单独应用于射频合成信号发生器的设计中,而是将两种频率合成方法结合在一起使用。图 3-64 为一种射频合成信号发生器中频率合成部分的典型原理框图。

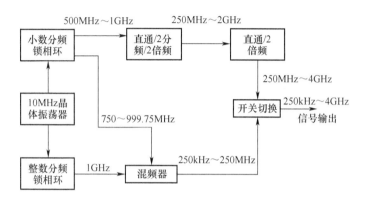

图 3-64 频率合成部分典型原理框图

在以上方案中,间接频率合成的方式有整数分频锁相环、小数分频锁相环等,直接频率合成的方式有混频(减)、2 分频、2 倍频等。

2) 信号调理电路

一般情况下,信号发生器产生的信号在输出之前,都需要进行信号调理,通过对信号进行滤波、功率放大、幅度控制、程控衰减等处理,满足信号发生器的性能指标要求。这部分功能通过相应的信号调理电路实现,且对信号发生器整机的输出功率范围、功率分辨力、功率准确度、频谱纯度(谐波、分谐波、杂散)、幅度(脉冲)调制等技术指标起着决定性的作用。

信号调理的一个主要功能是扩展信号发生器的输出动态范围,以满足不同的测试需求。例如,在对机载通信设备的接收机进行测试时,部分测试项目需要信号发生器提供最低功率为-127dBm(50Ω 负载上 0.1μV 的有效值)的信号,而混频器测试则一般要求本振信号的功率要大于+13dBm(50Ω 负载上 1V 的有效值)。为了扩展信号发生器的输出动态范围,信号发生器一般采用自动电平控制(Automatic Level Control,ALC)系统和程控衰减器相结合的功率控制方式。首先利用 ALC 系统使功率在一定范围内连续输出(输出范围一般在 30dB 以上),然后利用程控衰减器控制功率衰减。功率放大电路则用于保证信号发生器的最大输出功率满足要求,开关滤波电路完成输出信号的谐波和分谐波滤除。

图 3-65 为一种典型的射频合成信号发生器信号调理单元的原理框图。下面对其中主要的几个部分进行分析说明。

(1) 开关滤波。开关滤波部分由电子开关和带通滤波器组成,其中:电子开关

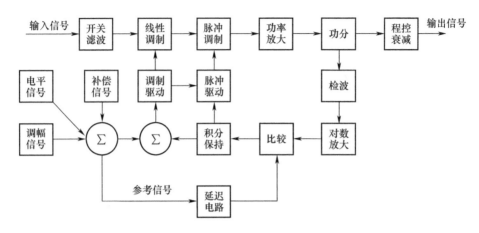

图 3-65 射频合成信号发生器信号调理单元原理框图

利用二极管开关特性,采用二极管完成;带通滤波器一般采用交指带通滤波器(一种腔体滤波器,在倍频时使用),当截止频率小于 1GHz 时,低通滤波器一般采用 LC 滤波器,当截止频率大于 1GHz 时一般在印制板上利用微带线制作微带滤波器。

(2) 程控衰减。在射频合成信号发生器中经常使用的程控衰减器,有电子程控衰减器和机械程控衰减器。其中,电子程控衰减器全部采用电子元件制作,衰减开关采用电子开关,因此可靠性高,寿命长,但也不可避免地具有插入损耗大、驻波比差等缺点,尤其是高频使用时更加明显。相比之下,机械程控衰减器的衰减开关采用的是电磁控制的机械开关,具有插损小、驻波性能好的优点,缺点是由于开关中的簧片有一定的开关次数限制,因此寿命有限(一般为几十万次至几百万次),因此机械程控衰减器适用于对信号发生器最大输出功率(或驻波比)要求较高、衰减量变化不频繁的场合。

(3) ALC。ALC 是信号调理单元的主要部分,图 3-65 中除开关滤波、程控衰减之外的部分基本都可以归入 ALC。ALC 的工作原理如下:将射频输出信号的耦合输出送检波器检波,将检波后的直流电压信号经过对数变换后形成反馈电压,作为比较器的一路输入信号,与预设的代表输出电平的基准电压相比较,由电平控制信号、补偿信号和调幅信号等构成的参考信号分为两路,一路先加到线性调制器上形成前馈控制(控制准确度取决于调制器线性),另一路经过延时电路到达比较器,与输出检波信号进行比较。延时电路的作用是补偿第一路参考信号经过线性调制器等一系列电路才最终转化为反馈电压的时间,避免在基准电压变化时比较器输出错误的信号。积分保持电路的作用是将比较器输出的代表反馈电压和基准电压差的误差电压进行积分,与参考信号共同作用,调整衰减器的衰减量,直到反馈电压和基准电压相同,从而调整输出功率与预置电平一致,实现稳幅。对于目前常用的射频合成信号发生器的 ALC 电路,有以下几点需要说明。

① 检波电路。由于目前使用较多的射频合成信号发生器的频率范围都非常宽,一般从几百千赫兹到数吉赫兹,而覆盖如此宽频率范围的检波电路是很难设计的,因此通常是在频率低端单独采用不同的检波电路,以满足设计要求。

② 对数放大电路。检波电路都是采用二极管检波。二极管小信号检波是一种平方律检波,此时检波电压与射频输出电压的平方成正比;而大信号检波为峰值检波,此时检波电压与射频输入电压成正比。因此,对数放大电路一般采用双斜率设计,对于不同功率的射频输出信号要进行不同处理。

③ 输出补偿。为了保证输出功率的平坦度,射频合成信号发生器 ALC 系统还要提供随频率实时变化的平坦度数字补偿信号。补偿信号由 CPU 直接叠加到稳幅信号上,当频率变化时随时修正电平控制信号,以控制输出电平。

④ 温度补偿。为了补偿不同温度下基准电压和检波电压的漂移,射频合成信号发生器 ALC 电路还提供随温度实时变化的温度补偿信号。通过补偿基准电压或补偿检波电压的方式进行温度补偿。

(4) 幅度调制。目前射频合成信号发生器通常都提供多种调制功能,包括幅度调制、脉冲调制、频率调制和相位调制等模拟调制方式以及多种数字调制方式。可以实现数字调制的射频合成信号发生器又称为射频矢量信号发生器。有关数字调制的内容请参见矢量信号发生器的相关章节,在此不再赘述。

幅度调制是指使载波的振幅随调制信号的变化规律而线性变化、频率保持不变的调制方法。因此在波形上,已调信号的幅度随调制信号变化而呈正比变化;在频域上,已调波的频谱则完全是调制信号的频谱在频域内的简单搬移。由于频谱搬移都是线性的,因此幅度调制又称为线性调制。但这并不意味着已调信号与调制信号之间符合线性变换的关系,从以前的分析我们知道,事实上任何调制过程都是一种非线性的变换过程。

根据已调信号的特征,常见的幅度调制信号有振幅调制(AM)信号、双边带(DSB)调制信号、单边带(SSB)调制信号、残留边带(VSB)调制信号等。其中,双边带调制信号包含两个信息相同的上、下边带,但从频谱资源利用的角度考虑,只传输一个边带就可以完成信息的传输,因此如果已调信号中只包含一个边带的信息,则称为单边带调制信号;残留边带调制是介于双边带和单边带之间的一种线性调制,它不是将一个边带完全抑制掉,而是进行部分抑制,但仍残留一小部分,这时产生的信号就称为残留边带调制信号。残留边带调制信号不仅比单边带信号更易于解调,而且比双边带信号节省频谱。

射频合成信号发生器中的幅度调制是通过射频合成信号发生器的 ALC 电路实现的。在将调制信号加到 ALC 电路之前,需要通过调制驱动电路对信号进行相应的处理,以满足调制电路的需求。常用的幅度调制驱动电路一般由开关选择、幅度控制、对数转换、求和电路、幅度监测等 5 个部分组成,其原理框图如图 3-66 所示。

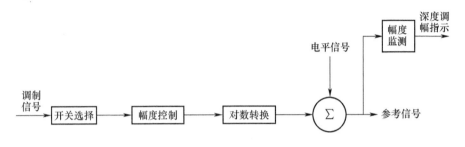

图 3-66 幅度调制驱动电路原理框图

①开关选择。射频合成信号发生器一般提供内部调制和外部调制两种调制信号输入方式。开关选择电路则根据调制方式的需要,选择信号发生器内部或外部输入的调制信号。

②幅度控制。幅度控制电路一般由 D/A 转换电路构成,将设置的调制深度(调制指数)转换成控制电压,控制通路的增益,满足后续调制电路对信号幅度的要求。

③对数转换。对数转换电路是驱动电路的关键,由于在射频合成信号发生器的 ALC 电路中,控制输出电平的参考信号和实际输出的信号电平之间满足对数关系,因此要实现线性调制,需要对调制信号进行对数转换才能叠加到参考信号上。对数转换的质量将直接影响调幅失真的大小。

④求和电路。求和电路将对数转换后的调制信号和电平控制信号线性叠加形成 ALC 电路的参考信号,送 ALC 电路进行幅度调制。

⑤幅度检测。幅度检测电路用来改善幅度调制的性能。由于 ALC 环路动态范围的限制,当参考信号小于一定值(调幅深度大于 90% 或者 ALC 电平小于 -20dBm)时,信号发生器输出功率将不再随着参考信号的变化而继续减小。此时,为保证输出电平满足要求,幅度检测电路将产生一个深度调幅指示信号,以断开 ALC 环路的积分器(ALC 开环)使积分器的输出电压锁定,而依靠参考信号的前馈控制使输出功率继续降低。

⑥脉冲调制。从上面的分析我们知道,脉冲调制实际上是一种特殊的调幅,或者是幅度调制的一种极限形式,脉冲调制的结果是输出一系列载波频率不变的脉冲串。

在射频合成信号发生器中,脉冲调制的实现是通过对脉冲调制信号与设定的阈值进行比较,然后根据比较的结果,控制脉冲调制器关闭或打开载波输出。脉冲调制器通过 PIN 二极管来实现,具体电路如图 3-67 所示。控制 PIN 二极管驱动电流的通断,可以控制载波的输出与断开。如果脉冲调制电路是串联调制,则在打开载波输出时,需要注入电流;而如果使用并联调制,则在打开载波输出时需要关断电流。串联调制是射频合成信号发生器普遍采用的调制形式。

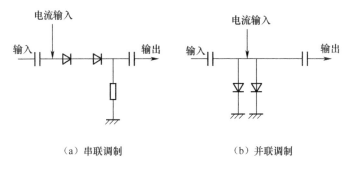

图 3-67　脉冲调制示意图

驱动电流是确定调制器的开关状态,进而决定脉冲调制的上升/下降时间的关键因素。在实际的电路中,为了获得足够快的脉冲信号上升/下降切换时间,脉冲调制驱动电路一般由多级三极管组成,以便在短时间内提供足够大的驱动电流,快速切换调制器的开关状态,实现理想的脉冲信号输出。

从图 3-65 可以看出,为了保证输出信号功率的准确度,脉冲调制器也是 ALC 电路的一部分。在脉冲输出状态下,ALC 电路正常工作;在脉冲输出关断时,ALC 电路的积分器处于保持状态,等待下一次脉冲输出时再打开。因此受 ALC 环路响应时间的限制,脉冲调制的脉冲宽度最小一般只能做到 1μs,虽然 ALC 环路断开时可以提供更小脉冲宽度的脉冲调制,但最小也只能做到几十纳秒的脉冲宽度。例如,是德科技公司的 E8257D 信号发生器在脉冲调制状态下输出脉冲的最小脉冲宽度为 1μs(内稳幅),在电平保持(ALC 关断,结合功率搜索)条件下的最小脉冲宽度为 15μs。在安装窄脉冲调制选件时,在电平保持(ALC 关断,结合功率搜索)条件下的最小脉冲宽度为 20ns。

(5) 频率调制。虽然与幅度调制类似,频率调制也要完成频谱的搬移,但由于频率调制所形成的信号频谱不再保持原来调制信号频谱的结构,因此频率调制也称为非线性调制。目前常用的频率调制方式有两种,分别是直接调频和间接调频。直接调频是指在射频合成信号发生器的频率合成电路中,如果将调制信号作为压控振荡器控制电压的一部分,直接控制 VCO 的振荡频率,从而产生调频信号。这是实现调频的最简单、最直接的方法。间接调频是首先将调制信号进行积分处理,然后通过调相网络控制载波的瞬时相位,从而实现间接控制载波瞬时频率变化的调制方法。

由于直接调频简单直接,易于集成,而且射频合成信号发生器中普遍采用锁相环频率合成技术,使用了大量的压控振荡器,因此调频方式大都是采用直接调频方式。

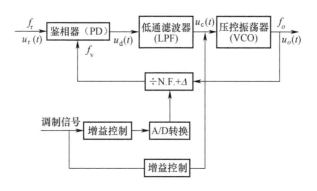

图 3-68　直接调频原理示意图

基于调制信号与锁相环环路带宽的关系以及调制信号发生作用的具体方式不同,直接调频又可以分为带外调频和带内调频。带外调频是指由于锁相环的抗干扰特性,当调制信号 $m(t)$ 的频率大于锁相环的环路带宽时,$m(t)$ 直接加到压控振荡器上,控制压控振荡器的输出频率。带内调频是指当调制信号的频率小于锁相环的环路带宽时,调制信号直接加到压控振荡器上无法改变锁相环的环路状态,锁相环仍处于锁定状态,无法实现调频。此时须利用小数分频直接调频技术,通过改变锁相环的分频比实现调频。为了实现带内调频,在射频合成信号发生器中的频率调制驱动电路中,增加了 A/D 转换电路,将调制信号转换成数字信号,并将该数字信号与小数分频锁相环的分频比进行运算,运算结果作为新的分频比控制小数分频锁相环电路的工作。

增益控制电路的作用在不同的调制方式下是不同的。带内调频时,由于调频灵敏度是不变的,因此调频通路的增益只需要和调频频偏成正比;而在带外调频时,由于 VCO 的调频灵敏度是随频率变化的,因此调频通路的增益可以补偿调频灵敏度变化导致的频偏误差。

(6) 相位调制。由于频率调制和相位调制最终都会导致角度的变化,因此二者都属于角度调制,原理也基本相同。相位是频率的积分,调频可以通过调相实现;反过来,频率是相位的微分,显然调相也可以通过调频来实现。利用调制信号微分后得到的信号进行调频,实际上就是利用调制信号进行了调相。射频合成信号发生器的调相正是利用这种方式实现的。

和频率调制一样,相位调制也分带内调相和带外调相两种调制方法。在带内调相时,信号微分以数字方式实现,只需要将相邻两个时钟周期的数据求差即可。

在带外调相时,实际上微分电路则是利用串联电容的微分作用来实现。

3) 嵌入式控制器

嵌入式控制器是射频合成信号发生器的控制核心,其主要功能是在完成本机控制所需的算法运算和数据处理的基础上,实现用户界面的人机交互、仪器自检、参数校准、数据及文件管理(包括系统数据文件、用户数据文件等)、仪器通信接口控制(GPIB总线接口、LAN/LXI总线接口等)等功能。为了满足日益复杂的系统控制要求,嵌入式控制器在硬件上一般采用高性能处理器,软件采用嵌入式操作系统(如VxWorks系统、Windows),以及应用广泛的国产操作系统(如中标麒麟等)。

4) 电源

由于射频合成信号发生器对输出信号质量的要求较高,因此其内部的电源除了要能提供足够的功率输出外,在纹波等方面也有很高的要求,这在高频谱纯度的合成信号发生器中尤其显得突出。为了避免电源的低频纹波通过供电系统进入锁相环,影响仪器的相位噪声等关键指标,目前射频合成信号发生器多采用开关电源并使用高的开关频率,把电源的低频纹波转化到较高频率上(一般为几十千赫),并通过电源滤波器将纹波噪声滤除。另外,由于小型化和轻量化是目前射频合成信号发生器的一个发展方向,因此电源设计的重点也向体积更小、重量更轻的方向发展。

3.2.4.4 射频合成信号发生器主要技术指标

射频合成信号发生器是信号发生器领域最常用的仪器,特别是在通信导航设备的研制、生产、维修保障过程中,应用更广。其主要技术指标包括频率特性、功率特性、频谱纯度特性等。

1) 频率特性

射频合成信号发生器频率特性主要包括输出频率范围、频率分辨力、频率稳定度(时基老化率)以及频率切换时间。

以思仪公司的1442射频信号发生器为例,其相关频率特性指标如下。

(1) 输出频率范围:250kHz~6GHz。

(2) 频率分辨力:0.01Hz。

(3) 频率稳定度(时基老化率):$±1×10^{-9}$/天(连续通电7天后)。

2) 功率特性

射频合成信号发生器的功率特性主要包括输出功率范围、功率准确度、功率分辨力、功率切换速度以及输出驻波比。

仍以思仪公司的1442射频信号发生器为例,其相关功率特性指标如下。

(1) 输出功率范围:-20~+7dBm,配置115dB程控步进衰减器选件时,输出功率可以达到-120~+7dBm。

(2) 无 115dB 程控步进衰减器:输出功率为-10~+7dBm,功率准确度±0.8dB;输出功率为-20~-10dBm,功率准确度±1dB。

(3) 有 115dB 程控步进衰减器:输出功率为-10~+7dBm,功率准确度±0.8dB;输出功率为-60~-10dBm,功率准确度±1dB;输出功率为-90~-60dBm,功率准确度±1.5dB;输出功率为-120~-90dBm,功率准确度±3dB。

3) 频谱纯度

射频合成信号发生器与频谱纯度相关的技术指标主要包括谐波、分谐波、非谐波(杂散)、单边带相位噪声、剩余调频、剩余调幅等。

仍以思仪公司的 1442 射频信号发生器为例,其相关频谱纯度特性指标如下。

(1) 谐波:<-30dBc。

(2) 非谐波(杂散):<-62dBc。

(3) 单边带相位噪声:分频段描述,典型值(当 1GHz<f≤2GHz,频偏 1kHz)<-110dBc/Hz。

(4) 剩余调频:<$N \times$1Hz(典型值,点频模式,300Hz~3kHz 带宽,有效值,N 为 YO 谐波次数,与输出频段有关)。

4) 调制特性

射频合成信号发生器一般可以提供 4 种调制功能:频率调制、相位调制、幅度调制、脉冲调制。

仍以思仪公司的 1442 射频信号发生器为例,其相关调制特性指标如下。

(1) 脉冲调制:脉冲调制开关比>60dB,脉冲调制上升下降时间<150ns,内稳幅最小脉冲宽度 2μs,非稳幅最小脉冲宽度 0.5μs。

(2) 幅度调制。

调制方式:线性方式、指数方式。

调制率:DC~100kHz(3dB 带宽,30%调幅深度)。

最大调制深度:线性方式 90%,指数方式 20dB。

调制准确度:±(6%×设置值+1%)(1kHz 调制率,300Hz~3kHz 解调带宽,调制深度<90%)。

失真:<1.5%(1kHz 调制率,30%调幅深度,线性方式,总谐波失真)。

(3) 其他参数,如相位调制、矢量调制等,请参照相关手册,在此不再赘述。

3.2.5 微波与毫米波合成信号发生器

3.2.5.1 基本概念

早期以电调振荡器或 YIG 调谐振荡器(YIG Tuned Oscillators,YTO)等作为主振的微波信号发生器,虽然在频率范围上可以覆盖整个微波与毫米波频段,原理和结构都相对简单,但频率稳定度和准确度都比较差,频率的时间稳定度一般都在

1×10^{-5}/min,准确度在 0.1% 以下。因此随着技术的不断发展进步,测试需求对信号发生器的要求也越来越高,原有的微波与毫米波合成信号发生器的技术指标已经无法满足科研及生产中的测试需要。20 世纪中、后期发展起来的以频率合成为主要技术手段的微波与毫米波合成信号发生器,把信号发生器的频率稳定度和准确度提高到了与晶体振荡器基本相同的水平,并且其频率、功率等参数均可以在很宽的范围内进行精细调节,特别是所有参数都可以通过程控控制,可以很好地满足自动测试技术的发展需要,因此作为一种宽带高稳定信号发生器,微波与毫米波合成信号发生器在现代电子测试技术中得到了广泛应用。

微波与毫米波合成信号发生器作为电子测试仪器领域的高端产品,长期为国外少数的几个大公司(如是德科技公司)所垄断,国内没有相关的产品,使用一直靠进口,同时因为与雷达、电子对抗等领域的装备研制生产密切相关,因此国外一直对相应频段的产品实行禁运。直到"八五"期间,当时的中国电子科技集团公司第四十一研究所开发完成了 AV1481 系列合成扫频信号发生器,填补了国内在这个领域的空白,该系列仪器的主要技术指标均达到了当时的国际先进水平。此后又陆续开发了一系列的合成扫频信号发生器,频率范围拓展到 170GHz 以上,打破了国外禁运,有效满足了装备科研及生产中的高端电子产品测试需要。

3.2.5.2 微波与毫米波合成信号发生器的基本工作原理

常用的微波与毫米波合成信号发生器的原理框图如图 3-69 所示。

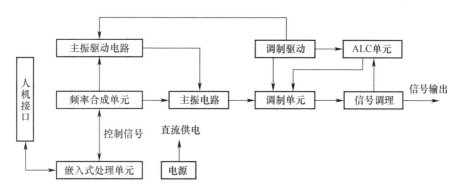

图 3-69 微波与毫米波合成信号发生器原理框图

(1)人机接口电路。人机接口电路提供仪器操作所需的控制参数输入、仪器状态及数据显示、程控操作时的数据及命令交互等功能,其主要构成是显示器、键盘等部件。

(2)主振及其驱动电路。主振及其驱动电路是微波与毫米波合成信号发生器的核心,其主要功能是产生可以满足仪器技术指标要求频率范围的信号,通常采用连续调谐的宽带微波振荡器,如微波压控振荡器、YIG 调谐振荡器(YTO)、返波管振荡器（Backward Wave Oscillators，BWO）等来实现。主振驱动电路根据微波振荡器的特性产生相应的驱动信号，以保证其正常工作需要。为了满足信号发生器的调制特性以及输出功率平坦度等技术指标要求，在主振驱动部分，还需要进行振荡器调谐特性的线性补偿。

（3）频率合成器。频率合成器的作用是通过补偿修正主振驱动控制信号，实时修正微波振荡器的输出相位误差，使其具备时基（频率参考）的频率相对准确度和长期稳定度。

（4）调制驱动电路。调制驱动电路实现调制信号的调理及驱动，将调制信号变换成相应的驱动信号，分别施加到对应的执行器件中以实现对输出微波信号的调制，主要包括线性调制器（调幅）和脉冲调制器等。

（5）输出调理单元。输出调理单元用于实现输出微波信号的滤波、放大、电平检测等功能。

（6）ALC单元。ALC的功能与射频合成信号发生器基本相同，根据设定的输出功率，通过输出调理单元测量的仪器输出电平信号，自动调节调制组件的增益（衰减），以实现输出电平稳幅（或调幅）。

下面对主要的几个与其他信号发生器有较大区别的电路单元进行简单介绍。

1）微波频率合成单元

如图3-70所示，常用的微波频率合成单元实际上就是一个多环合成式锁相环。其中，中频信号、本振信号都采用锁相环实现，以保证较高的频率稳定度、频率准确度和频率分辨力，并实现较大范围的频率精确可调。主锁相环的反馈网络采用谐波混频器或微波取样器，把微波主振输出信号的频率下变频到射频频段，与中频环产生的中频信号进行鉴相，最终实现对微波主振频率的锁定。带通滤波器与隔离器互相配合的主要作用是防止本振及其在取样器中产生的谐波干扰主振，从而造成不希望的频率泄漏或寄生调制信号的输出。

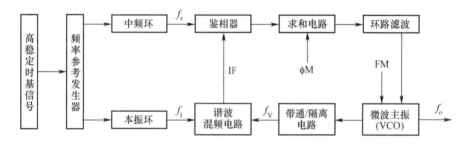

图3-70 微波频率合成单元原理框图

2）微波主振和调频

基于YTO振荡器在频率覆盖范围、调谐线性度、输出信号的频谱纯度以及体积、重量和可靠性等方面具有不可替代的优势,因此宽带微波合成信号发生器几乎均采用 YTO 作为核心的微波振荡器。

YTO 是以 YIG 小球为谐振子,以微波晶体管为有源器件的固态微波信号发生器,其输出频率与内部调谐磁场有较好的线性关系。内部调谐磁场由主线圈和副(调频)线圈两部分共同生成。前者感抗大、调谐慢,但调谐灵敏度高、调谐范围宽、高频干扰抑制好;后者感抗小,调谐范围窄,但调谐速度快,并因调谐灵敏度低而具有良好的干扰抑制特性。将二者结合使用,有利于满足既需要大范围调谐又需要快速修正的宽带微波信号发生器应用场合,并易于实现调频。以 YTO 为核心振荡器的微波信号发生器主振及其驱动电路基本原理如图 3-71 所示。

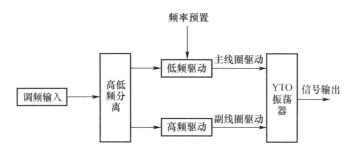

图 3-71　YTO 主振及驱动电路原理框图

3) 毫米波扩频电路

毫米波是整个微波频段中频率比较高、波长在毫米量级的部分,由于传输波导尺寸等因素的限制,实际应用中往往将其划分为范围更窄的独立波段,常见的有 26.5~40GHz、33~50GHz、40~60GHz、50~75GHz、75~110GHz、110~170GHz 等。从频率合成的原理和方法的角度来看,毫米波频率合成同微波频率合成基本相同,只是频率相对更高,以及由此导致的基本器件性能限制,因此所需的专业技术也有所不同。

毫米波扩频常用的方法是倍频,但是由于毫米波尤其是三毫米波段部分器件的制造工艺等问题,目前的倍频技术主要是限幅斩波和全波整流。因此,采用倍频方法合成的毫米波一般难以获得大的功率输出,同时由于驱动门限和倍频噪声提升等限制,输出电平也不易稳定,由以上各种因素导致倍频后的信号输出动态范围相对较小。

倍频法也有其优点,突出表现在使用上的独立性和灵活性。它可以独立存在,不依赖某个特定的仪器或系统,与任何一个现成的微波信号发生器配合,对信号发生器的输出信号进行倍频处理,扩展输出频率范围。总的来讲,倍频法是一种低成本、实用的倍频选择。

与倍频相对应,采用基波合成的方式,有利于发挥主振大功率和低噪声基底的优势,但对主振和相应的下变频锁相电路的设计要求更高。稳幅和调制等功能只能在主振电路之后进行设计,调频和扫频功能的实现则取决于锁相和调谐电路的驱动方式。原理框图如图 3-70 所示,主振是电调谐的毫米波振荡器,本振环是低噪声的微波合成器,取样器也相应地工作在毫米波段。为了与制造技术相适应,混频器多使用毫米波谐波混频器。

3.2.5.3 微波与毫米波合成信号发生器的主要技术指标

1）频率特性

频率特性指标主要包括频率范围、频率准确度、频率稳定度、频率分辨力、频率切换时间等。以思仪公司的 1465L 信号发生器为例,其输出频率范围为 100kHz～67GHz,时基老化率典型值为 $<\pm5\times10^{-10}$/天(连续通电 30 天后),频率分辨力为 0.001Hz,频率切换时间<20ms,且支持步进扫描、列表扫描、模拟扫描、功率扫描等多种扫描模式。

2）功率特性

输出功率特性指标主要包括输出电平(输出功率)、功率稳定度、功率准确度、功率分辨率、输出平坦度、驻波比等。以是德科技公司的 E8257D PSG 信号发生器为例,其输出电平范围-135～+23dBm,输出电平精度±0.6～±2.0dB(与输出频率范围有关),功率分辨率 0.01dB,温度稳定度-0.02dB/℃,用户平坦度修正点数2～1601 点/表,表数高达 10000 个(受限于存储器的容量),驻波比<2.0∶1(与输出频段有关)。

3）频谱纯度特性

频谱纯度特性指标主要包括谐波、分谐波、非谐波(杂散)、单边带相位噪声、剩余调频、剩余调幅等。仍以是德科技公司的 E8257D PSG 信号发生器为例,其相关频谱纯度特性指标如下。

谐波:<-30dBc～<-55dBc(与输出频段、选件、输出滤波器设置有关)。

非谐波(杂散):<-44dBc～<-80dBc(与输出频段、选件、输出滤波器设置有关)。

单边带相位噪声:分频段描述,典型值(当 $1\text{GHz}<f\leqslant 2\text{GHz}$,载波的频偏 20kHz 处)<-124dBc/Hz。

剩余调频：<$N\times 6$Hz(典型值,连续波模式,有效值,N 为 YO 谐波次数,与输出频段有关)。

4）调制特性

微波与毫米波合成信号发生器一般可以提供频率调制、相位调制、幅度调制、脉冲调制 4 种调制模式。仍以是德科技公司的 E8257D PSG 信号发生器为例,其相关调制特性指标如下。

（1）脉冲调制:脉冲调制开关比>80dB,脉冲调制上升下降时间 10ns(500MHz～3.2GHz)、6ns(3.2GHz 以上),内稳幅时最小脉冲宽度 1μs,非稳幅最小脉冲宽度

0.15μs。如果配置了窄脉冲调制选件,则相应的技术指标将有进一步的提高。

(2) 幅度调制:幅度调制的调制方式可以是线性调制,也可以是指数(或对数)方式。调制速率(3dB 带宽,30%调幅深度)为 DC/10Hz~100kHz;线性调制时,调制深度 10%~100%可调;对数或指数调制时,调制深度 0~40dB 可调。调制源可以是内调制,也可以是外调制。

(3) 相位调制:最大频偏 $N \times 160$rad(高带宽模式下为 $N \times 16$rad),调制频率响应在额定带宽模式下其 3dB 带宽的速率为 DC~100kHz。

(4) 频率调制:最大频偏 $N \times 16$MHz。

(5) 其他指标请参照相关手册,在此不再赘述。

3.2.6 矢量信号发生器

3.2.6.1 基本概念

与模拟调制技术相比,数字调制技术具有单位带宽传输的信息量大、与其他系统的兼容性好、传输数据易于加密、通信质量优良等优势,近年来在通信领域中得到了大量的应用,为通信设备的整机测试及整部件测试提供数字调制信号发生设备。如果与基带信号发生器相配合,则还可以与计算机结合,实现复杂雷达脉冲信号、多载波信号、多径衰落信号、频率捷变信号等任意波形信号的模拟。

矢量信号发生器就是为了满足不断发展的数字通信设备研制、生产与维护保障中的测试需求而出现的新型信号发生器,它将通信中的数字调制技术引入信号发生器中,为通信设备的测试提供了必要的条件。虽然理论上数字调制可以采用许多不同的形式,但矢量调制是产生数字调制信号的最佳方案。从前面的分析我们知道,模拟调制中的幅度调制和角度调制有一个共同点,就是在调制信号的控制下改变载波的角度(频率或者相位)或者幅度中的一个要素,而不允许同时改变以上多个要素。与模拟调制不同的是,矢量调制允许调制信号同时改变载波的幅度和相位。这种调制通常用 I/Q 坐标图来描述,因此矢量调制也称为 I/Q 调制,矢量调制器也称为 I/Q 调制器。

3.2.6.2 基本工作原理

1) 点频矢量调制信号发生器原理

矢量信号发生器最早出现于 20 世纪 80 年代,采用中频矢量调制方式结合射频下变频的方式产生矢量调制信号。其原理框图如图 3-72 所示。

频率合成单元产生连续可变的微波本振信号和一个频率固定的中频信号。中频信号和基带信号进入矢量调制器,产生载波频率固定的中频矢量调制信号(载波频率是点频信号的频率)。此信号和连续可变的微波本振信号进行混频,产生连续可变的射频信号。射频信号含有和中频矢量调制信号相同的基带信息,经过信号调理单元的信号调理和调制滤波后输出。

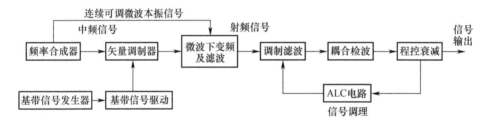

图 3-72　点频矢量调制信号发生器原理框图

2) 宽带矢量调制信号发生器

随着半导体技术的发展,宽带矢量调制器设计技术的日益成熟,出现了以宽带矢量调制器为基础的矢量信号发生器。这种方案的原理框图如图 3-73 所示。由于宽带矢量调制器工作频率范围的限制,因此在实际应用中经常采取射频/微波变频相结合的方式产生满足需要的射频信号。

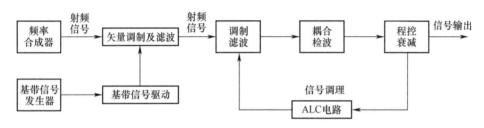

图 3-73　宽带矢量调制信号发生器原理框图

矢量信号发生器中的频率合成单元、信号调理单元等部分和普通信号发生器是相同的,在此不再赘述。下面重点讨论矢量信号发生器所特有的矢量调制单元和基带信号发生单元。

3) 基带信号发生器

基带信号发生器的主要功能是产生需要的数字调制基带信号,也可以按特定格式,将使用者通过其他方法得到的波形文件下载到波形存储器中,以产生自定义格式的基带信号。如图 3-74 所示,基带信号发生器通常由突发脉冲发生器、数据发生器、码元发生器、有限冲击响应(FIR)滤波器、数字重取样器、D/A 转换器和重构滤波器组成。

4) 矢量调制单元

数字调制就是首先把需要传送的信息进行数字化,转换成相应的二进制代码,然后利用二进制代码去控制载波的幅度或相位值,形成调制信号。和模拟调制一样,数字调制也有三种基本方式,即调幅、调相和调频。幅度调制改变信号的幅度,角度调制改变信号的相位,但幅度调制和角度调制可以同时发生。

如图 3-75 所示,在极坐标系中,定义 I 轴沿 0°相位方向, Q 轴沿 90°相位方

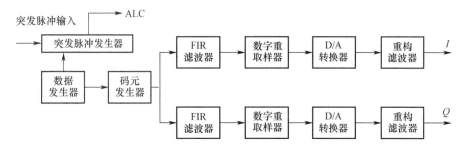

图 3-74 宽带矢量调制信号发生器原理框图

向。信号在 I 轴的投影就是它的 I 分量,在 Q 轴的投影就是它的 Q 分量。

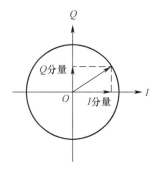

图 3-75 I/Q 示意图

如图 3-76 所示,I 信号、Q 信号、载波信号的合成是通过矢量调制器实现的。矢量调制器通常包括本振、90°移相器、混频器、功率合成器等单元电路。其中:本振电路产生载波所需的高频振荡信号;90°移相器将功分后的一路本振信号进行 90°移相后,送 Q 路进行混频;电路中的两个混频器分别将基带同相信号和正交信号与对应的射频信号相乘,完成混频;功率合成器将混频后的 I 路和 Q 路信号合成后输出。

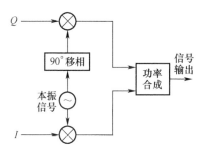

图 3-76 矢量调制器原理框图

为了降低端口回波损耗,保证信号的正常传输,输入和输出端口一般都在内部端接 50Ω 的负载,并且所有信号均采用差分驱动的方式进行传输,以提升矢量调制器的整体性能。

3.2.6.3 主要技术指标

矢量信号发生器除了具有与普通信号发生器相同的技术指标外,一般还具有以下技术指标。

1) 调制带宽

调制带宽表示矢量信号发生器 I/Q 调制的频率响应情况,一般是指在单音信号单边带调制的情况下,载波信号功率相对未调制时的功率变化在±3dB 范围内的带宽。该指标决定了矢量信号发生器所能允许输入的基带信号的最高带宽。例如,思仪公司的 1435A/B-V 矢量信号发生器的内部调制带宽为 120MHz,增加相应的大带宽调制选件时,内部调制带宽为 200MHz;外部调制带宽在稳幅开环的条件下,可以达到 200MHz。

2) 数字调制格式

一般矢量信号发生器的数字调制格式包括 PSK(相移键控)、FSK(频移键控)、QAM(正交调幅)等。常用的 PSK 调制方式包括 BPSK、QPSK、OQPSK、π/4DQPSK、8PSK、16QPSK、D8PSK 等。常用的 FSK 调制方式包括 2FSK、4FSK、8FSK、16FSK、MSK 等。常用的 QAM 调制方式包括 4QAM、16QAM、32QAM、64QAM、128QAM、256QAM。

3) 矢量调制准确度

矢量调制准确度是表征矢量调制信号质量的参数,一般包括误差矢量幅度、幅度误差、相位误差、原点偏移等指标。

误差矢量幅度(EVM)是指在 I/Q 星座图中,信号的实际位置(以位置矢量表示)偏离理想位置(以位置矢量表示)所造成的误差矢量的幅度。例如,思仪公司的 1435A/B-V 矢量信号发生器的 EVM 典型值为<1.0%。

幅度误差是指信号的实际功率和理论功率之间的差值。在 I/Q 星座图中,幅度误差是指信号的实际位置矢量的幅度和理想位置矢量的幅度之间的差值。

相位误差是指信号的实际相位和理论相位之间的差值。在 I/Q 星座图中,相位误差是指信号的实际位置矢量的相位和理想位置矢量的相位之间的差值。

原点偏移是指 I/Q 输入为零时,载波功率相对于 I/Q 输入为满量($\sqrt{I^2+Q^2}=1$)时信号功率的差值。此技术指标代表了载波馈通功率的大小。

3.3 时域测量及示波器

3.3.1 概述

3.3.1.1 示波器的主要特点及应用

信号的时域测量是指对以时间作为自变量的电参量的测量,即测量的对象是信号幅度随时间变化的规律。时域测量技术的应用非常普遍,具体到航空通信导航系统的科研、生产及维护保障中,更是离不开对信号时域特性的测量。时域测量的常用仪器是示波器,借助示波器,可以把人的肉眼无法看到的电信号显示在示波器的屏幕上,必要时可以将代表信号时域波形的数据读取到计算机中进行进一步的计算处理,以便对电信号进行定性和定量的观测。当然,必要时,也可将其他非电的物理量转换成电量,再使用示波器进行观测。

目前示波器既能显示信号波形,也可测量信号的幅度、频率、时间等电参数,且测试过程及测试结果都十分直观;示波器的输入阻抗高,对被测信号的影响很小;得益于内部高增益放大器及信号处理电路的作用,示波器的测量灵敏度非常高,能方便观测到微弱信号的变化,且能观测到高速变化的波形的细节;示波器内部集成丰富的运算功能,可以方便地进行两通道信号的加、减等运算以及 FFT 等时频变换,使用十分方便。

3.3.1.2 示波器的分类

根据对信号处理方式的不同,目前示波器可分为模拟和数字两大类。

1) 模拟示波器

模拟示波器是采用模拟方式对信号进行处理与显示的示波器。根据具体特征的不同,模拟示波器可分为通用示波器、采样示波器和专用示波器等。

(1) 通用示波器。通用示波器可分为单踪、双踪、多踪示波器。将要观测的信号经衰减、放大后送入示波器的垂直通道,同时利用该信号驱动触发电路,产生触发信号送入水平通道,最后显示出信号波形。

(2) 取样示波器。取样示波器是采用时域采样技术将高频周期信号转换为低频离散时间信号显示,从而可以用较低频率的示波器测量高频信号。

(3) 专用示波器。专用示波器是能够满足特殊用途的示波器,又称为特种示波器。

2) 数字示波器

早期的数字示波器是在模拟示波器的基础上增加一个数字化处理和存储电路,将输入信号数字化(时域取样和幅度量化),但数字化存储之后的信号仍然需要经由 D/A 转换器转换为模拟信号,送给静电偏转 CRT 进行显示。

随着微处理器和光栅扫描 CRT、LCD 等显示技术在数字存储示波器(Digital Storage Oscilloscope,DSO)中的应用,目前大多数的数字示波器已经取消了将数字化后的波形数据重新经过 D/A 转换并重建波形的信号显示过程,取而代之的是在计算机的处理控制下,直接以像素的方式显示波形。由于其具有存储信号的功能,因此称为 DSO,又称为数字化示波器,后来统称为数字示波器。根据取样方式不同,数字示波器又可分为实时取样、随机取样和顺序取样三大类。

由于数字示波器采用了数字化技术和计算机技术,可以根据需要对采集的波形数据进行存储、运算等加工处理,并最终显示被测信号的波形,因此数字示波器具备许多模拟示波器(包括早期意义的 DSO)所无法比拟的优点,具体如下。

(1) 测试功能强。数字示波器可以捕捉单次信号、随机信号、低重复速率信号等模拟示波器不易处理的信号,并进行测量和分析,给出所需的结论。

(2) 实现自动测量。数字示波器可以通过软件控制,实现自动参数测量,并可以方便地组成自动测试系统或实现远程控制,测量精度高,不受人为因素影响。

(3) 多种触发方式。数字示波器可以实现灵活多样的触发和显示,并可以根据需要实现触发前和触发后的数据采集,增加了示波器的捕捉和测量能力。

(4) 进行波形存储。由于数字示波器内部一般都有大容量的数据存储器,因此可以很容易地实现波形存储、比较和后处理。

(5) 实现数据输出。由于目前数字示波器一般都带有 GPIB、LAN 等总线及 USB 数据接口,因此数字示波器可以方便地实现测试数据的拷贝输出、存档和交流。

随着计算机技术的快速发展,目前数字示波器已经和计算机技术完全融为一体,根据实际的测试需要,在原有数字示波器的基础上,增加少量的硬件,并配以不同的专用软件,就可以实现具有专用测量功能的数字示波器。例如,在数字示波器中加入专用的通信协议分析软件,就构成了通信信号分析仪;在数字示波器中增加电流感应探头,就成为在线电流测量工具;在数字示波器中加入微波或射频检波探头和相应的软件,就成为峰值功率分析仪等。随着虚拟仪器技术的发展,有的数字示波器仅仅是一个数据采集卡或一个模块,在使用时只需将数据采集卡(或模块)插在 PC 机的卡槽里或通过计算机的 USB 接口连接,再配置相应的软件,就可以实现台式数字示波器的功能。

3) 数字荧光示波器

数字荧光示波器能实时显示、存储和分析复杂信号的三维信息,即信号的幅度、时间和整个时间上的幅度分布,捕捉复杂动态信号中的全部细节和异常情况,显示复杂波形中的细微差别以及出现的频繁程度。

3.3.1.3 示波器的主要技术指标

1) 频带宽度

频带宽度(BW),是指示波器的 Y 通道输入信号上限频率 f_H 和下限频率 f_L 之差,即 BW = f_H - f_L。如果示波器的下限频率 f_L 可以是直流(0Hz),则频带宽度也可用上限频率 f_H 来表示。一般情况下,示波器的频带宽度指示波器的 Y 通道对正弦波输入的幅频响应下降到中心频率的幅频响应的 0.707 倍(3dB)时的频率范围。

2) 上升时间

上升时间常用 t_r 表示。t_r 与频带宽度 BW 有关,表示由于示波器 Y 通道的频带宽度的限制,当输入一个理想阶跃信号(上升时间为零)时,显示波形的上升沿的幅度从 10% 上升到 90% 所需的时间。它反映了示波器 Y 通道跟随输入信号快速变化的能力。

频带宽度 BW 与上升时间 t_r 的关系可近似表示为

$$t_r[\mu s] \approx \frac{0.35}{BW[MHz]} \ \text{或} \ t_r[ns] \approx \frac{0.35}{BW[MHz]} \times 10^3 \qquad (3.65)$$

3) 扫描速度

模拟示波器的扫描速度是指荧光屏上单位时间内光点水平移动的距离,单位为 cm/s。荧光屏上为了便于读数,通常用间隔 1cm 的坐标线作为刻度线,因此,每 1cm 也称为 1 格(用 div 表示),扫描速度的单位就可表示为 cm/div。

示波器屏幕上光点水平扫描速度还可以用时基因数、扫描频率等指标来描述。扫描速度的倒数称为时基因数,它表示单位距离代表的时间,单位为 μs(ms、s)/cm 或 μs(ms、s)/div。在示波器的面板上,通常按 1、2、5 的顺序分成很多挡。面板上还有时基因数的"微调"和"扩展"(×1 或 ×5 倍)旋钮,当需要进行定量测量时,应置于"校准""×1"的位置。扫描频率表示水平扫描的锯齿波的频率。

4) 偏转灵敏度

偏转灵敏度是指屏幕上的光点在单位电压的作用下,所产生的垂直偏转距离,单位是 cm/V、cm/mV(或 div/V、div/mV)。

5) 偏转因数

偏转灵敏度的倒数称为偏转因数,是指在输入信号的作用下,光点在荧光屏上的垂直 Y 方向移动 1cm(1 格)所需的电压值,单位为 V/cm、mV/cm(或 V/div、mV/div),示波器面板上,通常也按 1、2、5 的顺序分成很多挡,此外还有"微调"(当调到最尽头时,为"校准"位置)旋钮。偏转因数表示了示波器 Y 通道的放大/衰减能力。偏转因数越小,表示示波器观测微弱信号的能力越强。

6) 输入阻抗

输入阻抗是指示波器的输入端对地的电阻 R_i 和分布电容 C_i 的并联阻抗,一般用 Ω(MΩ)//pF 表示。当被测信号接入示波器时,输入阻抗 Z_i 形成被测信号的等效负载。一般当输入直流信号时,输入阻抗用输入电阻 R_i 表示;当输入交流信号时,输入阻抗用输入电阻 R_i 和输入电容 C_i 的并联表示。例如,是德科技公司的InfiniiVision 5000 系列示波器的输入阻抗为 $1M\Omega\pm1\%//12pF$ 或 $50\Omega\pm1.5\%//12pF$ 可选。

7) 输入方式

示波器的输入方式是指其输入信号的耦合方式,一般有直流(DC)、交流(AC)和接地(GND)三种,可通过示波器面板进行选择。直流耦合时,输入信号的所有成分都加到示波器的输入;交流耦合时,通过隔直电容去掉信号中的直流和低频分量;接地方式则是断开输入信号,将 Y 通道输入直接接地,用于信号幅度测量时确定零电平位置。

8) 触发源

触发源是指用于提供产生扫描电压的同步信号来源,一般有内触发(INT)、外触发(EXT)、电源触发(LINE)三种。内触发是由被测信号产生同步触发信号;外触发是由外部输入信号产生同步触发信号;电源触发是利用 50Hz 工频电源产生同步触发信号。

数字示波器的主要技术指标,如偏转灵敏度及偏转因数、扫描速度及时基因数、输入阻抗、触发方式等,与传统模拟示波器相同,但数字示波器也有一些特有的技术指标,如采样率、存储深度、实时带宽、有效比特分辨力等,需要单独进行介绍。

9) 采样率

数字示波器的采样率是指单位时间内,示波器对模拟输入信号的采样次数,单位是 Sa/s。示波器技术指标中的采样率一般是指其最高采样率,例如,是德科技公司的 InfiniiVision 5032A 示波器的最高采样率为 2GSa/s。

10) 存储深度

数字示波器的存储深度有时也称为记录长度,是指示波器可以保存的采样点的个数,单位为 pts,决定于其物理存储介质的存储容量。同样,以是德科技公司的 InfiniiVision 5032A 示波器为例,其存储深度为 8Mpts。

最高采样率受采集存储器深度(记录长度)的限制,取样时钟速率不可能总是等于 A/D 转换器的最高转换速率,也就是说,DSO 不可能总是以最高采样率工作,而是与设置的扫描速度(扫描时间因数)和示波器的记录长度有关。例如,一台最高采样率 2GSa/s、记录长度为 1Mpts 的 DSO,当设置的扫速为 $100\mu s/div$ 时,由于受存储器的存储深度的限制,实际的采样率应该只有 1GSa/s。因此,只有记录长度更长的 DSO,才能够以更高的采样率捕捉更长时间的信号波形。

为了弥补存储深度不足带来的不利影响,当使用数字示波器测量周期性重复信号时,DSO 可采用随机取样的方式进行数字取样,这时采样率和记录长度不会给测量带来多大影响。然而,当用于捕捉单次信号,或者同时观测高速和低速两种信号以及时间相距较远的事件时,记录长度就显得十分重要了。

11) 重复带宽

DSO 的重复带宽是指测量重复信号时所表现出来的示波器带宽,此时 DSO 一般都工作在等效取样(随机取样或顺序取样)方式。前面已经讲过,在等效取样方式下,信号必须是周期性重复的,DSO 一般要经过多个采集周期,对采集到的数据进行重新组合,才能精确地显示被测信号的波形。

12) 单次带宽

DSO 的单次带宽又称为实时带宽,是指不需要多个采集周期的数据积累,仅仅一次采集,就能组合出精确的被测波形。为了准确地恢复波形,通常需要取样频率是实时带宽的 10 倍。也有的规定取样频率是实时带宽的 4~8 倍,但需要对被测波形数字化后的数据进行插值,然而恢复后的波形将会产生 5% 以上的幅度误差,其结果表现为被测信号受到额外调制。大多数情况下,使用示波器测量波形时,对测量精度不会有特别高的要求,一般都可以放心使用。

13) 有效比特分辨力

与模拟示波器不同,DSO 的垂直分辨力是以比特数来表示的,因此也称为比特分辨力。通常 DSO 的比特分辨力是指 DSO 内部 A/D 转换器的比特数,代表理想情况下满刻度信号的量化能力。实际上,A/D 转换器的真正比特分辨力,应该用有效比特分辨力(EBR)来衡量,并且与被转换的信号频率以及信号的信噪比有关。通常,A/D 转换器的比特分辨力都随着输入信号频率的提高而下降,并且不同厂家生产的 A/D 转换器比特分辨力下降程度也是不一样的。因此,简单地用 A/D 转换器的比特数来代表 DSO 的垂直分辨力是不科学的。

14) 更新速率

更新速率是指 DSO 采集波形并更新显示的速率,该指标关系到 DSO 捕获到随机和偶发事件的概率。同样,以是德科技公司的 InfiniiVision 5032A 示波器为例,其给出的更新速率指标是 10^5 wfms/s。

15) 数学函数

目前数字示波器都有不同程度的数学运算功能,可以对各输入通道的信号进行数学运算,如加、减、乘、FFT、微分、积分、平方根等。

16) 测量统计

测量统计是指 DSO 在完成对输入信号正常更新速率的测量的同时,用户可以获得的测量统计数据,如平均值、最小值、最大值、标准偏差和计数等。

3.3.2 波形显示的基本原理

虽然在时域测试测量领域,数字示波器已经占据了主导地位,但模拟示波器作为示波器的基础,许多时域测量的基本原理、技术指标和应用等都是基于模拟示波器的,有关波形显示的原理通过模拟示波器也更容易理解,因此下面我们先以模拟示波器为例对波形显示的基本原理进行分析,再对目前常用的液晶显示器的显示原理进行简要介绍。

3.3.2.1 CRT 显示原理

早期的示波器采用阴极射线管(Cathode Ray Tube,CRT)作为波形显示的显示器,CRT 是一种封装在玻璃壳内的大型真空电子器件,主要由电子枪、偏转系统和荧光屏三部分组成。其工作原理是通过电子枪产生的高速电子束轰击荧光屏的相应部位产生荧光,而偏转系统则能使电子束产生偏转,从而确定荧光屏上光点的位置。

1)电子枪

电子枪的作用是发射电子并形成很细的高速电子束。如图 3-77 所示,它由灯丝 F、阴极 K、栅极 G_1、G_2 和阳极 A_1、A_2 组成。当电流流过灯丝后对阴极加热,阴极产生大量电子,并在后续电场作用下轰击荧光屏发光。

控制栅极 G_1 呈圆筒状,包围着阴极,只在面向荧光屏的方向开一个小孔,使电子束从小孔中穿过。通过调节 G_1 对 K 的负电位,可调节光点的亮度,即进行"辉度"控制。

第一阳极 A_1 使电子汇聚;第二阳极 A_2 使电子加速。A_1 和 A_2 与 G_1 对电子束进行聚焦并加速,使到达荧光屏的电子形成很细的一束并具有很高速度。调节 A_1 的电位,即可调节 G_2 与 A_1 和 A_1 与 A_2 之间的电位,其中:调节 A_1 的电位器称为"聚焦"旋钮;调节 A_2 的电位器称为"辅助聚焦"旋钮。

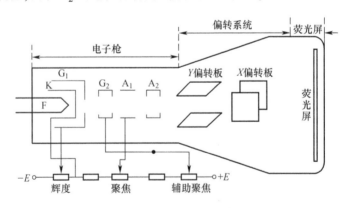

图 3-77 电子枪结构示意图

2)偏转系统

如图 3-78 所示,示波管的偏转系统由两对相互垂直的平行金属板组成,分别称为垂直 Y 偏转板和水平 X 偏转板,偏转板在外加电压信号的作用下使电子枪发出的电子束产生偏转。

当偏转板上没有外加电压时,电子束打向荧光屏的中心点;如果有外加电压,则在偏转电场的作用下,电子束打向由 X、Y 偏转板共同决定的荧光屏上的某个坐标位置。通常,为了使示波器有较高的测量灵敏度,Y 偏转板置于靠近电子枪的部位,而 X 偏转板在 Y 的右边。电子束在偏转电场作用下的偏转距离与外加偏转电压成正比。

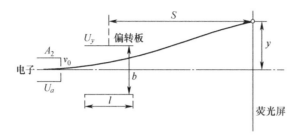

图 3-78　偏转系统示意图

如图 3-78 所示,电子在离开第二阳极 A_2(设电压为 U_a)时速度为 v_0,设电子质量为 m,则有

$$eU_a = \frac{1}{2}mv_0^2 \tag{3.66}$$

电子将以 v_0 为初速度进入偏转板,电子经过偏转板后偏转距离 y 可表示为

$$y = \frac{lS}{2bU_a}U_y \tag{3.67}$$

式中:l 为偏转板的长度;S 为偏转板中心到屏幕中心的距离;b 为偏转板间距;U_a 为阳极 A_2 上的电压;U_y 为外加电压。

式(3.67)表明,偏转距离与偏转板上所加电压和偏转板结构等多个参数有关,其物理意义为:若外加电压 U_y 越大,则偏转电场越强,偏转距离就越大;若偏转板长度 l 越长,则偏转电场的作用距离就越长,因而偏转距离越大;若偏转板到荧光屏的距离 S 越长,则电子在垂直方向上的速度作用下,使偏转距离增大;若偏转板间距 b 越大,则偏转电场将减弱,使偏转距离减小;若阳极 A_2 的电压 U_a 越大,则电子在轴线方向的速度越大,穿过偏转板到荧光屏的时间越小,因而偏转距离减小。对于设计定型后的示波器偏转系统,l、S、b、U_a 均可视为常数,如果定义比例系数 S_y 为示波管的 Y 轴偏转灵敏度(单位为 cm/V),则 $D_y = \dfrac{1}{S_y}$ 为示波管的 Y 轴偏转因数(单位为 V/cm)。S_y 越大,示波管越灵敏,则有

$$S_y = \frac{lS}{2bU_a} \tag{3.68}$$

可以改写为

$$y = S_y U_y \tag{3.69}$$

由于 S_y 为常数,因此垂直偏转距离与外加垂直偏转电压成正比。同样的,对水平偏转系统,亦有 $y = S_x U_x$,即水平偏转距离与外加水平偏转电压成正比。同理,当偏转板上施加的是被测电压时,荧光屏上光点的位置与被测电压直接相关。因此,式(3.69)是示波管用于观测电压波形的理论基础。

实际使用时,为了提高示波器观测微弱信号的能力,我们希望提高 Y 轴的偏转灵敏度,此时可适当降低第二阳极电压,而在偏转板至荧光屏之间加一个后加速阳极 A_3,使穿过偏转板的电子束在轴向(Z 方向)得到较大的速度。这种系统称为先偏转后加速(Post Deflection Acceleration,PDA)系统,可有效改善偏转灵敏度。

3) 荧光屏

荧光屏将电信号变为光信号,实现信号显示,通常制作成矩形平面。其内壁有一层荧光物质,面向电子枪的一侧还常覆盖一层极薄的透明铝膜,高速电子可以穿透这层铝膜轰击屏上的荧光物质而发光,透明铝膜可保护荧光屏,且消除反光使显示图形更清晰。在使用示波器时,应避免电子束长时间停留在荧光屏的某个位置,否则将使荧光屏受损,因此在示波器开启后不使用的时间内,可将"辉度"调暗。

当电子束停止轰击荧光屏时,光点仍能保持一定的时间,这种现象称为"余辉效应"。从电子束移去到光点亮度下降为原始值的 10% 所持续的时间称为余辉时间。余辉时间与荧光材料有关,一般将小于 $10\mu s$ 的称为极短余辉;$10\mu s \sim 1ms$ 为短余辉;$1 \sim 100ms$ 为中余辉;$0.1 \sim 1s$ 为长余辉;大于 1s 为极长余辉。正是由于荧光物质的"余辉效应"以及人眼的"视觉残余"效应,尽管电子束每一瞬间只能轰击荧光屏上一个点发光,但电子束在外加电压下连续改变荧光屏上的光点,我们就能看到光点在荧光屏上移动的轨迹,该光点的轨迹即描绘了外加电压的波形。

为便于使用者观测波形,需要对电子束的偏转距离进行定度,为此,在示波管的内侧刻有垂直和水平的方格子(一般每格 1cm,用 div 表示),或者在靠近示波管的外侧加一层有机玻璃,在有机玻璃上标出刻度,但读数时应注意尽量保持视线与荧光屏垂直,避免视差。

3.3.2.2 波形显示的基本原理

输入电压的波形可以通过将电压加到偏转板上,控制电子束在荧光屏上产生的亮点在屏幕上移动的轨迹来显示。根据这个原理,示波器可显示随时间变化的信号波形,并显示任意两个变量 X 与 Y 的关系。下面我们分别进行介绍。

1) 显示随时间变化的图形

电子束进入偏转系统后,要受到 X、Y 两对偏转板间电场的控制,它们对 X、Y 的控制可以通过分解成以下几种情况来说明。

(1) U_x、U_y 均为固定电压。如图 3-79(a)所示,若 $U_x = U_y = 0$,相当于没有外加电压,此时光点应该在垂直和水平方向上都不发生偏转,光点在荧光屏的中心位置。如图 3-79(b)所示,若 $U_x = 0$,U_y = 常量,相当于只在垂直方向上有偏转电压,则光点只在垂直方向进行偏移,偏移的方向与外加电压的极性有关。若 $U_y > 0$ 为正电压,则光点从荧光屏的中心往垂直方向上移;反之若 $U_y < 0$ 为负电压,则光点从荧光屏的中心往垂直方向下移。如图 3-79(c)所示,若 U_x = 常量,U_y = 0,此时只在水平方向上有偏转电压,则光点应只在水平方向上发生偏移,同样偏移的方向与外加电压的极性有关。若 $U_x > 0$ 为正电压,则光点从荧光屏的中心往水平方向右移;若 $U_x < 0$ 为负电压,则光点从荧光屏的中心往水平方向左移。如图 3-79(d)所示,若 U_x = 常量,U_y = 常量,此时在水平和垂直方向上都有偏转电压,则光点的移动方向应为两电压的矢量合成,移动的方向与距离均与两电压的大小和方向有关。

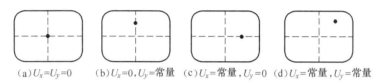

(a)$U_x = U_y = 0$ (b)$U_x = 0$,U_y=常量   (c)U_x=常量,$U_y = 0$ (d)U_x=常量,U_y=常量

图 3-79 水平和垂直偏转板上加固定电压时的显示情况

(2) X、Y 两对偏转板上分别加变化电压。设 $u_x = 0$,$u_y = U_m \sin\omega t$,即 X 偏转板上不加电压,仅在 Y 偏转板上加正弦电压,此时光点在水平方向上应该是不偏移的,而在垂直方向上由于 Y 偏转板加上了交变的正弦电压,因此光点周期性地来回移动,出现一条垂直线段,光点移动的周期与正弦电压周期相同,如图 3-80 所示。

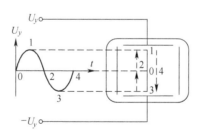

图 3-80 垂直偏转板上加交变正弦电压

设 $u_x = kt$,$u_y = 0$,即 X 偏转板上加线性变化的电压,而 Y 偏转板上不加电压,由于 Y 偏转板不加电压,因此光点在垂直方向是不移动的,而光点只在荧光屏的水平方向上来回移动,出现的也是一条水平线段,如图 3-81 所示。

(3) 下面讨论这一实际情况,即 Y 偏转板加正弦波信号电压 $u_y = U_m \sin\omega t$,X 偏转板加锯齿波电压 $u_x = kt$。如图 3-82 所示,为分析方便,我们只讨论几个关键

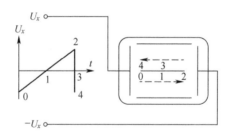

图 3-81 水平偏转板上加线性变化电压

时刻。

在 t_0 时刻，$u_x = -U_{xm}$（锯齿波电压的最大负值），$u_y = 0$。此时，在以上电压的共同控制下，光点在荧光屏上最左侧的"0"点，偏离屏幕中心的距离正比于 U_{xm}。

在 t_1 时刻，$u_x = -u_{x1}$，$u_y = u_{y1}$，此时光点同时受到水平和垂直偏转板偏转电压的作用，光点的位置在屏幕第Ⅱ象限的最高点"1"点。

在 t_2 时刻，$u_{x2} = 0$，$u_{y2} = 0$，锯齿波电压和正弦波电压均为0，光点将会出现在屏幕中央的"2"点。

在 t_3 时刻，$u_x = u_{x3}$，$u_y = u_{y3}$，此时与正弦波的正半周类似，只不过正弦波电压为负半周负的最大值，$u_{y3} = -U_{ym}$、光点出现在屏幕第Ⅳ象限的最低点，如图中"3"点所示。

在 t_4 时刻，$u_{x4} = +U_{xm}$，$u_{y4} = 0$，此时锯齿波电压为正的最大值，正弦波电压为零，光点将会出现在屏幕最右侧的第"4"点。

至此，完成一个周期的波形显示，后续在被测信号的第二个周期、第三个周期等都将重复第一个周期的情形，光点在荧光屏上描出的轨迹也将重复出现在第一次描出的轨迹上，因此，荧光屏显示的是被测信号随时间变化的稳定波形。

2）显示任意两个正弦输入信号

在示波器的两个偏转板上都加上同频的正弦波电压，此时显示的图形称为李沙育（Lissajous）图形，这种图形可以被方便地应用在相位和频率测量中。此时的示波器又称为 $X-Y$ 图示仪。若两信号的初相相同，则可在荧光屏上画出一条直线；若两信号在 X、Y 方向的偏转距离相同，则这条直线与水平轴呈45°角，如图 3-83（a）所示；若这两个信号初相位相差90°，则在荧光屏上画出一个正椭圆；若 X、Y 方向的偏转距离相同，则荧光屏上画出的图形为圆，如图 3-83（b）所示。这种 $X-Y$ 图示仪可以在很多领域中得到应用。

3）扫描

通过前面的分析我们知道，如果在 X 偏转板上加一个 $u_x = kt$（k 为常数）的锯齿波电压，垂直偏转板不加电压，那么光点将在 X 方向上做匀速运动，光点在水平

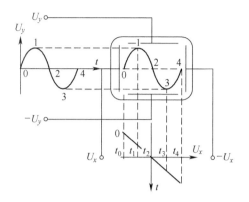

图 3-82　水平和垂直偏转板同时加信号时的显示

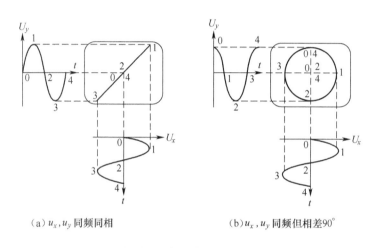

(a) u_x,u_y 同频同相　　　　(b) u_x,u_y 同频但相差 $90°$

图 3-83　水平和垂直偏转板同时加同频正弦波

方向的偏移距离为

$$x = S_x \cdot kt = h_x t \tag{3.70}$$

式中：x 为 X 方向的偏转距离；S_x 为示波管的 X 轴偏转灵敏度（单位为 cm/V）；h_x 为比例系数，即光点移动的速度。这样，X 方向偏转距离的变化就反映了时间的变化。此时光点水平移动形成的水平亮线称为"时间基线"。

当锯齿波电压达到最大值时，荧光屏上的光点也达到最大偏转，然后锯齿波电压迅速返回起始点，光点也迅速返回屏幕最左端，再重复前面的变化。光点在锯齿波作用下扫动的过程称为"扫描"，能实现扫描的锯齿波电压称为扫描电压，光点自左向右的连续扫动称为"扫描正程"，光点自荧光屏的右端迅速返回左端起扫点的过程称为"扫描逆程"。理想锯齿波的逆程时间为 0。

4）同步

如图 3-84 所示，若扫描信号的周期与被测信号的周期满足 $T_x = nT_y$（n 为正整数），即扫描电压的周期是被观测信号周期的整数倍，则扫描电压与被测电压"同步"。此时，每次扫描的起点都对应在被测信号的同一相位点上，这就使得扫描的后一个周期所描绘的波形与前一周期的波形完全一样，每次扫描显示的波形重叠在一起，在荧光屏上可得到清晰而稳定的波形。

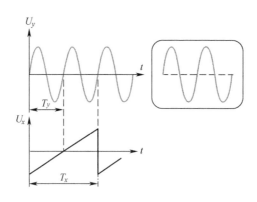

图 3-84　$T_x = 2T_y$ 时荧光屏上显示的波形

如图 3-85 所示，当扫描信号的周期与被测信号的周期 $T_x \neq nT_y$（n 为正整数），即不满足同步关系时，后一扫描周期描绘的图形与前一扫描周期的图形不重合，显示的波形是不稳定的。

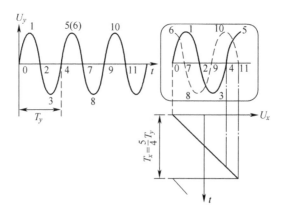

图 3-85　扫描电压与被测电压不同步时的显示波形

5) 连续扫描和触发扫描

如果扫描电压是连续的,扫描正程紧跟着逆程,逆程结束又开始新的正程,扫描是不间断的,则称为连续扫描。

如果扫描信号由被测信号激发扫描发生器产生,扫描间断工作,则称为触发扫描。观测脉冲信号,特别是长周期脉冲信号时,可使用触发扫描,使扫描脉冲只在被测脉冲到来时才扫描一次,没有被测脉冲时,扫描发生器处于等待工作状态。在实际使用时,只要适当选择扫描电压的持续时间等参数,就可以将被测脉冲波形展宽,以便于观察。

3.3.2.3 液晶显示器及工作原理

1) 液晶显示器的基本结构

液晶是一种介于液体和晶体之间,具有独特的物理和光学各向异性的特殊物质。光学各向异性是指光源发光强度的分布随方向而异的特性。液晶属于芳香族类的有机聚合物,在一定温度范围内呈现出一种中间状态,既有液体所具备的流动性,同时又具有晶体的旋光性、双折射等光学特性。旋光性是指偏振光入射某些媒质时,使其偏振面发生旋转的现象。

液晶的这种双重特性,使它对电场、磁场、光线、温度等外界环境的变化极其敏感,并能将上述外界环境的变化在一定条件下转换为可视信号。液晶显示器就是根据液晶的这些特性而制成的显示器件。

液晶显示器件类型较多,按照液晶分子排列状态和结构特征大致可分为向列相液晶、近晶相液晶和胆甾相液晶三种基本类型。目前应用最广泛的是扭曲向列型液晶显示器。扭曲向列型液晶显示器是指液晶分子在两块玻璃板间呈扭曲排列,在液晶盒两面分别配置偏光片,利用外加电场改变液晶旋光特性进行显示。扭曲向列型液晶显示器由液晶盒、紫外滤光片、偏光片(偏振片)及反光片(反射片)等构成。其中,液晶盒由上、下两块玻璃板、液晶及封口材料等构成。液晶显示器是由液晶盒组成的平面型显示器,其基本结构示意图如图3-86所示。向列型液晶分子一般都是刚性的棒状分子,呈细长棒状态,分子本身具有各向异性,在没有外界环境因素作用的情况下沿着棒状分子长轴(沿长棒两端的连线称为长轴)方向有序排列,并且保持平行或接近于平行排列。分子可上下、左右移动或旋转。由于分子排列的有序性较弱,分子间的相互作用力也比较小,基于上述原因,分子排列顺序极容易受外界环境因素的影响而发生改变。

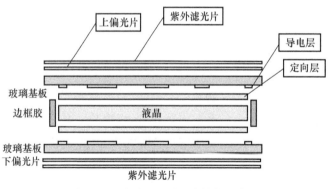

图 3-86　液晶显示器基本结构示意图

如图 3-86 所示,在两块具有透明电极玻璃板制成的液晶盒中置入液晶,外界电场通过液晶盒内的玻璃电极施加到液晶上去,从而使分子的排列顺序受到外界电场的控制。上、下两块玻璃板都贴附了定向层,其功能是使两块玻璃板之间的定向方向互相垂直。因此,注入液晶盒内的分子长轴在定向层的作用下与玻璃板表面平行,并使分子排列方向在上、下玻璃板表面呈正交方向,导致两块玻璃板之间的分子长轴形成了一种扭曲结构。液晶显示器件本身不发光,属于被动发光器件,它依靠调制外界光去改变电场中液晶分子的排列状态,以实现显示数字信号的目的。以上特点是扭曲向列型液晶显示器在液晶显示器领域中获得广泛应用的主要原因。

2) 液晶显示器的工作原理

图 3-87 为液晶显示器的工作原理示意图。自然界中的光线按其光波振动的方向可以划分为自然光和偏振光。我们都知道,自然光是一种电磁波,具有横波特征,它在各个方向上均能实现光波振动。偏振光则不同,它是仅有单一振动方向的光波。从自然光获得偏振光的过程称为起偏。偏光片是可以从自然光获得偏振光的光学元件,偏光片只允许自然光中某一振动方向的光通过,这个方向又称为偏振方向,通常用双向箭头表示。液晶显示器配置上、下两块偏光片,上偏光片设置在液晶盒上面,将自然光转变成水平方向的偏振光,下偏光片与上偏光片正交,设置在液晶盒下面,只允许垂直方向的偏振光通过,并阻止水平方向的偏振光。反光片是将到达反光片的光按照原来的路线反射回去。在实际的工程应用中,通常在液晶显示器的表面附加一层紫外线滤光片,阻止紫外线照射到液晶上,以保护并延长液晶的使用寿命。

通过上面的分析我们知道,液晶分子的长轴在液晶盒中形成一种扭曲结构。当有一束水平偏振光通过这个扭曲液晶层时,其偏振方向将会沿着扭曲方向旋转。液晶分子长轴 90° 的扭曲最终导致 90° 的旋光。如果对两块玻璃板上的电极施加电压后,液晶分子则转变为垂直于上、下两块玻璃板表面排列,使扭曲结构消失,并导致旋光作用也随之消失,此种光电变化称为扭曲效应。

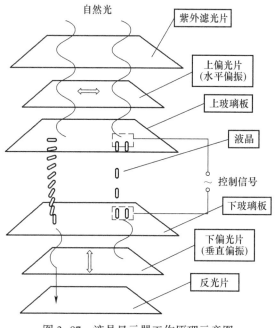

图 3-87 液晶显示器工作原理示意图

当未对液晶两端施加电场时,到达上偏光片的自然光线通过上偏光片后变成水平偏振光,进入液晶后产生扭曲效应,被扭曲排列的液晶分子扭转 90°,变成了垂直方向的偏振光。由于该偏振光与下偏光片的偏振方向完全一致,因此可顺利透过下偏光片射向反光片,被反光片反射后的偏振光按照原光路折回,此时液晶显示器呈现透明状态,称为常白模式,不显示任何信息,如图 3-87 中的左半部分所示。由于液晶分子是极性分子,因此将需要显示的数据信号电压施加到液晶显示器的相关电极上时,液晶分子长轴带负电荷的一端靠向电场的正方向,带正电荷的一端靠向电场的负方向,导致液晶分子改变了原来的排列方向而转变为与玻璃板表面呈垂直状态,如图 3-87 中的右半部分所示,此时液晶的扭曲结构被破坏,失去了将上偏光片射入的偏振光扭曲 90°的能力。偏振光仍然保持水平方向无法穿透下偏光片,被下偏光片阻止不能到达反光片,也不能被反射,液晶显示器将处于不透明状态,即常黑模式,此时显示信息。

上述液晶显示的基本原理仅说明入射光有两种可能:一种是透射出来;另一种是被完全截止。入射光的两种可能决定出射光的两种状态,即亮态和暗态。如果对实际应用的液晶显示器分别输入大小不同的数据信号电压,那么液晶分子在不同数据信号电压控制下旋转的状态不同,因此对偏振光的旋转程度也不一样。

综上所述，LCD 显示的数据信号是由于液晶盒和偏光片共同调制外界光所形成的，而不是液晶材料变色导致的，因此在没有外界电压的条件下就不能进行显示。如果液晶显示器的每个像素(像素是指组成图像最小的基本单元)再配置彩膜，就可以观看到彩色的图像。

3) 液晶显示器的主要技术指标

(1) 亮度。由于液晶本身不能发光，需要额外的光源才能进行显示，因此液晶显示器的最大亮度，通常由背光源来决定。

(2) 分辨率。分辨率是指液晶显示器单位面积内显示像素的数量。液晶显示器的物理分辨率是固定不变的，当液晶显示器使用在非标准分辨率时，显示效果就会变差，文字的边缘就会被虚化。

(3) 色彩度。液晶显示器的一个重要指标就是色彩表现度。分辨率为 1024×768 的液晶显示器是由 1024×768 个像素点组成显像的，每个独立的像素色彩又是由红(R)、绿(G)、蓝(B)三种基本色来控制的。如果每个基本色(R、G、B)均有 6 位控制，即 64 种表现度，那么每个独立的像素就有 64×64×64＝262144 种色彩。

(4) 对比度。显示器对比度是其最大亮度值(全白)除以最小亮度值(全黑)的比值。液晶显示器的控制芯片、滤光片和定向膜等配件决定了其对比度。

(5) 响应时间。响应时间是指液晶显示器对于输入信号的反应速度，即液晶由暗转亮或由亮转暗的反应时间，通常是以毫秒为单位。

(6) 可视角度。液晶显示器的可视角度是指可以不失真地观看显示器的上下、左右角度范围。液晶显示器的可视角度左右对称，而上下则不一定对称。一般情况下，上下角度要小于或等于左右角度。

3.3.3 通用示波器

3.3.3.1 通用示波器的组成

如图 3-88 所示，通用示波器主要由示波管、垂直通道、水平通道、电源电路及校准信号发生器等部分组成。

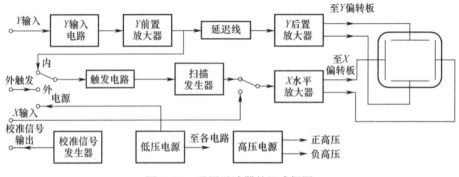

图 3-88 通用示波器的组成框图

3.3.3.2 通用示波器的垂直通道

通用示波器的垂直通道是待测信号的输入通道,其主要作用是将输入的被测信号进行衰减或线性放大,以满足示波器显示时的偏转电路要求,并作用于垂直偏转板,使被测信号在屏幕上显示出来。

通用示波器的垂直通道由输入电路、前置放大器、延迟线和后置放大器等电路组成。

(1) 输入电路。如图 3-89 所示,输入电路主要是由衰减器和输入选择开关构成。衰减器的作用是将输入信号进行衰减,并对衰减后的输入信号进行频率补偿。

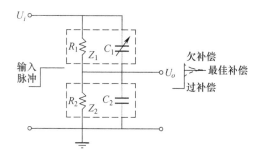

图 3-89 输入衰减电路示意图

衰减器的衰减量为

$$\frac{U_o}{U_i} = \frac{Z_2}{Z_1 + Z_2} \tag{3.71}$$

$$Z_1 = \frac{R_1 \cdot \frac{1}{j\omega C_1}}{R_1 + \frac{1}{j\omega C_1}} = \frac{R_1}{1 + j\omega R_1 C_1}, Z_2 = \frac{R_2 \cdot \frac{1}{j\omega C_2}}{R_2 + \frac{1}{j\omega C_2}} = \frac{R_2}{1 + j\omega R_2 C_2}$$

当调节 C_1 使得满足 $R_1 C_1 = R_2 C_2$ 时,Z_1、Z_2 表达式中分母相同,则衰减器的分压比为

$$\frac{U_o}{U_i} = \frac{Z_2}{Z_1 + Z_2} = \frac{R_2}{R_1 + R_2} \tag{3.72}$$

满足式(3.72)的补偿条件,称为最佳补偿条件。当 $R_1 C_1 > R_2 C_2$ 时,将出现过补偿;当 $R_1 C_1 < R_2 C_2$ 时,将出现欠补偿。

(2) 输入耦合方式。通用示波器的输入耦合方式一般设有 AC、GND、DC 三挡选择开关。置"AC"挡时,输入信号经电容耦合到后面的衰减器,只有交流分量可以通过,适于观察交流信号;置"GND"挡时,用于确定零电平,即在不断开输入信号的情况下,为示波器提供接地参考电平;置"DC"挡时,输入信号直接接到后面的衰减器,被测信号的交、直流成分均可以通过,用于观测频率很低的信号或带有直流分量的交流信号。

(3) 前置放大器。前置放大器可将信号适当放大,并从中取出内触发信号,具有灵敏度微调、校正、Y 轴移位、极性反转等作用。Y 前置放大器大都采用差分放大电路,若在差分电路的输入端输入不同的直流电位,则相应的 Y 偏转板上的直流电位和波形在 Y 方向的位置就会改变。利用这一原理,调节"Y 轴位移"旋钮,即可调节直流电位,改变被测波形在屏幕上的位置,以便定位和测量。

(4) 延迟线。延迟线的作用是把加到垂直偏转板上的脉冲信号延迟一段时间,使信号出现的时间滞后于扫描开始时间,保证在屏幕上扫描出包括上升时间在内的脉冲全过程。

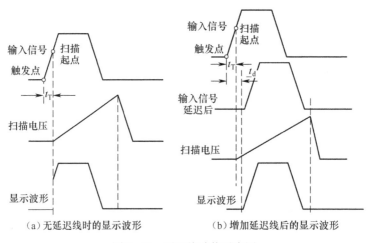

图 3-90 延迟线功能示意图

延迟线只起到时间延迟的作用,而不应影响输入信号的频率成分,因此一般情况下,延迟线的输入级需采用低输出阻抗的电路驱动,而输出级则应采用低输入阻抗的缓冲器。

(5) 输出放大器。Y 输出放大器的功能是将延迟线传来的被测信号放大到足够的幅度,以驱动示波管的垂直偏转系统,使电子束获得 Y 方向的偏转。Y 输出放大器应具有稳定的增益、较高的输入阻抗、足够宽的频带宽度、较小的谐波失真。

Y 输出放大器大都采用推挽式放大器,以使加在偏转板上的电压能够对称,有利于提高共模抑制比。电路中采用一定的频率补偿电路和较强的负反馈,使得在较宽的频率范围内增益稳定。还可采用改变负反馈的方法,变换放大器的增益。

3.3.3.3 通用示波器的水平通道

水平通道(X 通道)的主要任务是产生随时间线性变化的扫描电压,再放大到足够的幅度,然后输出到水平偏转板,使光点在荧光屏的水平方向达到满偏转。水平通道包括触发电路、扫描发生器环和水平放大器等部分,如图3-91所示。

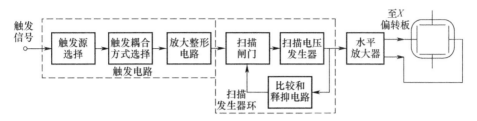

图 3-91 通用示波器水平通道的组成框图

1) 触发电路

触发电路的作用是为扫描信号发生器提供符合要求的触发脉冲。触发电路包括触发源选择、触发耦合方式选择、触发方式选择、触发极性选择、触发电平调节和触发放大整形等电路,如图3-92所示。

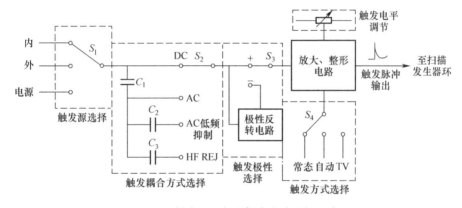

图 3-92 触发源和触发耦合方式选择电路

(1) 触发源选择。触发源一般有内触发、外触发和电源触发三种类型。内触发(INT)是将 Y 前置放大器的输出(延迟线前的被测信号)作为触发信号,便于被测信号的测量;外触发(EXT)是用外部输入的、与被测信号有严格同步关系的信号作为触发源,可用于比较两个信号的同步关系,当被测信号不适于作为触发信号时也可以使用外同步;电源触发(LINE)是用50Hz的工频正弦信号作为触发源,常用于观测与50Hz交流有同步关系的信号。

(2) 触发耦合方式选择。通用示波器一般设有4种触发耦合方式:"DC"直流耦合,常用于接入直流或缓慢变化的触发信号;"AC"交流耦合,用于接入从低频到较高频率的信号作为触发信号,"内""外"触发均可;"AC低频抑制"(LF REJ)耦合,一般用于观察含有低频干扰的信号;"AC高频抑制"(HF REJ)耦合,用于抑制

211

高频成分的耦合。

（3）扫描触发方式选择（TRIG MODE）。扫描触发方式通常有三种，分别是常态（NORM）触发、自动（AUTO）触发和电视（TV）触发。常态触发也称为触发扫描，是指有触发源信号并产生了有效的触发脉冲时，扫描电路才能被触发，并产生相应的扫描锯齿波电压，荧光屏上才会有扫描线。自动触发是指在一段时间内没有触发脉冲时，扫描系统按连续扫描的方式工作，此时荧光屏上将一直显示扫描线；当有触发脉冲信号时，扫描电路能自动返回触发扫描方式。电视触发是指用于电视信号测试时的触发功能，以便对电视信号（如行、场同步信号）进行监测与电视设备维修。它是在原有放大、整形电路基础上插入电视同步分离电路实现的。

（4）触发极性选择和触发电平调节。触发极性和触发电平决定了触发脉冲产生的时刻，并决定了扫描的起点，调节它们可方便地进行波形的观测和比较。触发极性是指触发点位于触发源信号的上升沿还是下降沿。触发点处于触发源信号的上升沿为"+"极性；触发点位于触发源信号的下降沿为"-"极性。触发电平是指触发脉冲到来时所对应的触发放大器输出电压的瞬时值。

（5）触发放大整形电路。扫描信号发生器要稳定工作，对触发信号的电平有一定的要求，因此，需对触发信号进行放大、整形。整形电路的基本形式是电压比较器，当输入的触发源信号与通过"触发极性"和"触发电平"选择的信号之差达到某一设定值时，比较电路翻转，输出矩形波，然后经过微分整形，变成触发脉冲。

2）扫描发生器环

如图3-93所示，扫描发生器用来产生线性良好的锯齿波，通常用扫描发生器环来产生扫描信号。扫描发生器环又称为时基电路，通常由积分器、扫描闸门、比较和释抑电路组成。

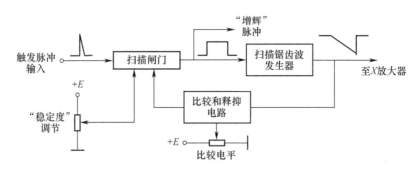

图3-93　扫描发生器环组成原理框图

闸门电路产生的闸门信号启动扫描发生器工作，使之产生锯齿波电压，同时把闸门信号送到增辉电路。释抑电路起到稳定扫描锯齿波的形成、防止干扰和误触发的作用，确保获得稳定的显示图像。

(1) 扫描闸门。扫描闸门是用来产生闸门信号的,它有三个作用,分别是:输出闸门信号,控制积分器扫描;利用闸门信号作为增辉脉冲控制示波管,起正程加亮的作用;在双踪示波器中,利用闸门信号触发电子开关,使之工作于交替状态。

常用的闸门电路有双稳态、施密特触发器和隧道二极管整形电路。

(2) 积分器。通用示波器中应用最广的一种积分电路是密勒(Miller)积分器,可产生线性良好的锯齿波,如图3-94所示。

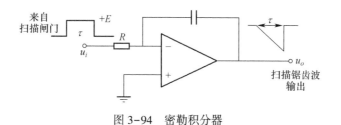

图 3-94 密勒积分器

设输入电压 u_i 为阶跃电压(从 0 跳变到 $+E$),对于运放来讲,反相端电位 $u^- = 0$,则积分器输出为

$$u_o = -\frac{1}{C}\int_0^\tau \frac{E}{R}\mathrm{d}t = -\frac{E}{RC}t, \quad t = 0 \sim \tau \tag{3.73}$$

电路的输入信号是从扫描门来的矩形脉冲,积分器在此矩形脉冲信号的作用下,输出 u_o 为理想的锯齿波。由于这个电压与时间成正比,因此可以用荧光屏上的水平距离代表时间。定义荧光屏上单位长度所代表的时间为示波器的扫描速度 $s(t/\mathrm{cm})$,则有

$$s = \frac{t}{x} \tag{3.74}$$

式中:x 为光迹在水平方向偏转的距离;t 为偏转距离 x 所对应的时间。

在示波器中通常改变 R 或 C 的值作为"扫描速度"粗调,用改变 E 值作为"扫描速度"微调。改变 R、C、E 均可改变锯齿波的斜率,进而改变水平偏转距离和扫描速度。

(3) 比较和释抑电路。比较和释抑电路利用比较电路的电平比较、识别功能来控制锯齿波的幅度,使电路产生等幅扫描。比较电路也称为扫描长度电路。释抑电路在扫描逆程开始后,关闭或抑制扫描闸门,使"抑制"期间扫描电路不再受到同极性触发脉冲的触发,以便使扫描电路恢复到扫描的起始电平上。

3) 水平放大器

水平放大器的基本作用是选择 X 轴信号,并将其放大到足以使光点在水平方向达到满偏的程度。X 放大器的输入端有"内""外"信号的选择。置于"内"时,X 放大器放大扫描信号;置于"外"时,水平放大器放大由面板上 X 输入端直接输入

的信号。

改变 X 放大器的增益,可以使光迹在水平方向得到扩展,或对扫描速度进行微调,以校准扫描速度。改变 X 放大器有关的直流电位,可以使光迹产生水平位移。

3.3.3.4 通用示波器的其他电路

(1) 高、低压电源。通用示波器的低压电源为电路提供所需的直流电压。高压电源电路多用于示波器的高、中压供电。

(2) Z 轴的增辉与调辉。Z 轴增辉电路的作用是将闸门信号放大,加到示波管上,使显示的波形正程加亮。调辉电路的作用是将外调制信号或时标信号加到示波管上,使屏幕显示的波形发生相应的变化。

(3) 校准信号发生器。校准信号发生器可产生幅度和频率准确的基准方波信号,为仪器本身提供校准信号源,以便随时校准示波器的垂直灵敏度和扫描时间因数。

3.3.4 数字存储示波器

3.3.4.1 概述

1) 数字示波器的发展

随着科学技术的迅速发展,科研及工程实践中对随机信号和单次信号的测量需求日益增加,尤其是在以计算机、数字通信和高速数字集成电路为代表的新技术领域中,解决由系统软件、硬件以及软硬件共同作用而产生的偶发故障等问题,对示波器的单次信号测量及波形存储、分析等能力提出了更高的要求,同时也为 DSO 的发展带来了重要机遇。因此在集成电路、计算机等技术的带动下,DSO 逐渐取代模拟示波器而得到了迅速发展。

早期的 DSO 是在模拟示波器的基础上增加数字化处理和数字化存储电路,将输入波形进行数字化存储之后,显示时仍然需要将数字波形转换为模拟信号,后期随着微处理器、FPGA、CRT 及 LCD 显示技术的发展并在 DSO 中的大量使用,数字化存储之后的待测信号也就不必再转换为模拟信号,而是经过计算机处理,直接以像素的方式显示出被测波形,此时 DSO 又称为数字化示波器,后来统称为数字示波器。

随着数字通信与信息技术的发展,高速、复杂数据流的可靠传输成为必须,数字数据传输中的码间干扰、信号电平、抖动、误码、眼图分析等测试需求日益提升,传统的模拟示波器已经无法满足科研及工程实践中的实际需求。数字示波器以其高采样率、大存储深度、多种数据分析手段等优势,在现代数字通信技术研究、系统开发,以及设备的生产、维护等阶段发挥着越来越重要的作用。

在现代军事装备的研制、生产、使用及维护保障工作中,数字示波器由于可以方便地应用于情报信息采集、装备试验参数测量、装备故障诊断与隔离等领域,对提高我军电子战能力、提高武器装备的技术性能、保障武器装备的作战使用等具有十分重要的意义。

2) 数字示波器的特点

由于数字示波器采用了数字化技术和计算机技术,可以根据需要对数字化后的波形数据进行存储和运算处理,并最终根据需要恢复并显示被测信号波形,因此数字示波器具有许多模拟示波器所不具备的特点。

(1) 信号捕捉能力强。数字示波器对于单次信号、随机信号、低重复速率信号的捕获及测量分析能力更强。

(2) 具有多种触发方式。数字示波器可以根据数字电路的测量需要,捕获并测量分析触发前及触发后的信号。

(3) 便于实现自动测量。由于数字示波器普遍具有嵌入式控制器及数据总线接口,因此可以方便地通过上层控制计算机的程序控制实现自动参数测量,而且测量的精度更高,不受人为因素影响。

(4) 便于测量数据的输出及保存。数字存储示波器由于本身具有较大的数据存储能力及数字人机接口(如磁盘、USB、LAN 等),因此更方便测量数据的输出及保存。

3.3.4.2 数字存储示波器的组成及工作原理

1) DSO 的组成

如图 3-95 所示,典型的 DSO 一般包括模拟输入、时钟与触发电路、数据采集及存储、数字信号处理及控制、存储器及外部接口、显示等部分。

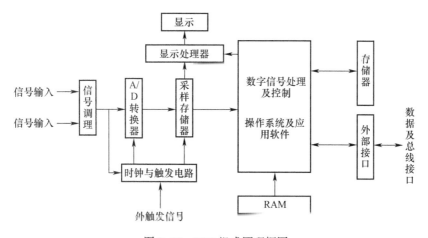

图 3-95 DSO 组成原理框图

(1) 模拟输入。目前 DSO 一般都有两个输入通道。模拟输入通道的主要功能是完成输入阻抗选择（1MΩ/50Ω）、耦合方式选择（AC/DC）、输入信号幅度的衰减和放大、垂直偏移电平调节、带宽限制选择等信号调理。信号经过模拟通道调理后，分成两路输出，一路经过缓冲放大器到采集部分进行 A/D 转换，另一部分则送触发电路，经过比较整形后，产生触发同步脉冲信号，送数字触发逻辑电路。

（2）时钟与触发电路。与模拟示波器的触发电路工作原理相似，DSO 的触发电路由阻抗变换器和固定衰减器组成，为被测信号提供触发同步信号，主要包括触发源选择、触发条件选择、触发方式选择等。该部分电路还包括时钟发生器、触发同步比较器、触发发生器和精密内插等电路，时钟发生器一般由 VCO、频率合成器、参考时钟振荡器等组成。

（3）数据采集及存储电路。数据采集与存储部分包括 A/D 转换器电路、降速处理电路、采样率发生器电路、时基与存储器管理电路以及数据存储器。来自信号调理电路的外部输入信号经信号缓冲放大后，输入 A/D 转换器进行 A/D 转换。通常情况下 A/D 转换的速率要远大于存储器的写入速率，因此不能直接存储到采集 RAM 中，而必须进行降速处理。降速处理电路除完成 A/D 转换后数据的降速外，还可以实现数据平滑和峰值检测，以提高整机的测量性能。采样率发生器根据前面板设置的扫描时间因数，改变取样时钟频率、控制降速处理电路的数据抽取和采集 RAM 的写入，为完成以上功能，电路中还包括预触发计数器、后触发计数器、粗内插计数器等。时基接口与存储器管理电路主要产生数据采集与存储电路正常工作所需的时基信号，并实现采集数据的存储，主要包括采集 RAM 地址计数器、随机扰相计数器以及采样率发生器和降速处理电路所需的接口信号和控制信号。

（4）数字信号处理及控制。该部分是整个示波器的控制及处理核心。对于单处理器系统的 DSO，一般只有一个控制器，但与之配合的还有 CPLD 或 FPGA 等数字逻辑控制电路。对于多处理器系统，则一般配置一个主 CPU，执行整个示波器的管理控制程序，实现仪器的管理控制，在此基础上配置其他专用 CPU，执行显示控制、人机接口控制等功能。

测量控制部分主要包括输入通道的阻抗选择、可编程步进衰减器的衰减及通道增益控制、耦合方式选择、带宽限制、触发使能、触发耦合、垂直偏移电平调节、触发电平调节、触发源选择、触发方式选择、触发条件设置等。

（5）显示。显示部分主要包括显示处理器及相应的显示器，主要功能是将测量结果转变为符合要求的显示数据进行显示。

（6）存储器及外部接口。目前的 DSO 一般都设置有一定容量的存储器，用于测量结果、操作控制参数等的存储，用户可以在下次开机或以后需要时调用以上数据。

外部接口主要包括用于 DSO 与外部控制计算机通信或进行数据交互的

GPIB、LAN、USB、RS232等通用测试总线接口或数据接口。

2) DSO的工作原理

从上面的分析我们知道,DSO的主要部分是数据采集和波形重建,数据采集完成输入模拟信号的数字采集,而波形重建则是实现测量、处理结果显示的关键。

(1) DSO的取样。按照数字示波器取样原理及取样数据重建技术的不同,主要分为实时取样和等效取样两种取样方式,等效取样又可分为随机取样和顺序取样。

实时取样如图3-96所示。实时取样是指在满足奈奎斯特(Nyquist)采样定理的条件下,取样电路按等时间间隔的方式对待测波形进行一次采集,就可以实现对所采集的波形数据按时间顺序重组并重现波形的方法。在实时取样情况下,每一个数据采集周期都能重组出完整的波形,不需要对待测信号进行重复采集。这种示波器测量重复信号和测量单次信号时具有相同的带宽,也称为实时带宽(Real-Time BW)。此时,如果要提高带宽,则必须提高采样率。

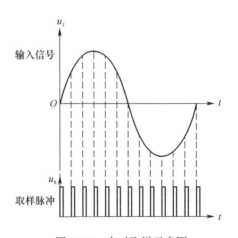

图3-96 实时取样示意图

随机取样如图3-97所示。随机取样是指每个采集周期进行一定数量的取样,经过多个采集周期的取样数据积累,最终实现待测信号的整个周期完整取样,并最终恢复出被测波形的取样方法。由于被测信号与DSO取样时钟之间是不同步的,因此每个采集周期取样点之间的时间位置关系也是随机的。由于待测信号是周期信号,因此经过多个采集周期后,可以实现以触发点为时间基准,将各取样周期的取样数据恢复成待测信号的波形,这样取样点十分密集,相当于以非常高的采样率一次采集的波形,所以称为等效取样。

顺序取样是指示波器每个取样周期只在待测波形上取很少几个样点(通常只取1个样点),每次延迟一个固定的Δt时间,要完成待测信号一个周期的采样,需

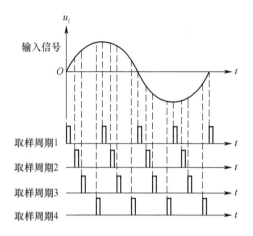

图 3-97 随机取样示意图

要多个采样周期才能完成。设每个信号周期只取样一次,两次取样之间的延迟时间为 Δt,经过 n 次取样之后完成对信号的一次取样循环。那么,一次取样循环的时间 t 和信号周期 T 的关系为

$$t = n(T + \Delta t) = nT + n\Delta t = (n + 1)T \qquad (3.75)$$

顺序取样后得到的 n 个取样点形成的包络等效为原信号的一个周期,而这 n 个取样点来自原信号的 $n+1$ 个周期,因而取样后比原信号频率降低了 $n+1$ 倍。

非实时采样只适用于周期性信号,不能进行单次捕捉和预先触发观察,但是顺序取样能以极低的采样率而获得极高的带宽,因此,在现有 A/D 转换器及后续数据存储、处理的速率难以满足要求的情况下,顺序取样的方法还是非常有用的。

(2) DSO 的数据存储。DSO 需要按照一定的规则把 A/D 转换后的数据存储起来,以便于后续的处理及显示。通常情况下,每个输入信号通道能存储数据的点数称为存储容量,也称为存储深度或记录长度。对于双通道的数字示波器,如果只使用一个通道进行测量,存储容量可以加倍。目前 DSO 的存储容量一般为几千个采样点到几百万个采样点。例如,是德科技公司的 DSO6032A 示波器为双通道输入,每个通道的存储深度为 8Mpts。当然,同样情况下,DSO 的存储容量越大,就可以记录更多信号的细节。某些示波器也可以提供一种 MegaZoom(超大范围变焦)的方式,方便用户观测波形的"全景"及某部分细节,并为使用多通道同时观测快速及慢速信号提供了有利条件。

通常情况下,DSO 总是以先进先出的方式对 A/D 转换之后的数据进行存储,当要存储的数据超过存储器容量时,则由后存入的数据对先存入的数据进行覆盖。最终能够保存在存储器中的数据,就是在关闭写时钟前存入的、数量等于存储器容量的一组数据,称为一个采集存储窗口。

在无延迟的情况下，DSO从触发点开始，完成等于存储容量数的数据存储后关闭写时钟，即停止数据存储，此时触发点在采集存储窗口的最前端，最终可供显示的是触发后的一组数据。若在触发点立即关闭写时钟，则存储器存储的是触发点之前的采样数据，进而显示的是触发前的信号，这种触发称为预触发；若从触发点开始，完成一半存储容量的数据存储时停止数据存储，则存储器中的数据就是触发前后各一半的信号采集数据。

在此基础上，根据波形测量及显示的实际需要，还可以通过使用正或负延迟来改变采集存储窗口与触发点的相对位置。如果需要更多地观测触发前的信号，则应在触发信号到来后提前关闭数据采集窗口，此时相当于负延迟，使触发点向时间参考点的右端移动。反之，如果更多地关注显示触发后的信号，则应在触发信号到来并完成正常的采集存储后，延迟若干个写时钟，再关闭数据采集存储窗口，此时就能更多地显示触发后的信号，这称为正延迟，它使触发点向时间参考点的左端移动。如果延迟量足够大，则显示内容中也有可能不包含触发点，甚至距触发点有很长的时间。

（3）DSO的波形显示。通常情况下，DSO将A/D转换后的数据写入采集存储器的速度与读出的速度并不相同，毕竟读出、显示的速度每秒能更新50~100次，能保证显示波形不产生闪烁。在进行波形显示前，还要根据测量的需要，对采集的数据进行大量的运算、处理。目前DSO一般都有嵌入式处理器，其显示控制和波形再现功能十分丰富；更为先进的DSO还配备单独的微处理器或大规模集成电路，用于对采集的数据进行数字信号处理、显示控制及其他运算操作，例如：通过光标测量波形的幅度差、时间差、周期、频率、峰值、均值、有效值等常规参数；脉冲信号的上升沿、下降沿、正负脉宽时间、占空比等多种参数；输入信号的加、减、乘、除四则运算；波形滤波、平滑；FFT变换等。目前的DSO不但要显示被测信号的波形，还要显示文字、符号、光标测试线和坐标等多种信息，因此，为满足以上需要，DSO常用的显示器一般是CRT光栅增辉显示器及液晶显示器，而液晶显示器由于体积小、重量轻、便于与微处理器集成等优点，更是成为主流。

数字示波器中存储显示波形的随机存储器是波形显示存储器，其存储容量通常小于采集存储器的容量，一般为1024点。某些情况下，当DSO的采样率与要测量的波形频率比较接近时（如采样率为300MSa/s的示波器观测频率为50MHz的正弦信号时，每个信号周期上只有6个采样点），由于显示点数较少，因此波形显示效果较差。通常情况下，需要采样频率比信号最高频率高25倍，才能保证有较好的显示效果。此时，为解决以上问题，数字示波器就必须采用内插技术，以弥补采样点数据不足带来的显示问题。目前常用的内插技术有两种，分别是正弦内插和脉冲内插，其中正弦内插在正弦信号的测量与显示中应用较多。

① 正弦内插。如果一个有限带宽的信号$x(t)$的最高频率分量为f_M，则该信

号在时域内完全可以由一系列时间间隔 T 等于或小于 $\frac{1}{2f_M}$ 的样点值 $x(nT)$ 与其内插函数乘积的代数和表达,即

$$x(t) = \sum_{n=-\infty}^{+\infty} x(nT) \frac{\sin\Omega_M(t-nT)}{\Omega_M(t-nT)} \quad (3.76)$$

式中:$\Omega_M = 2\pi f_M$;nT 为第 n 个采样点的时间。通过内插,可以在采样点之间增加显示点,从而使显示变为平滑的连续曲线,以便于观测。

② 脉冲(线性)内插。脉冲(线性)内插是在采样点间用直线进行插补,这种方法更适合于对脉冲信号采样点数据的插值显示,内插后的数据采样频率至少应为信号最高频率的 10 倍或更高,才能满足显示的需要。

(4) DSO 的波形存储、调用及数字信号处理。DSO 具有很好的波形存储、调用和数字信号处理功能,使其相比于模拟示波器具有更多的优越性。

① 波形及仪器状态的存储。数字示波器可以方便地将测量的信号波形数据及示波器的当前状态进行存储,并在下次开机或需要的时候自动调用仪器的状态设置参数,并将存储的波形重新进行显示。存储的波形可作为数据或文件,通过示波器的对外通信或数据接口将数据进行拷贝,供后续进一步分析使用。在装备测试领域,高性能的 DSO 可以将现场的测试数据存储、转移到任意波形信号发生器,并通过任意波形信号发生器重建该信号,用于对信号的进一步分析及装备性能测试、故障诊断中的信号场景重现,具有重要的实际意义。

② 数字信号处理。数字信号处理是指 DSO 可以通过 FFT 变换等手段,把测量的时域信号变到频域进行分析处理。

③ 数学运算及滤波处理。目前的 DSO 都具有将测量及显示的数据进行次数可控的平均运算的功能,其目的是消除或减弱随机噪声及某些干扰。通过四则运算及微积分处理,可以实现波形的比较、变换和统计分析。滤波是指通过数字信号处理的方法去掉波形中不希望观测的成分。

(5) DSO 的时基。由于波形显示的原因,数字示波器不需要通过时基电路产生与时间成正比的锯齿波扫描电压,因此数字示波器的扫描时间因数(或称时基或扫描速度)旋钮的功能虽然与模拟示波器类似,都是用来调节荧屏上每格代表的时间,但数字示波器是根据各采样点间实际对应的时间间隔,计算出各显示点的 X 坐标进行显示。因此,对于数字示波器,时基电路的作用更重要的是提供从数据采集开始直到波形显示的整个过程中各个环节严格的定时关系。

基于数字示波器时基电路的实际功能,其主要组成部分是高稳定度、高准确度的时钟电路,另外在此基础上,还有各种时序信号产生电路,生成示波器正常工作所需的采样时钟、A/D 转换控制、显示定时等控制信号。延时时间等定时功能,通常采用对时钟计数的方法实现,在非实时随机采样中,对触发点和其后第一个时钟

的间隔测量等精密测量,则需要采用内插等方法实现。

(6) DSO 的触发。从上面的分析我们知道,所谓数字示波器的触发点只不过是开启存储门的一个参考点,除非实时顺序取样之外,数字示波器的触发点可处于存储显示窗口的前端、末端、中心及任意位置,这在数字示波器的采样存储部分已经讨论,下面重点讨论 DSO 常见的几种触发方式。

① 自动电平触发。自动电平触发是指示波器根据实际输入信号自动选择一个触发电平,以使显示稳定。通常自动触发电平位于显示波形幅度的 50% 左右,在没有信号输入示波器的情况下,示波器只显示时基线。

② 逻辑模式触发。逻辑模式触发是指 DSO 的触发由其输入信号的某种特定跳变、信号的特定逻辑状态或逻辑组合确定的触发模式。例如,在测量总线信号时,可用总线信号的某种特定组合为逻辑真时触发,以观测特定的逻辑操作。

③ 毛刺触发。毛刺是数字系统的常见问题,也是导致数字系统逻辑及功能异常的主要原因,但毛刺由于出现没有规律、持续时间短、波形多变等原因,通过传统的模拟示波器检测非常困难。针对毛刺检测,目前数字示波器设计了多种信号触发方式,当输入信号中含有正、负或任意方向的毛刺时均可以产生触发信号,并对信号进行采集、处理、显示、分析。

④ 专用信号触发。为观测某些专用信号,DSO 设计了专用信号触发功能。例如,TV 触发可以用于电视信号中的行、场及同步信号的波形测量;I^2C 总线触发则是为了便于 I^2C 串行总线测量设置的专用触发方式。

3.3.4.3 典型数字存储示波器的使用

由于 DSO 已经广泛使用,因此下面我们主要针对该类示波器的使用情况进行简单介绍。

DSO 在完成采集、触发和波形显示后,便可以选择光标、自动测量、统计、直方图等功能进行测量。

1) 参数测量

示波器可以提供多种波形参数和直方图参数的自动测量,并可以按要求对测量结果进行统计和分析。在示波器的测量中,时间和电压是两个最基本的测量,其他的测量都是以这两个基本量的测量为基础。

(1) 时间参数。时间参数主要有频率、周期、正脉宽、负脉宽、上升时间、下降时间、占空比、延时、相位差等。

周期定义为两个连续、同极性边沿的中阈值交叉点之间的时间。频率定义为周期的倒数。正脉宽是指从脉冲上升沿的 50% 阈值处到紧接着的一个下降沿的 50% 阈值处之间的时间差。负脉宽是指从脉冲下降沿的 50% 阈值处到紧接着的一个上升沿的 50% 阈值处之间的时间差。正占空比是指正脉宽与周期的比值。负占空比是指负脉宽与周期的比值。脉冲宽度、周期等参数测量如图 3-98 所示。

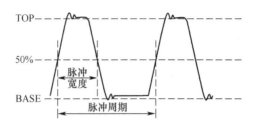

图 3-98　脉冲宽度、周期等参数测量

上升时间是指信号幅度从低参考电平（默认为 10%）上升至高参考电平（默认为 90%）所经历的时间。

下降时间是指信号幅度从高参考电平（默认为 90%）下降至低参考电平（默认为 10%）所经历的时间。上升时间和下降时间等参数测量如图 3-99 所示。

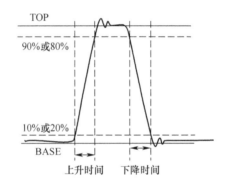

图 3-99　上升时间、下降时间等参数测量

延时是指 2 个通道间的时间差。若信号源选择 CH1，延迟源选择 CH2，则延时表示 CH1~CH2 的时间差。

相位差是指 2 个通道间的第一个上升沿的相位差。若测量源选择 CH1，相位源选择 CH2，则相位差表示 CH1~CH2 的相位差。延时测量如图 3-100 所示。

（2）电压参数。电压参数包括最大值、最小值、高电平、低电平、幅度、峰峰值、预冲、过冲、有效值、平均值等。

幅度、峰峰值、最大值、最小值、高电平（顶端值）、低电平（底端值）等参数可以直接通过示波器进行测量；预冲、过冲、顶降、周期均方根值、周期平均值等参数可以在测量的基础上通过计算得到。

DSO 都提供参数的自动测量功能，当需要进行以上参数的自动测量时，只需点击示波器前面板的相关操作菜单、按钮将需测量的参数添加到测量菜单中即可。

目前大多数 DSO 都有统计功能，通过示波器前面板的相应操作菜单按钮可以

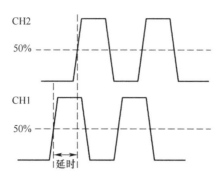

图 3-100 延时测量

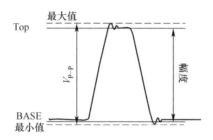

图 3-101 电压参数测量

打开或关闭统计功能。统计关闭时,测量结果窗口只显示当前测量值,统计打开时,除当前测量值外,还显示平均值、最小值、最大值和标准差。统计样本数可以在仪器允许的范围内设定。

2) 光标测量

光标是在屏幕中对波形进行定位的标记,用于对采集数据进行手动测量。光标包括水平线和垂直线。水平线测量对应位置的幅度,垂直线测量对应的时间,光标线一般包括 X_1、X_2 或 Y_1、Y_2。其中,X_1、X_2 为垂直线光标,用于测量时间;Y_1、Y_2 为水平线光标,用于测量幅度。活动光标的颜色与信号源通道的颜色一致。当使用光标进行测量时,需事先选择进行光标测量的数据源,数据源可以是模拟通道输入的信号,也可以是混合示波器逻辑通道输入的数字信号。光标可以联动,若打开光标联动功能,则当操作移动光标时,当前活动光标相关的两根光标线可以同时移动;若关闭时,则只有当前的活动光标可以移动。使用光标测量时,屏幕在显示光标线的同时,可以显示光标线对应的测量结果。联动时,还可以显示两根垂直线光标对应的时间差及两根水平线光标对应的幅度差。

3) 数学运算

目前部分性能较好的数字示波器还可以实现通道波形的多种运算,包括数学运算、FFT及高级数学运算等。

（1）双波形数学运算。点击示波器前面板的相关按钮,即可打开双波形数学运算菜单。进行运算前,需选择用于运算的信号源,信号源可以是模拟通道的输入信号,可以选择的运算类型包括加、减、乘、除。若运算功能打开,则在屏幕上显示数学运算状态栏,并显示运算波形的垂直刻度和运算表达式。

（2）快速傅里叶变换（FFT）。FFT可以将时域信号转换成频域信号。使用FFT运算,可以方便地对系统的谐波分量、失真、噪声特性进行分析。

进行FFT分析时,应选择进行FFT运算的数据源,可根据需要选择示波器的模拟通道输入。另外需要根据分析信号的特性选择窗函数,设置进行FFT运算的窗函数类型,窗函数可设置为矩形窗、汉明窗、汉宁窗或布莱克曼－哈里斯窗（Blackman-Harris）。信号分析时可以使用峰值搜索,在FFT波形峰值处显示对应的幅度及频率或次峰值搜索,在FFT波形次峰值处显示对应的幅度及频率。

进行FFT分析时,还需要对其垂直刻度、垂直偏移、垂直单位、中心频率、频率范围等进行设置,具体操作与频谱分析的操作类似。

（3）高级数学运算。部分DSO还可以通过代数表达式的方式进行高级数字运算,包括微分、log、exp（指数）、sqr（开平方根）、abs（取绝对值）、sin（正弦）、cos（余弦）、tan（正切）、rad（弧度）、deg（角度）等。使用时,可以通过示波器前面板的相应按钮及菜单编辑代数表达式进行运算。

3.4 频域测量及频谱分析仪

3.4.1 信号的频谱

3.4.1.1 信号的基本概念及其分类

信号一般可表示为一个或多个变量的函数。根据信号随时间变化的特点,可将其分为确定信号与随机信号。能够用明确的数学关系式表达的信号,或者可以通过实验重复产生的信号,称为确定性信号;反之,不能用明确的数学关系式表达,或者不能通过实验重复产生的信号,称为非确定性信号,又称为随机信号。在以上分类的基础上,根据具体信号的特点,确定信号可以进一步细分为周期信号与非周期信号,随机信号也可以细分为平稳信号与非平稳信号等,如图3-102所示。

信号还可以按取值情况的不同分为连续信号和离散信号。连续信号是指在某一时间范围内,除若干点外,对任意时间都具有确定函数值的信号。连续信号的幅度可以是连续的,也可以是离散的。时间和幅度均为连续的信号称为模拟信号。离散信号是指只在某些离散的瞬时才具有确定的函数值的信号,如果离散信号的幅度是离散的,并以二进制的编码表示,则称为数字信号。

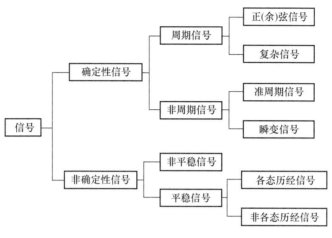

图 3-102 信号分类

3.4.1.2 周期信号的频谱

1）周期信号

周期信号是按一定时间间隔周而复始且无始无终的信号,其数学表达通式为

$$x(t) = x(t + nT), n = \pm 1, \pm 2, \cdots \quad (3.77)$$

式中:T 为信号的周期。最常见的周期信号是正弦信号和余弦信号,两者可以互相转化,其常用表达式为

$$x(t) = A\sin(\omega_0 t + \theta) \quad (3.78)$$

从式(3.78)可以看出,完全确定一个正弦信号,需要三个参数,分别是振幅 A、角频率 ω_0、初相角 θ。式(3.78)还表明,正弦信号只有一个角频率为 ω_0 的频率成分。从这一点看,式(3.78)又可以看作正弦信号的频域描述,它是单频结构,且时域、频域描述是合二为一的,从时域描述可以直接反映出其频率结构,因此无须进行时域至频域的转换。因此,正(余)弦信号是比较特殊的信号,可以以它们为基础,合成其他任意的动态信号。

式(3.79)所描述的是一个周期的方波,它只是方波的时域描述,未能反映出方波的频率构成情况。而要获得方波的频率构成,必须进行时域至频域的转换。

$$x(t) = \begin{cases} A, 0 < t < \dfrac{T}{2} \\ A, \dfrac{T}{2} < t < 0 \end{cases} \quad (3.79)$$

2）傅里叶级数

从以前的学习我们知道,一个周期为 T 的周期信号 $x(t)$,如果满足狄里赫利条件,即在一个周期内连续或只存在有限个第一类间断点、极大值极小值的数目有

限、信号绝对可积,则此信号可以展开成傅里叶级数,即

$$x(t) = a_0 + \sum_{n=1}^{\infty}(a_n\cos n\omega_0 t + b_n\sin n\omega_0 t) \tag{3.80}$$

$$x(t) = a_0 + \sum_{n=1}^{\infty}A_n\cos(n\omega_0 t + \theta_n) \tag{3.81}$$

$$x(t) = \sum_{n=-\infty}^{\infty}C_n e^{jn\omega_0 t} \tag{3.82}$$

式中:$\omega_0 = \dfrac{2\pi}{T}$;$n$ 为整数;$n\omega_0$ 为离散的频率变量。以上三个式子是等价的,式(3.80)是傅里叶级数的基本表达式,式中的各参数分别为

$$a_0 = \frac{1}{T}\int_{-\frac{T}{2}}^{\frac{T}{2}}x(t)\mathrm{d}t \tag{3.83}$$

$$a_n = \frac{2}{T}\int_{-\frac{T}{2}}^{\frac{T}{2}}x(t)\cos(n\omega_0 t)\mathrm{d}t \tag{3.84}$$

$$b_n = \frac{2}{T}\int_{-\frac{T}{2}}^{\frac{T}{2}}x(t)\sin(n\omega_0 t)\mathrm{d}t \tag{3.85}$$

式(3.81)由式(3.80)合并而成,参数可求解为

$$A_n = \sqrt{a_n^2 + b_n^2} \tag{3.86}$$

$$\theta_n = -\arctan\left(\frac{b_n}{a_n}\right) \tag{3.87}$$

式(3.82)是根据欧拉公式求得的,主要用于数学推导。傅里叶系数 C_n 为

$$C_n = \frac{1}{2}(a_n - jb_n) = \frac{1}{T}\int_{-\frac{T}{2}}^{\frac{T}{2}}x(t)e^{-jn\omega_n t}\mathrm{d}t \tag{3.88}$$

在以上表达式中,$n=1$ 时,所对应的正、余弦项 $a_1\cos\omega_0 t$ 和 $b_1\sin\omega_0 t$ 称为基波,频率 ω_0 称为基频;当 $n=2$ 时,所对应的正、余弦项 $a_2\cos 2\omega_0$ 和 $b_2\sin 2\omega_0 t$ 称为二次谐波;等等。

[例]:求图3-103所示方波的傅里叶级数。

解:

由图3-103可以看出,在一个周期内,波形与横轴围成的面积上、下相等,所以其平均值为

$$a_0 = \frac{1}{T}\int_{-\frac{T}{2}}^{\frac{T}{2}}x(t)\mathrm{d}t = 0$$

由图3-103可以看出,$x(t)$ 关于 y 轴对称,是奇函数,而 $\cos n\omega_0 t$ 为偶函数,因

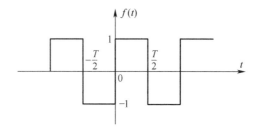

图 3-103 周期方波信号

此 $x(t)\cos n\omega_0 t$ 为奇函数,奇函数在一个对称周期内的积分为 0,且有

$$a_n = \frac{2}{T}\int_{-\frac{T}{2}}^{\frac{T}{2}} x(t)\cos(n\omega_0 t)\mathrm{d}t = 0$$

$$b_n = \frac{2}{T}\int_{-\frac{T}{2}}^{\frac{T}{2}} x(t)\sin(n\omega_0 t)\mathrm{d}t = \frac{2}{T}\int_{-\frac{T}{2}}^{0} -\sin(n\omega_0 t)\mathrm{d}t + \frac{2}{T}\int_{0}^{\frac{T}{2}}\sin(n\omega_0 t)\mathrm{d}t$$

$$= \frac{2}{n\pi}[-\cos n\pi + 1] = \begin{cases} 0, n = 2,4,6,\cdots(\text{偶数}) \\ \frac{4}{n\pi}, n = 1,3,5,\cdots(\text{奇数}) \end{cases}$$

该方波展开的傅里叶级数只有奇数项,即

$$f(t) = \frac{4}{\pi}\left(\sin\omega_0 t + \frac{1}{3}\sin 3\omega_0 t + \frac{1}{5}\sin 5\omega_0 t + \cdots\right)$$

3) 周期信号的频谱分析

从 $x(t) = a_0 + \sum_{n=1}^{\infty} A_n\cos(n\omega_0 t + \theta_n)$ 我们可以知道,一个周期信号 $x(t)$ 可以分解为一个静态量(若 $a_0 = 0$,则没有此项)和许多频率不同的离散谐波分量之和。傅里叶级数式中,A_n 和 θ_n 是两个随 n 变化的函数序列,分别代表各次谐波分量的振幅和初相角。当谐波的频率 $n\omega_0$ 做离散变化时,A_n 和 θ_n 都有确定的值与之对应。由此可知在傅里叶级数中,序列 A_n 反映的是周期信号中各次谐波的幅值与频率的对应关系,称为幅值频谱;而序列 θ_n 则反映的是周期信号中各次谐波的初相角与频率的对应关系,称为相位频谱。幅值频谱与相位频谱共同反映了周期信号的频率结构。

为了方便描述,通常根据 A_n 和 θ_n 序列,做出各自的几何图形,这就是频谱图,如图 3-104 所示。频谱图以离散频率 $n\omega_0$ 为横坐标,用一条条平行于纵轴的直线(谱线)表示各分量的幅值和初相角,谱线的高度反映幅值和初相角的大小。在幅值频谱图上,横轴的 0 点处所对应的谱线是频率为零的静态分量 a_0。

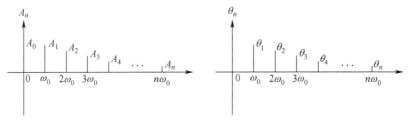

(a) 幅值频谱图　　　　　　　　　(b) 相位频谱图

图 3-104　周期信号的幅值与相位频谱图

[例]：做出以下周期方波的频谱图。

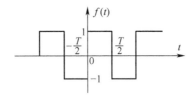

解：

由于该方波的傅里叶级数式为 $f(t)=\dfrac{4}{\pi}\left(\sin\omega_0 t+\dfrac{1}{3}\sin 3\omega_0 t+\dfrac{1}{5}\sin 5\omega_0 t+\cdots\right)$，不含静态分量，且只有奇次谐波，则有

$$A_n=\sqrt{a_n^2+b_n^2}=|b_n|=\dfrac{4}{n\pi},\theta_n=-\arctan\left(\dfrac{b_n}{a_n}\right)=-90°$$

由此可以做出该方波的频谱图，如图 3-105 所示。

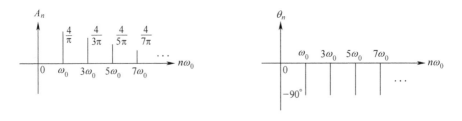

(a) 幅值频谱图　　　　　　　　　(b) 相位频谱图

图 3-105　周期方波的频谱图

从以上分析可以看出，周期信号的频谱具有离散性、谐波性和收敛性。离散性是指周期信号的频谱是离散的，由无穷多个冲激函数组成；谐波性是指谱线只在基波频率的整数倍上出现，谱线代表的是基波及其高次谐波分量的幅度或相位信息；收敛性是指各次谐波的幅度随着谐波次数的增大而逐渐减小。

3.4.1.3 非周期信号的频谱

1) 非周期信号

如果存在两个或两个以上的正(余)弦信号叠加,但任意两个信号频率分量的频率比不是有理数,或者各分量的周期没有公倍数,那么合成的结果就不是周期信号,这种信号的频谱图仍然是离散的,保持着周期信号的特点,我们称这种信号为准周期信号。除了准周期信号以外的非周期信号称为瞬变信号。正如前面所述,非周期信号可以进一步细分为准周期信号和瞬变信号。通常所指的非周期信号都是瞬变信号,以下论述中亦按此通称。典型的非周期信号如图 3-106 所示。

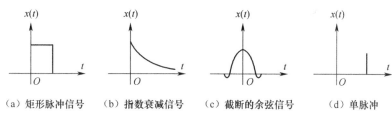

(a) 矩形脉冲信号　(b) 指数衰减信号　(c) 截断的余弦信号　(d) 单脉冲

图 3-106　典型的非周期信号

理论上,非周期信号不能用数学上的傅里叶级数分解成许多正弦信号之和,但是其频域描述仍可以采用从周期信号援引过来的方法加以解决。其思路是把非周期信号当作周期无限大的周期信号来看待,信号在无限远处重复。在周期信号中,频谱图上相邻频谱谱线的频率间隔 $\Delta\omega = \omega_0 = \dfrac{2\pi}{T}$,如果周期 $T\to\infty$,$\Delta\omega = \omega_0 \to 0$,意味着周期无限扩大,则频率间隔成为一个微量 $d\omega$,周期信号频谱线的间隔无限缩小,谱线无限密集,以至离散的谱线演变成一条连续的曲线。由上所述,可以将非周期信号理解为由无限多个频率极其接近的频率分量合成的。在周期信号中,对离散频率分量求和采用级数和,那么演变到非周期信号中,对连续频率分量求和则要使用积分和,因此,对应于周期信号的傅里叶级数将变为非周期信号的傅里叶积分。

2) 傅里叶积分与变换

从上面的分析我们知道,周期信号傅里叶级数的复指数表达式为 $x(t) = \sum_{n=-\infty}^{\infty} C_n e^{-jn\omega_0 t}$,其中 $C_n = \dfrac{1}{T}\int_{-\frac{T}{2}}^{\frac{T}{2}} x(t) e^{-jn\omega_0 t} dt$,将 C_n 代入 $x(t)$ 中,则有

$$x(t) = \sum_{n=-\infty}^{\infty} \left[\dfrac{1}{T}\int_{-\frac{T}{2}}^{\frac{T}{2}} x(t) e^{-jn\omega_0 t} dt\right] e^{jn\omega_0 t} \tag{3.89}$$

当 $T\to\infty$ 时,积分限从时间轴的局部 $\left(-\dfrac{T}{2}, \dfrac{T}{2}\right)$ 扩展到 $(-\infty, +\infty)$,且由于

$\Delta\omega \to \mathrm{d}\omega$,因此离散变化的频率 $n\omega_0$ 变为连续变化的频率 ω,无限多项的连加转换为连续积分,于是有

$$x(t) = \int_{-\infty}^{+\infty} \left[\frac{\mathrm{d}\omega}{2\pi} \int_{-\infty}^{+\infty} x(t) \mathrm{e}^{-\mathrm{j}\omega t} \mathrm{d}t \right] \mathrm{e}^{\mathrm{j}\omega t} = \frac{1}{2\pi} \int_{-\infty}^{+\infty} \left[\int_{-\infty}^{+\infty} x(t) \mathrm{e}^{-\mathrm{j}\omega t} \mathrm{d}t \right] \mathrm{e}^{\mathrm{j}\omega t} \mathrm{d}\omega \tag{3.90}$$

令

$$X(\omega) = \int_{-\infty}^{+\infty} x(t) \mathrm{e}^{-\mathrm{j}\omega t} \mathrm{d}t \tag{3.91}$$

则有

$$x(t) = \frac{1}{2\pi} \int_{-\infty}^{+\infty} X(\omega) \mathrm{e}^{\mathrm{j}\omega t} \mathrm{d}\omega \tag{3.92}$$

通过以上两式,将 $x(t)$ 与 $X(\omega)$ 建立起了确定的对应关系,在数学上称为傅里叶变换对,则 $X(\omega)$ 为 $x(t)$ 的傅里叶变换,$x(t)$ 为傅里叶逆变换,也称为傅里叶积分。

由 $f = \dfrac{\omega}{2\pi}$,代入式(3.91)、式(3.92)后,则有

$$X(f) = \int_{-\infty}^{+\infty} x(t) \mathrm{e}^{-\mathrm{j}2\pi ft} \mathrm{d}t \tag{3.93}$$

$$x(t) = \int_{-\infty}^{+\infty} X(f) \mathrm{e}^{\mathrm{j}2\pi ft} \mathrm{d}f \tag{3.94}$$

式中:$X(f)$ 为非周期信号的频域描述;$x(t)$ 为其时域描述。

3) 非周期信号的频谱分析

傅里叶变换的三角函数式为

$$x(t) = \frac{1}{\pi} \int_0^\infty |X(\omega)| \cos(\omega t + \angle X(\omega)) \mathrm{d}\omega \tag{3.95}$$

式(3.96)表明一个非周期信号可以分解成无数多个频率不同的连续谐波之和。与周期信号相比,两者的区别在于周期信号分解后是谐波的离散和,而非周期信号分解后是谐波的连续和。另外,在谐波的幅值上也存在着量的差异。

我们仍然可以借助周期信号中频谱的有关概念,做非周期信号频谱图。为此,将周期信号与非周期信号分别对应的傅里叶级数与傅里叶积分表达式重列如下。

对于周期信号,有 $x(t) = \sum\limits_{n=-\infty}^{\infty} C_n \mathrm{e}^{\mathrm{j}n2\pi f_0 t}$;对于非周期信号,有 $x(t) = \int_{-\infty}^{+\infty} X(f) \mathrm{e}^{\mathrm{j}2\pi ft} \mathrm{d}f$。将以上两式进行对比可知,非周期信号的 $X(f) \cdot \mathrm{d}f$ 与周期信号的 C_n 相对应,因为 $|C_n| = \dfrac{A_n}{2}$ 为周期信号中各谐波的幅值,所以 $|X(f)| \cdot \mathrm{d}f$ 也应该

是非周期信号中各谐波的幅值。由于 df 是一个无穷小量,因此 $|X(f)|\cdot$df 也为无穷小量,即非周期信号中所包含的各次谐波分量的幅值趋近于零。因此,非周期信号的幅值频谱图不能直接用谐波分量的幅值来表示,而需做进一步的分析。

从能量的角度考虑,信号的能量应分布在各频率分量之中,由于分量无穷多,因此谱线密集成线,从而导致每个频率分量的能量(幅值)也就变为无穷小。但是,信号的能量不会因信号的分解而消失,信号的能量肯定是存在的,信号的总能量正是由无穷多的无穷小量的集合构成的。同样,在频率不同的分量上,幅值的分布仍将有所不同,这也反映出不同的频谱包络线应具有不同的形状。

为了便于理解,进行以下数学处理。将 $|X(f)|\cdot$df 除以 df,从而将 $|X(f)|$ 与 df 分离。此时,$|X(f)|$ 将不再是无穷小量。对比周期信号,将 $|C_n|$ 也除以 df,由于 df 在概念上可以理解为频率宽度,因此 $\dfrac{|C_n|}{\mathrm{d}f}$ 就代表单位频宽上谐波的幅值。与之对应的非周期信号 $|X(f)|$ 也可以认为是非周期信号在单位频宽上幅值,即 $|X(f)|$ 代表非周期信号中谐波的幅值密度与频率的对应关系,通常 $X(f)$ 是复变函数,即

$$X(f) = |X(f)|\mathrm{e}^{\angle X(f)} \tag{3.96}$$

也可以写为

$$X(f) = \mathrm{Re}(f) + \mathrm{jIm}(f) \tag{3.97}$$

则有

$$|X(f)| = \sqrt{\mathrm{Re}^2(f) + \mathrm{Im}^2(f)} \tag{3.98}$$

$$\angle X(f) = \arctan\frac{\mathrm{Im}(f)}{\mathrm{Re}(f)} \tag{3.99}$$

$|X(f)|$ 称为非周期信号的幅值密度频谱或幅值谱密度,也可简称为幅值频谱;$\angle X(f)$ 称为非周期信号的相位频谱;$X(f)$ 为非周期信号的频谱函数。$\mathrm{Re}(f)$ 和 $\mathrm{Im}(f)$ 分别称为非周期信号的实频谱和虚频谱。应当注意的是,"幅值密度"与"幅值"的量纲是不同的,两者在概念上不能混同。

[例]:求以下单边指数脉冲的频谱。

$$x(t) = \begin{cases} E\mathrm{e}^{-at}(a>0), & t \geq 0 \\ 0, & t < 0 \end{cases}$$

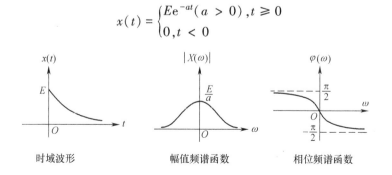

时域波形　　　　幅值频谱函数　　　　相位频谱函数

解:
该信号是非周期信号,其频谱函数为

$$X(\omega) = \int_{-\infty}^{+\infty} x(t) e^{-j\omega t} dt = \int_{0}^{+\infty} E e^{-at} e^{-j\omega t} dt = \frac{E}{a + j\omega} = \frac{E}{a^2 + \omega^2}(a - j\omega)$$

因此,其幅值频谱函数为

$$|X(\omega)| = \frac{E}{\sqrt{a^2 + \omega^2}}$$

相位频谱函数为

$$\varphi(\omega) = \arctan\left(-\frac{\omega}{a}\right)$$

3.4.2 频谱分析仪的主要用途及分类

1) 频谱分析仪的主要用途

从以上的分析我们知道,信号的频谱一般包含幅值频谱和相位频谱,但在实际的测量过程中,最常进行的是幅值频谱的测量,且常用的仪器是频谱分析仪。频谱分析仪除可以进行幅值频谱的测量外,还可以对信号或系统的相位噪声、邻道功率、非线性失真、调制度等频域参数进行测量。

(1) 普通信号特性测量,包括正弦信号和非正弦信号的测量。正弦信号的测量主要是信号频率和各寄生频谱的谐波分量的测量;非正弦信号的测量主要是指脉冲信号、音频视频信号等信号频谱特性的测量。

(2) 调制信号特性测量,包括各种调制信号的调制特性(调幅系数、调频系数、调频频偏),以及寄生调制参量的测量。

(3) 发射机特性测量,包括发射机的发射频率、波道间隔、频率稳定度、寄生调制等。

(4) 接收机特性测量,主要是接收机的幅频特性等参数的测量。

(5) 单功能部件测量,主要包括混频器、倍频器、放大器等部件的特性参数测量。

(6) 电磁特性测量,主要是指单个部件或系统的电磁特性及电磁干扰的测量分析。

2) 频谱分析仪的分类

根据分类角度的不同,目前频谱分析仪可以有以下几种不同的分类方法。按信号处理方式,可以分为模拟式频谱仪、数字式频谱仪和模拟/数字混合式频谱仪;按工作原理,可分为扫描式频谱仪、非扫描式频谱仪;按对信号处理的实时性,可以分为实时频谱仪、非实时频谱仪;按频谱仪的频率轴刻度,可以分为恒带宽分析式频谱仪和恒百分比带宽分析式频谱仪;按输入通道数,可以分为单通道频谱仪和多通道频谱仪;按频谱仪的工作频带,可以分为高频频谱仪、射频/微波频谱仪等。

(1) 模拟式频谱仪与数字式频谱仪。模拟式频谱仪一般以频率扫描为基础,通过滤波器或混频器将被分析信号中各频率分量逐一分离。数字式频谱仪是以数字滤波器或 FFT 变换为基础构成的,具有精度高、性能灵活等特点。

(2) 实时频谱仪和非实时频谱仪。一般认为,实时分析是指在长度为 T 的时间内,完成频率分辨率达到 $\frac{1}{T}$ 的谱分析;或者待分析信号的带宽小于频谱仪时能够同时分析的最大带宽。如果待分析的信号带宽超过这个频率范围,则是非实时分析。实时频谱仪借助于高速信号处理和数据采集技术,分析规定频率范围内的所有频率分量,并且保持了信号间的相位关系,可以分析周期信号和随机信号。实时频谱分析仪又称为动态信号分析仪,可用于动态参数的测试、信号分析、状态监测及故障诊断等。

(3) 恒带宽与恒百分比带宽分析式频谱仪。恒带宽分析式频谱仪是指频谱仪在一次分析过程中所采用的分析滤波器带宽是恒定的、滤波器特性曲线在线性频率刻度下,关于滤波器的中心频率对称,频率轴为线性刻度,信号的基频分量和各次谐波分量在横轴上等间距排列,适用于周期信号和波形失真的分析。恒百分比带宽分析式频谱仪是指在测量过程中,所采用的恒百分比带宽滤波器的绝对带宽随中心频率的变化而改变,但相对带宽是常数,频率轴采用对数刻度,滤波器的频率特性曲线关于其中心频率对称,频率范围覆盖较宽,能兼顾高、低频段的频率分辨率,适用于噪声类广谱随机信号的分析。

3.4.3 频谱仪的主要技术指标

(1) 输入频率范围(Frequency Range)。输入频率范围是指频谱仪能够对输入信号进行正常处理的最大频率区间。例如,思仪公司的 4041D 频谱分析仪的输入频率范围为 9kHz~20GHz。

(2) 频率扫描宽度(Span)。不同的文献对于频率扫描宽度有不同的叫法,如分析谱宽、扫宽、频率量程、频谱跨度等。频率扫描宽度表示频谱仪在一次测量(一次频率扫描)过程中所能显示的频率范围,可以小于或等于输入频率范围。

(3) 频率分辨率(Resolution)。频率分辨率反映了频谱分析仪在响应中能明确地分离出两个信号的能力,主要由中频滤波器的带宽决定,但最小分辨率还受到本振频率稳定度的影响。滤波器的带宽通常由 3dB 或 6dB 点来描述,带宽越小,分辨率就越高,因此中频滤波器的 3dB 带宽决定了区别两个等幅信号的最小频率间隔的能力,如果两个等幅信号的频率间隔大于或等于所选择的带宽滤波器的 3dB 带宽,则这两个信号在频域可以被很好地区分。例如,思仪公司的 4041D 频谱分析仪的频率分辨率为 1Hz。

(4) 频率精度(Frequency Accuracy)。频率精度是指频谱仪频率轴读数的精度,与参考频率(本振频率)稳定度、扫描宽度、分辨率带宽等多项因素有关。频率精度通常可以表示为

$$\Delta f = \pm \left[f_x \times \gamma_{\text{ref}} + \text{Span} \times A\% + \frac{\text{Span}}{N-1} + \text{RBW} \times B\% + C \right] \quad (3.100)$$

式中:Δf 为绝对频率精度,以 Hz 为单位;γ_{ref} 为参考频率(本振频率)的相对精度,是百分比数值;f_x 为显示频率值或频率读数;Span 为频率扫描宽度;N 为完成一次扫描所需的频率点数;RBW 为分辨率带宽;$A\%$ 为扫描宽度精度;$B\%$ 为分辨率带宽精度;C 为频率常数。不同的频谱仪有不同的 A、B、C 值。

(5) 扫描时间(Sweep Time)。扫描时间是指进行一次全频率范围的扫描、并完成测量所需的时间,也称为分析时间。通常扫描时间越短越好,但为保证测量精度,扫描时间必须适当。扫描时间与频率扫描范围、分辨率带宽、视频滤波等因素有关。

(6) 相位噪声/频谱纯度(Phase Noise / Spectrum Purity)。相位噪声简称相噪,反映了频率在极短期内的变化程度,表现为载波的边带,因此也称为边带噪声。相位噪声通常用在源频率的某一频偏上相对于载波幅度下降的 dBc 数值表示。仍以思仪公司的 4041D 频谱分析仪为例,在 20℃~30℃,载波为 1GHz 时,其单边带相位噪声≤-102dBc/Hz@频偏10kHz。

(7) 幅度测量精度(Level Accuracy)。幅度测量精度包括绝对幅度精度和相对幅度精度,均由多方面因素决定。绝对幅度精度是针对满刻度信号给出的指标,受输入衰减、中频增益、分辨率带宽、刻度逼真度、频响以及校准信号本身的精度等几种指标的综合影响。相对幅度精度与相对幅度测量的方式有关,在与标准设置相同的理想情况下,相对幅度仅有频响和校准信号精度两项误差来源,测量精度可以非常高。

(8) 动态范围(Dynamic Range)。动态范围是频谱分析仪同时可测的最大与最小信号的幅度之比。它通常是指从不加衰减时的最佳输入信号电平起,一直到最小可用的信号电平为止的信号幅度变化范围。动态范围受限于输入混频器的失真特性、系统灵敏度、本振信号的相位噪声。

(9) 灵敏度/噪声电平(Sensitivity)。它规定了频谱仪在特定的分辨率带宽下或归一化到 1Hz 带宽时的本底噪声,常以 dBm 为单位。它表示频谱仪在没有输入信号时因内部噪声而产生的读数,常用最小可测的信号幅度来代表,数值上等于显示平均噪声电平(DANL),即

$$P_{\text{m}} = -174(\text{dBm}) + F(\text{dB}) + 10\log B \quad (3.101)$$

式中:F 为整机噪声系数;B 为接收机的 3dB 带宽。

仍以思仪公司的 4041D 频谱分析仪为例,其显示平均噪声电平在前置放大器

开的情况下为-106dBc/Hz@100kHz频偏。

（10）本振直通/直流响应(LO Feedthrough)。本振直通/直流响应是指因频谱仪的本振馈通而产生的直流响应。

（11）本底噪声(Noise Floor)。本底噪声是来自频谱分析仪内部的热噪声,也称为噪底,是系统的固有噪声。本底噪声在频谱图中表现为接近显示器底部的噪声基线,常以dBm为单位。

（12）1dB压缩点(1dB Gain Compression Point)和最大输入电平(Maximum Input Level)。1dB压缩点是指在动态范围内,因输入电平过高而引起的信号增益下降1dB的点。1dB压缩点提供了有关频谱仪抗过载能力的信息。最大输入电平反映的是频谱仪可正常工作的最大限度,其值一般由处理通道中第一个关键器件决定。仍以思仪公司的4041D频谱分析仪为例。其在连续波输入模式下,最大安全输入电平为+30dBm。

3.4.4 滤波式频谱分析仪

滤波式频谱分析仪的基本原理是先用带通滤波器选出待分析信号,然后通过检波电路将该频率分量的幅度信息取出,并通过显示器显示。根据滤波器的不同实现形式,滤波式频谱分析仪又可以分为挡级滤波式频谱仪、并行滤波式频谱仪、扫频滤波式频谱仪和数字滤波式频谱仪。

1）挡级滤波式频谱仪

如图3-107所示,挡级滤波式频谱仪也称为顺序滤波式频谱仪,是由多个通带互相衔接的带通滤波器和共用的检波器构成。在频率范围有限的情况下,这种频谱仪所需滤波器数目不多,且原理简单易行,频谱分析的速度也很快。但在频谱仪的频带较宽或较高频段的情况下,这种频谱仪则需要大量的滤波器,仪器体积非常大,因而不适于对被测信号进行窄带分析的应用场合,而且受其原理的限制,仪器的分辨力和灵敏度也不是很高,一般用于低频段的音频测试等场合。

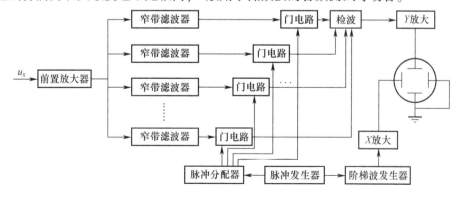

图3-107 挡级滤波式频谱仪原理框图

2）并行滤波式频谱仪

并行滤波式频谱仪的原理框图如图3-108所示。挡级滤波式频谱仪共用一个检波器，在脉冲分配器的控制下通过电子开关顺序接通每个滤波器的输出，对相应的频率成分进行检波。为了提高检波效率，并行滤波式频谱仪在每个滤波器之后都配有各自的检波器，而无须电子开关切换，整体缩小了检波建立的时间，因此测量速度更快，基本可以满足实时分析的需要。

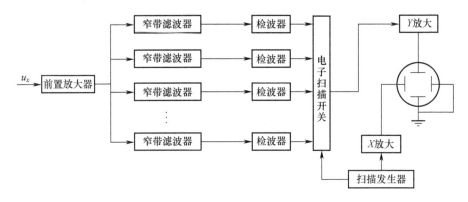

图3-108　并行滤波式频谱仪原理框图

并行滤波式频谱仪的优点是能够进行实时分析，缺点是所显示的频谱分量数目取决于滤波器的数目，故需要大量的滤波器。

3）扫频滤波式频谱仪

如图3-109所示，扫频滤波式频谱仪的原理比较简单，它的核心部分实质上是一个中心频率在整个频带范围内可调谐的窄带滤波器。当改变它的谐振频率时，滤波器就能分离出特定的频率分量。

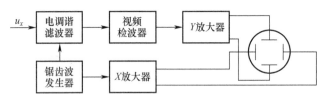

图3-109　扫频滤波式频谱仪原理框图

扫频滤波式频谱仪的优点是结构简单、价格低廉；缺点是电调谐滤波器损耗大、调谐范围窄、频率特性不均匀、分辨率差。由于受到滤波器中心频率调节范围的限制，目前这种频谱仪只适用于窄带频谱分析，与挡级滤波式一样属于非实时频谱测量仪器。

4）数字滤波式频谱仪

如图 3-110 所示,数字滤波式频谱仪的核心单元是用数字滤波器代替模拟滤波器,滤波器的中心频率可以通过时基电路控制进行改变,从而实现与并行滤波式频谱仪等效的实时频谱分析。数字滤波式频谱仪将输入待分析的信号通过 A/D 转换变为数字信号后,送数字滤波器进行数字滤波,选出相应的频率成分,并通过数字检波送显示器显示。与模拟滤波器相比,数字滤波器可以实现较小的形状因子,因而提高了频谱仪的频率分辨率,同时还具有数字信号处理的高精度、高稳定性、可重复性和可编程性等普遍优点。

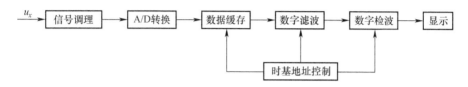

图 3-110 数字滤波式频谱仪原理框图

3.4.5 外差式频谱分析仪

外差式频谱仪有时也称为扫频外差式频谱分析仪,是目前应用最广泛的一种频谱分析仪,它的基本原理与无线电接收机中普遍使用的自动调谐原理相同,通过改变本地振荡器的振荡频率与接收信号产生差频,以选择接收相应频率分量的待测信号。

如图 3-111 所示,外差式频谱仪主要包括输入信号调理、混频、中频放大、中频滤波、本振、检波和视频滤波等部分。外差式频谱分析仪具有频率范围宽、灵敏度高、频率分辨率可变等诸多优点,应用较为广泛,尤其在高频段的应用更多。但由于本振是连续可调的,被分析的频谱依次被顺序采样,因此外差式频谱分析仪不能实时分析信号的频谱。

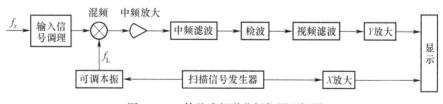

图 3-111 外差式频谱分析仪原理框图

输入信号调理电路的作用是对输入信号的电平进行调理,以满足后续电路的需要,一般由输入衰减器、低噪声放大器、低通滤波器等电路构成。混频电路的作用是将输入信号与本地振荡器的信号进行混频,取差频以获得固定频率的中频信号。输入信号调理与混频电路的功能相当于一台宽频段、窄带宽的外差式自动选频接收机。本地振荡器、输入信号与中频信号之间的频率满足

$$|f_L - f_x| = f_I \tag{3.102}$$

虽然用一个在宽频率范围内连续可调的扫描本振与输入信号混频可以实现固定的中频频率,但是如果输入信号中存在较高的频率分量 $f_L + f_I$ 时,同样可以通过混频得到相同的中频信号 f_I,由于这个高频信号与输入频率关于本振频率对称,因此称为镜像频率 f_{image}。镜像频率是我们不希望的,所以为了抑制不需要的镜像频率进入混频器,必须使用适当的滤波器,所选滤波器应该具有可调谐的带宽,以抑制镜频、保留输入频率。然而通常的频谱仪输入频率范围非常宽,一般的滤波器难以达到。解决的办法是选择高中频,将本振的频率也相应提高,此时镜频远在输入频率范围之上,两者不会有交叠。使用固定调谐的低通滤波器,就可以在混频之前滤去镜频。

以上处理虽可以较为有效地抑制镜频,但如果中频信号的频率过高,后续处理电路很难实现窄带带通滤波和性能良好的检波,因此需要进行多级变频(混频)处理,将中频信号的频率降低。如图 3-112 所示,高中频变换由一混频实现,由二级、三级甚至四级混频将固定的中频频率逐渐降低,每级混频之后都有相应的带通滤波器抑制混频之后的高次谐波交调分量。

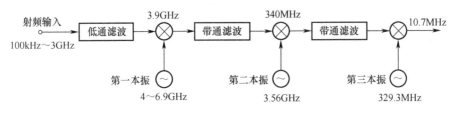

图 3-112 多级混频电路示意图

中频信号处理包括中频放大和中频滤波,为后续对信号的检波做准备,主要完成对中频信号的放大/衰减、分辨率滤波等处理。中频放大器通常具有自动增益放大、多级程控衰减的功能。中频滤波器的带宽也可程控选择,以提供不同的频率分辨率。

检波器的主要功能是产生与中频交流信号电平成正比的直流电平。目前检波器有包络检波器、有效值检波器、平均值检波器等,常用的是包络检波器。

视频滤波的目的是减小噪声对所显示的信号的影响,通常的处理方式是平滑或平均。视频滤波的效果在测量噪声时表现得最为明显,特别是当采用较宽的分辨率带宽时。减小视频带宽,噪声的峰—峰值变化将被削弱,被削弱的程度或平滑程度与视频带宽(Video BandWidth,VBW)和分辨率带宽(RBW)之比有关。

3.4.6 傅里叶分析仪

1) 傅里叶分析仪的组成

如图 3-113 所示,傅里叶分析仪主要由输入信号调理、A/D 采样、数字信号处理和显示等四部分电路组成。其中,输入信号调理电路组成和工作原理与外差式频谱分析仪的基本相同;A/D 采样电路将调理后的待测信号转换为数字信号,经缓存后送数字信号处理电路进行 FFT 等数字处理,实现待测信号的频率特性分析。

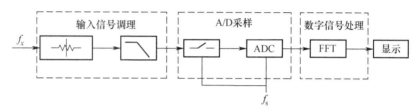

图 3-113 傅里叶分析仪原理框图

傅里叶分析仪测量的信号频率范围取决于 A/D 采样的频率 f_s,而采样频率 f_s 则受 A/D 转换的性能限制;傅里叶分析仪的频率分辨率与采样频率 f_s 以及后续傅里叶变换的点数有关。频率分辨率 Δf、采样频率 f_s 和分析点数 N 三者之间的关系满足

$$\Delta f = \frac{f_s}{N} \tag{3.103}$$

傅里叶分析仪的动态范围取决于 A/D 转换的位数、数字数据运算的字长或精度;灵敏度则与仪器的本底噪声有着直接的关系,本底噪声由前置放大器的噪声性能决定;分析结果中的幅度谱线误差主要来源于计算处理误差、频谱混叠误差、频谱泄漏误差等多种系统误差,以及每次单个记录分析所含的统计误差;傅里叶分析仪的分析速度主要取决于 N 点 FFT 的运算时间、平均运行时间以及结果的处理时间。

2) 傅里叶分析仪的原理

从图 3-113 中可以看出,傅里叶分析仪的关键部分是 A/D 采样及 FFT 等数字信号处理。这两种技术目前都已经比较成熟,前期常用的数字信号处理架构是 ASIC(专用集成电路),但由于 ASIC 只能提供有限的可编程性和集成水平,因此其使用受到了一定的限制。随着微电子技术的快速发展,目前最常使用的是 DSP 和 FPGA,其中:FPGA 以其功能强、使用方便、易于并行处理而广泛应用于数字滤波器设计等高速信号处理中;而 DSP 则更适用于需要较为复杂的分析或决策(如 FFT 分析)的信号处理工作。基于以上特点,频谱分析仪通常使用 DSP 实现 FFT,

而用FPGA实现滤波、抽取等其他数字信号处理。FFT的实现需要一定的软件支持,目前实现FFT的算法和程序非常多而且相对成熟,使用时只需根据实际要求设置分析点数等参数即可实现。

虽然FFT分析方法的电路结构相对简单,并且测量速度也比外差式频谱仪快,但由于其可分析的频率范围受限于A/D转换器的速度,因而在频率覆盖范围上不及外差式频谱分析仪。目前的频谱仪常将外差式扫描频谱分析技术与FFT数字信号处理技术结合起来,通过混合型结构集成两种技术的优点,以提高整机性能。

3.4.7 频谱仪在频域测试中的应用

3.4.7.1 调幅信号的分析

对调幅信号进行分析的目的是确定调幅信号的关键参数,如调幅度、载波频率、边带频率等。利用频谱仪对调幅信号进行分析的方法有扫频测量、时域测量等方法。

1) 扫频测量

如图3-114所示,对频谱仪进行适当的设置,就可以方便地得到调制信号的载波和边带。载波和边带之间的频率间隔就是调制频率f_m,载波频率为f_c。在测量载波与边带的功率基础上,调幅度可以表示为

$$m_a = 2 \times 10^{-\left(\frac{\Delta dB}{20}\right)} \tag{3.104}$$

式中:ΔdB为载波与边带的功率差。

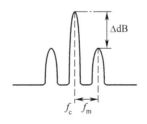

图3-114 扫频法测量调幅信号

[例]:使用频谱仪对一调幅信号进行测量后,得到$f_m = 2kHz$、载波与边带的功率差为26dB,求其调幅度。

解:

将以上数据代入公式$m_a = 2 \times 10^{-\left(\frac{\Delta dB}{20}\right)}$,得该信号的调幅度为

$$m_a = 2 \times 10^{-\left(\frac{\Delta dB}{20}\right)} = 2 \times 10^{-\frac{26}{20}} = 0.10$$

如果换作百分比表示,则有

$$m_a = 10\%$$

2）时域测量

对频谱仪设置为最宽的分辨率带宽、最宽的视频带宽、线性显示方式后，就可以测量调幅信号的时域波形。

从图 3-115 中可以方便地测出电压的峰值和谷值，调幅度计算公式为

$$m = \frac{U_{\max} - U_{\min}}{U_{\max} + U_{\min}} = \frac{1 - \dfrac{U_{\min}}{U_{\max}}}{1 + \dfrac{U_{\min}}{U_{\max}}} \quad (3.105)$$

而调制信号的频率则可以通过波形直接读出。

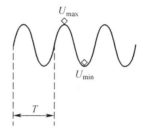

图 3-115　时域测量法测量调幅信号

［例］：如图 3-115 所示，使用频谱分析仪对一调幅信号进行测量后，得到 $T=1\text{ms}$、$U_{\max}=4.8\text{mV}$、$U_{\min}=3.9\text{mV}$，求其调幅度。

解：

将以上数据代入 $m = \dfrac{U_{\max} - U_{\min}}{U_{\max} + U_{\min}} = \dfrac{4.8 - 3.9}{4.8 + 3.9} = 0.1$，即调幅度为 10%。

3.4.7.2　调频信号的分析

通常情况下，我们认为调频信号的频谱是由无限边带组成的，但是在窄带调频的情况下，一般只有两个主要的边带，边带幅度、载波幅度、最大调频频偏、调制频率之间关系为

$$\Delta \text{dB} = 20\lg\left(\frac{\lambda}{2}\right) \quad (3.106)$$

$$\lambda = \frac{\Delta f_{\text{peak}}}{f_{\text{mod}}} \quad (3.107)$$

式中：ΔdB 为边频第一根谱线与载波的幅度差；λ 为调制指数；Δf_{peak} 为最大调频频偏；f_{mod} 为调制频率。

［例］：如图 3-116 所示，使用频谱分析仪对一窄带调频信号进行测量后，得到

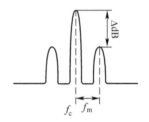

图 3-116 频域法测量调频信号

$f_m = 2\text{kHz}$、$\Delta \text{dB} = -30\text{dB}$,求其最大频偏。

解:

由 $\Delta \text{dB} = 20\lg\left(\dfrac{\lambda}{2}\right)$ 知

$$\lambda = 2 \times 10^{\frac{\Delta \text{dB}}{20}} = 2 \times 10^{-1.5} \approx 0.063$$

$$\Delta f_{\text{peak}} = \lambda \times f_{\text{mod}} = 0.063 \times 2000 = 126\text{Hz}$$

除以上分析方法以外,利用频谱仪对调频信号的分析还有贝塞尔(Bassel)0 点法、哈伯雷(Haberly)法、斜率检波/解调法等,如有需要可以参考相关资料,在此不再赘述。

3.4.7.3 脉冲信号的分析

图 3-117 所示为典型脉冲调制信号的频谱分布。

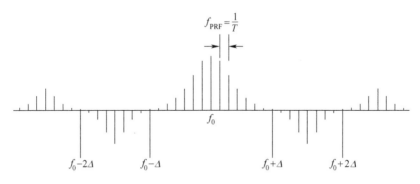

图 3-117 脉冲调制信号频谱分布示意图

从图 3-117 中可以看出,各边带频谱对称分布在载波频率 f_0 的两边,谱线间隔为脉冲的重复频率,即 $f_{\text{PRF}} = \dfrac{1}{T}$,$T$ 为脉冲的重复周期。主瓣宽度是旁瓣的两倍,主瓣包络在离载频 Δ 处过零,有 $\Delta = \dfrac{1}{\tau}$,τ 为脉冲宽度。用频谱仪可以直接测量

载波频率 f_0、脉冲重复频率 f_{PRF}、脉冲宽度 τ 等参数。由于频谱仪测试结果不包含相位信息,因此频谱分量全部是正向的。

脉冲频谱的测量分为宽带和窄带两种方法,主要由分辨率带宽内的谱线数来决定。窄带测量时仅一根谱线在分辨率带宽内 $\left(RBW<\dfrac{0.3}{PRF}\right)$,宽带测量时同时有很多谱线位于分辨率带宽内($RBW>1.7RPF$)。

1) 窄带测量

如图 3-118 所示,在满足窄带测量条件时,调制脉冲的重复频率 f_{PRF}、脉冲宽度 τ、载波频率 f_0 可以直接测量,测出 f_0 的功率 P_{f_0} 后,脉冲的峰值功率可以求得,即

$$P_P = P_{f_0} - 20\lg\left(\dfrac{\tau}{T}\right) \tag{3.108}$$

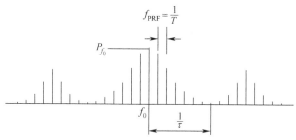

图 3-118 脉冲调制窄带测量示意图

2) 宽带测量

如图 3-119 所示,当满足宽带测量条件时,脉冲调制信号的响应大小取决于分辨率带宽内所包含的频谱分量的数目及各自的幅度,较宽的带宽包含较多的频谱分量,脉冲响应的峰值电压较大,因此如果带宽中不能包含所有的频谱分量,则显示的脉冲响应是幅度较低的脉冲。由于频谱线的包络是 $\dfrac{\sin x}{x}$ 形,因此脉冲响应的包络也是 $\dfrac{\sin x}{x}$ 形,从显示的包络可以测量脉冲宽度,脉冲宽度可表示为

$$\tau = \dfrac{1}{\Delta} \tag{3.109}$$

脉冲的峰值功率为

$$P_P = P_{f_0} - 20\lg(\tau \cdot B_i) \tag{3.110}$$

式中:B_i 为脉冲带宽,一般等于 $1.5RBW$。为了使测量更加精确,输入信号的电平

图 3-119 脉冲调制宽带测量示意图

必须低于频谱仪的增益压缩电平,以免信号各频率成分的总功率导致混频器的压缩,影响测量精度。

3.5 功率测量及功率计

3.5.1 功率测量的基本概念

1) 功率及平均功率

功率的基本定义为单位时间内的能量,其定义式为

$$P = dE/dt \tag{3.111}$$

式中:P 为功率;E 为能量;t 为时间。基于能量守恒定律,利用电能到热能的变换并测量由此产生的温度变化,可以实现接收功率的测量。此时,功率可表示为

$$P = U \times I \tag{3.112}$$

式中:P 为功率;U 为电压;I 为电流。

在使用式(3.112)进行计算时,功率、电压和电流都是给定时刻的瞬时值。对于直流信号,由于电压和电流均不随时间变化,因此瞬时功率是一个常数。而对于交流信号而言,由于电压和电流都在不断变化,并且在大多数情况下,电压和电流的变化速率非常高,现有的传感器难以响应信号变化的瞬态功率,因此很难通过式(3.112)测得信号在特定时刻的瞬时功率。基于以上原因,在工程应用中,对于交流信号一般只进行平均功率的测量,特别是对于周期信号,平均功率代表了信号在一个周期内能量变化的平均速率。此时,周期变化信号的平均功率通常可表示为

$$P = \frac{1}{T}\int_0^T u(t) \times i(t) dt \tag{3.113}$$

式中:P 为平均功率;$u(t)$ 为瞬时电压;$i(t)$ 为瞬时电流;T 为信号的周期。

如果被测信号是连续正弦波,则其平均功率的表达式为

$$P = U \times I \times \cos\theta \tag{3.114}$$

式中:P 为平均功率;U 为电压的有效值;I 为电流的有效值;θ 为电压与电流的相位差。对于纯电阻电路而言,有 $\theta = 0$,在实际测量中,用于接收功率的功率传感器

表现为一个纯电阻负载,因此电压与电流的相位差为0,且由于$U = I \times R$,所以上述公式变为

$$P = U^2/R \text{ 或 } P = I^2 \times R \tag{3.115}$$

如果一个被测信号中包含有很多的频谱分量,那么通过该传感器测量的功率将是所有频谱分量在该传感器中的响应,响应的总功率是多个信号功率分量之和。在实际工程中,这些频谱分量可能是某种信号的调制边带、谐波或其他一些频率分量,即

$$P = (U_1^2 + U_2^2 + \cdots + U_n^2)/R \tag{3.116}$$

2)脉冲功率

脉冲功率是指信号在脉冲宽度 τ 内的能量传输速率。从前面的分析我们知道,脉冲宽度的定义为脉冲上升沿与下降沿50%幅度点之间的时间。因此脉冲功率的数学表达式为

$$P_p = \frac{1}{\tau}\int_0^\tau u(t) \times i(t)\,\mathrm{d}t \tag{3.117}$$

在实际工程中,如果已知脉冲信号的占空比和平均功率,可以进行脉冲功率的计算,即

$$P_p = \frac{P_{\text{AVG}}}{\text{DutyCycle}} \tag{3.118}$$

式中:Duty Cycle 为脉冲信号的占空系数,有时也称为占空比,其定义为脉冲宽度除以脉冲的周期。脉冲功率与脉冲平均功率示意如图3-120所示。

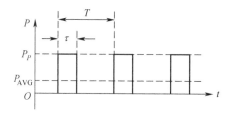

图3-120 脉冲功率与脉冲平均功率示意图

3)峰值包络功率

由于在雷达、电子对抗和通信导航系统中所采用的信号大多是基于复杂脉冲调制或扩展频谱技术的非规则脉冲,同时信号在传输过程中不可避免地发生较大的畸变,因此在实际测量时很难精确测定脉冲宽度 τ,从而导致无法通过上述公式进行脉冲功率的测量。为了实现对上述非标准脉冲信号的功率测量,引入了峰值功率的概念。一般来讲,峰值功率是描述信号最大功率的专用术语,峰值功率是指该包络功率的最大功率。对于理想的矩形脉冲而言,峰值功率就等于脉冲功率。

峰值功率计或峰值功率分析仪就是为获得这类波形的峰值功率而专门设计的。图 3-121 为应用于通信导航系统中的高斯型脉冲信号峰值功率的示意图。

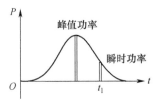

图 3-121　高斯脉冲峰值功率示意图

4）功率的度量单位

正如前面我们所了解的，"功率"是国际单位制（SI）中的导出单位。表示功率大小的单位有线性度量单位和对数度量单位两种。线性度量单位的常用单位为瓦（W）。对数度量单位的定义式为

$$\mathrm{dB} = 10\lg\left(\frac{P}{P_{\mathrm{ref}}}\right) \tag{3.119}$$

也就是说，一个功率电平 P 对参考电平 P_{ref} 的比值的对数的 10 倍，就是通常所说的分贝（dB）。

之所以在工程中采用分贝表示，是因为在通信和雷达系统中，当信号通过放大器或衰减器等部件时，信号功率通常相差数千、数百万倍，表示非常不便，用分贝表示可使数值变得紧凑。另外，在计算数个网络级联的增益或插损时，可用分贝的加减来代替功率的乘除，使计算更加方便。

当 $P_{\mathrm{ref}} = 1\mathrm{mW}$ 时，就得到了功率的另外一个对数度量单位——分贝毫瓦，即通常所说的 dBm，有

$$\mathrm{dBm} = 10\lg\left(\frac{P}{1\mathrm{mW}}\right) \tag{3.120}$$

式中：P 的单位为毫瓦（mW），那么 0dBm 为 1mW，10dBm 为 10mW，-3dBm 为 0.5mW。根据实际的应用情况，dBm 又可扩展为 dBW（1dBW = 30dBm）、dBμW（1dBμW = -30dBm）等。

3.5.2　功率计的主要技术指标

射频、微波与毫米波功率计的技术指标很多，由于测量功率的原理不同，因此热敏电阻功率计、热偶功率计、二极管功率计以及通过式功率计等不同类型功率计的技术指标也各不相同。工程中常用的功率计的技术指标中，有些是功率计探头的技术指标，有些是功率计主机的技术指标，而有些则是功率计主机/功率探头组

合在一起的技术指标。下面我们分别进行介绍。

（1）频率范围。频率范围是指能满足该功率计各项指标要求,保证功率计可靠工作的输入信号的频率覆盖范围。通常情况下,该指标主要取决于功率计的探头。超出频率范围测量,功率准确度不能保证。现代高性能功率计的频率范围配接不同功率探头可覆盖 DC~170GHz。

（2）功率测量范围。功率测量范围是指功率计所能准确测量的最小功率到最大功率的范围,在此范围内所测功率值应符合产品规定的准确度。最大电平取决于传感器,最小电平则取决于零漂、噪声以及功率探头的灵敏度。超出功率范围,将无法保证测量的准确度。某些情况下,当输入功率过大时,也有可能会损坏探头。现代高性能功率计配接单个探头的功率范围可达到 90dB。

（3）功率线性度。功率线性度是指在某个功率电平范围内,功率测量误差的最大变化量。线性度主要取决于功率探头,代表由于被测信号的功率电平变化而引入的功率测量附加误差。

（4）零点调节。零点调节是指在没有功率输入的情况下,使功率计的指示归为零。老式的功率计需手动来调节,而现代的功率计一般通过软件控制自动完成零点调节。调零误差主要影响小信号的测量值。

（5）零点漂移。零点漂移是指在基准条件下,仪器预热后,在给定时间内,功率指示值的变化量。当仪器工作在最高灵敏度时,该指标尤为重要。实践证明,较长的仪器预热时间和对仪器实时正确的校零,可减小零点漂移。

（6）零点转移。当功率测量的量程改变时,零点会有些改变,而功率计通常设计在最灵敏的量程上进行调零,调零的值转移到其他量程上,就会出现零点转移。这种转移会带来一部分测量误差。

（7）噪声。噪声也称为短期稳定度,通常是以 1min 内功率值无规则变化不超过某一特定功率值进行表示。在仪器正常工作条件下,噪声是由于仪器内部元器件产生的噪声引起的,当仪器工作在最高灵敏度时,该指标尤为重要。

（8）校准源功率准确度。校准源功率准确度是指功率计内置校准源输出功率的准确度。通常校准源的频率为 50MHz,功率输出为 0dBm。功率计在出厂时,要利用一套高精密的测量系统对校准源进行调试校准,以保证功率准确度的指标。用户需要定期送计量单位进行校准。

（9）校准源驻波比。校准源驻波比是指功率计在校准输出时,由于校准源输出端口阻抗失配引起的电压驻波比。

（10）功率测量误差。功率测量误差是指功率测量的相对误差,即

$$\Delta_P = \frac{P_u - P_s}{P_s} \times 100\% \tag{3.121}$$

式中:P_s 为标准功率计的指示值;P_u 为被测功率计的指示值。

(11) 功率探头驻波比。由于功率计所配功率探头阻抗失配引起输入端的入射波电压和反射波电压相长干涉和相消干涉,其相长干涉最大电压值与相消干涉最小电压值的比值称为功率探头电压驻波比。

(12) 功率探头有效效率。功率探头的有效效率是指被测功率的功率计直流替代功率 P_b(通常可以用功率计指示功率值替代)与该功率探头吸收的净功率 P_L(净功率 P_L=输入功率 P_i-反射功率 P_r)之比,即

$$\eta_e = \frac{P_b}{P_L} \times 100\% \tag{3.122}$$

(13) 功率探头校准系数。功率探头校准系数是指被测功率计的直流替代功率 P_b(通常可以用功率计指示功率值替代)与该功率探头的入射功率之比,即

$$k_b = \frac{P_b}{P_i} \times 100\% \tag{3.123}$$

用户需要定期送计量单位进行功率探头校准系数的校准。

(14) 方向性。对于单向通过式功率计,方向性为端口1输入功率、端口2接匹配负载时,通过式功率计指示值 P_1 与端口2输入相同功率、端口1接同一匹配负载时通过式功率计的指示值 P_2 之比值的对数,即

$$D = 10\lg \frac{P_1}{P_2} \tag{3.124}$$

对于双向通过式功率计当输入端输入信号功率,输出端接匹配负载时,通过式功率计的两个指示值分别指示出负载的入射功率 P_i 和反射功率 P_r,则方向性定义为

$$D = 10\lg \frac{P_i}{P_r} \tag{3.125}$$

为了减小由于隔离不完善造成的误差,应尽量使用具有高方向性的定向耦合器。

(15) 插入损耗。插入损耗是指通过式功率计接入微波馈线系统中所引起的损耗。插入损耗可通过校准,采用类似于耦合因子的方法加以校正。

(16) 上升时间和下降时间。峰值功率探头的上升时间是指功率探头检测脉冲功率的10%变换至90%的时间;峰值功率探头的下降时间是指功率探头检测脉冲功率的90%变换至10%的时间。该项技术指标制约了功率计可有效测量的脉冲最小宽度。

(17) 最大输入平均功率。功率计最大输入平均功率是指功率计所允许输入的最大平均功率,当该平均功率去除后,功率计仍能正常工作,不会因此降低功率计的各项性能指标。使用功率计时输入信号的平均功率不能超过该项指标。对于二极管式功率计而言,最大输入平均功率与最大输入峰值功率相同。

(18) 最大输入峰值功率。功率计最大输入峰值功率是指功率计(主要指功

率探头)所允许输入的最大峰值功率。当该峰值功率去除后,功率计仍能正常工作,不会因此降低功率计的各项性能指标。使用功率计时,输入信号的峰值功率不能超过该项指标。

(19)温度系数(或温度影响)。温度系数是指由于温度变化而引入的功率测量附加误差。

(20)功率探头信号输入型式。功率探头信号输入型式是指功率探头输入接头的型式。功率探头通常分为同轴型功率探头和波导型功率探头两种。同轴型功率探头主要有 N 型、3.5mm、2.4mm、K 型等。波导型功率探头选用各种标准矩形波导形式。我国矩形波导频段划分和型号见 SJ150—65 标准,型号以 BJXXX 表示;波导法兰则见 SJ213 标准。

3.5.3 功率测量的基本方法

3.5.3.1 终端式功率测量

1)终端式功率测量

小信号的射频或微波功率测量常采用终端式功率测量。如图 3-122 所示,终端式功率计主要包含功率传感器(功率探头)和功率计主机(功率计指示器)两部分。被测的射频信号功率首先进入功率传感器,将射频功率信号转换为直流信号,并经过一定的处理后,送功率计进行运算、处理并显示。

图 3-122 终端式功率计原理框图

(1)功率传感器。功率传感器接在信号传输线的终端,接收和消耗功率,并产生一个与输入功率成比例的直流或低频信号。功率传感器可采用热敏电阻、热偶电阻或二极管检波器等电路构成,转变后的信号经过特定形式的前置放大器等电路处理后,送入功率计进行测量。目前智能功率探头在可以实现微波功率转换的同时,还自带存储电路,主要用于存储探头的校准参数以及探头型号、类型等。另外,有些探头内部还有用于感知外界环境温度变化的温度传感器。

(2)功率计。功率计主要包括放大器、运算处理电路、显示和人机接口电路,主要功能是对来自功率探头的变换信号进行处理运算,产生准确的功率读数,通过显示电路或人机接口电路供测量人员感知。通常,一个型号的功率计能够兼容不同类型、不同频率范围、不同功率范围的系列功率探头,但实际上功率计在更换不同的探头进行测量时,往往都需要重新归零、校准。

2) 终端式功率计的特点

(1) 测量精度高。相比于其他射频或微波功率测量手段,终端式功率计的测量精度是最高的,其典型测量精度可以达到±1.6%,因此终端式功率计常作为实验室的校准设备,用于校准信号源或频谱分析仪。

(2) 小信号测量能力强。基于终端式功率计的测量原理,可以测量极小幅度的信号功率。常用的功率计可以测量-60dBm 的信号功率,高端的功率计则可以完成-70dBm 的信号功率测量。

(3) 测量信号范围广。终端式功率计可以测量各种调制信号和非调制信号的平均功率、峰值功率、突发功率(Burst)以及脉冲信号的脉冲宽度、上升时间及下降时间,应用范围非常广泛。

(4) 不能进行大功率信号的测量。同样基于终端式功率计的测量原理,其功率测量上限一般为+20dBm,无法进行较大功率信号的测量。当然,如果外接衰减器、定向耦合器等辅助器件,则可以有效扩展终端式功率计的测量上限。

3) 终端式功率计的分类

目前终端式功率计常用的分类方法主要包括以下几种。

(1) 测量原理。按功率测量原理,可以把功率计分为热敏电阻功率计、热电偶式功率计、二极管式功率计、量热式功率计等。

(2) 被测功率特征。按被测功率特征,可以将功率计分为平均功率计(包括连续波平均功率计和调制波平均功率计)、峰值功率计和峰值功率分析仪。

(3) 信号传输方式。按被测信号的传输方式,可以将功率计分为同轴型功率计和波导型功率计。

(4) 功率计量程。按功率计的量程大小,可以将功率计分为小量程功率计($P<100mW$),中量程功率计($100mW<P<100W$)以及大量程功率计($P>100W$)。

目前常用的功率计为二极管式功率计、热电偶式功率计和热敏电阻功率计。

3.5.3.2 通过式功率计

1) 通过式功率测量

根据功率的基本定义式 $P=U\times I$,对于直流信号,只要测得电压 U、电流 I,理论上就可以求得功率。因此,应用于直流信号的通过式功率测量,就是将功率计连接在信号源和负载之间,通过功率计内置的电流传感器和电压传感器,分别测量信号的电压和电流,从而得知信号的功率,如图 3-123 所示。常用的电力表对电功率的测量采用的就是这种方式。

从前面的分析我们知道,如果输入的信号是正弦信号,则有 $P=U\times I\times\cos\theta$,此时要计算信号产生的功率,就需要知道电压和电流的相位关系,因此通过式的功率测量大多应用在频率比较低的低频信号的功率测量中。

工作在射频段的通过式功率计一般采用耦合方式进行测量,如图 3-124 所

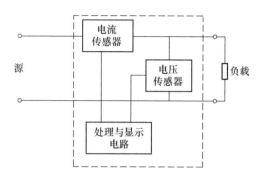

图 3-123 直流或低频通过式功率测量

示,其核心器件是定向耦合器。来自发射机的射频输入信号通过正向的定向耦合器(位于图中同轴线下方)按一定的耦合比,耦合出一定功率的信号,并通过位于正向探头中的检波器转换成直流信号,送至正向表头指示正向功率。射频输入功率流向负载或者天线,由于负载或者天线与发射机之间并不完全匹配,因此总会有一小部分的功率被反射回发射机;反射功率被反向定向耦合器按一定的耦合比(位于图中同轴线上方)取样后,同样通过位于反射探头中的检波器转换成直流信号,并送至反向表头指示反射功率。在成功测量入射功率和反向功率以后,就可以计算出发射机与负载或者天线的实际匹配情况,计算公式为

$$\text{VSWR} = \frac{1 + \sqrt{P_r/P_i}}{1 - \sqrt{P_r/P_i}} \tag{3.126}$$

式中:P_r 为来自负载或者天线的反射功率,单位是 W 或者 mW;P_i 为来自发射机的入射功率,单位同样是 W 或者 mW。

从以上的分析我们可以知道,通过式功率计的主体就是一段同轴线,其插入 VSWR 可以做得很低(典型值为 1.05),这样一段理想的传输线对发射系统的匹配所产生的影响可以忽略不计。另外,由于发射机的功率都非常大,因此定向耦合器的耦合比都非常小,由此对信号主通道产生的耦合损耗也可以忽略不计。

2) 通过式功率测量的特点

(1) 大功率测量能力强。从通过式功率测量的原理我们可以知道,理论上来说,通过式功率计可以测量的最大输入功率只受限于传输线,因此在大功率测量领域得到了广泛的应用。例如,通信导航系统中常用的同轴电缆在 30MHz 频率时,可以承受的连续波功率超过 50kW,那么相应的通过式功率计只要在设计时将定向耦合器的耦合度适当降低,使取样信号的大小刚好满足检波二极管的平方律工作条件的要求,即可实现该信号的正常测量。

(2) 具有 VSWR 测量能力。通过式功率计的最大优点是可以测量发射机和

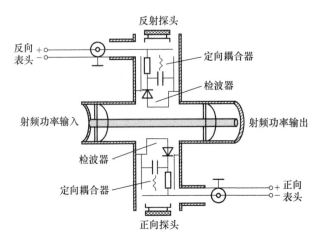

图 3-124 通过式功率计原理示意图

负载之间的大功率匹配情况,而这是网络分析仪或天线分析仪等仪器所无法做到的。

(3) 便携性较好。通过式功率计不会消耗射频和微波能量,因此其设计相对简单,体积可以做到非常小。

(4) 测量带宽较窄。受定向耦合器的带宽影响,通过式功率计的测试宽带有限,目前的通过式功率计的典型工作带宽为 5 倍频程,如 25~1000MHz,这与定向耦合器的特性是相符的。其主要原因是功率计不能测量信号的频率分量,无法对定向耦合器的频率响应进行补偿。

(5) 小功率测量能力弱。从作用原理上讲,定向耦合器的耦合度对于检波器来说相当于一个衰减器,因此对于小信号测量,其耦合的功率可能过低,而当耦合器的耦合功率低于检波二极管的底噪时,通过式功率计将无法进行准确测量。基于以上原因,通过式功率计通常只能测量到毫瓦级的功率,而相比之下,终端式功率计则可测量低至皮瓦级的功率,二者基本上要相差三个数量级。

3.5.4 平均功率的测量

射频和微波频段信号平均功率测量的关键在于采用何种方式将射频或微波信号的功率精确转换为可以方便测量的直流或缓变信号。目前常用的传感方法是二极管检波、热电偶和热敏电阻。

从以上的分析我们知道,功率计一般都包括功率探头和功率计主机两部分,平均式功率测量的原理也完全相同,只不过平均式功率计采用的是平均功率探头。测量时,首先设置待测信号的频率或校准因子,然后根据需要对功率计进行调零(待测功率未处在功率计动态范围下限时,可不进行校零),而后将功率探头连接到待测功率信号的传输线端口,接通射频信号,最后功率探头对输入信号的平均功率做出响应,并将转换后的信号送功率计主机,功率计主机完成平均功率的测量。

3.5.4.1 二极管连续波平均功率测量

随着半导体技术的发展,坚固耐用、性能一致性较好的具有金属-半导体结低势垒肖特基二极管(LBSD)的出现,使得二极管检波器作为绝对功率测量器件成为可能,早期使用这种二极管研制的平均功率探头的频率范围覆盖10MHz~18GHz,功率覆盖范围可以达到-70~-20dBm。20世纪80年代后期,具有更小结电容、更好平坦度、更优性能和稳定性的平面掺杂势垒(PDB)二极管的出现,将二极管平均功率探头的频率覆盖范围推到了毫米波频段,功率动态范围达到了50dB以上。随着数字信号处理技术和微波半导体技术的发展,二极管平均功率测量技术也得到了长足的发展,功率线性校准、温度补偿、校准因子修正等数据修正和补偿技术的发展,保证了在整个频率范围、功率范围以及温度范围内二极管平均功率测量的准确度,并使功率测量范围扩展到了90dB,二极管检波平均功率测量成为平均功率测量的主要手段,检波二极管成为传感平均功率测量的主要元件。

1)二极管检波器的工作原理

从数学上讲,检波二极管的工作原理服从二极管方程,即

$$i = I_s(e^{\alpha V} - 1) \tag{3.127}$$

$$\alpha = \frac{q}{nkt}$$

式中:i为流过二极管的电流;V为二极管两端的净电压;I_s为二极管的饱和电流,给定温度下为常数;k为玻耳兹曼常数;q为电子电荷;n为修正常数。为了便于分析,可以将式(3.127)展开成幂级数的形式,即

$$i = I_s\left(\alpha V + \frac{(\alpha V)^2}{2!} + \frac{(\alpha V)^3}{3!} + \cdots\right) \tag{3.128}$$

对于小信号输入,只有二次项有意义,即二极管工作在平方律区域、输出电流与输入射频电压成平方关系。当V升高使展开式的四次项不能忽略时,二极管的响应便不再处于平方律检波区,而是按准平方律检波,称为过渡区,电压V再升高,就到了二极管的线性检波区。

图3-125为典型二极管检波器的输入功率-平方率检波特性偏差示意图。从-70dBm开始一直到-20dBm,偏差都比较小,可以认为是满足平方律检波特性。从-20dBm以后,偏差就比较大了,实际上已经进入过渡区和线性区。对于一般的检波二极管,最大输入功率正常不能超过+20dBm,否则将损坏检波二极管。

图3-126为二极管检波器的简化电路图,由于二极管具有非线性的I-V特性,因此作用在二极管上的射频电压被检波,从而得到直流输出电压。为了满足阻抗匹配的要求,使检波二极管得到最大的射频输入功率,一般在二极管检波器之

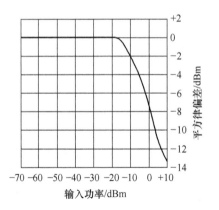

图 3-125 二极管检波器输入功率—平方律检波特性偏差示意图

前,通过匹配电阻来调节其输入终端阻抗。

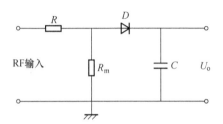

图 3-126 检波二极管简化电路图

2）连续波平均功率测量

如图 3-127 所示,二极管连续波平均功率探头常采用平衡配置的双二极管检波方式,输入的射频信号经过隔直电容 C 以及 3dB 衰减器后进入 50Ω 匹配负载和双二极管检波器,两个检波器检波输出的正负直流信号通过视频滤波电容 C_b 滤波后,送入前置放大器进行处理。

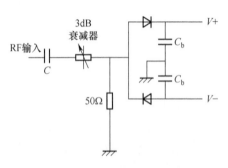

图 3-127 双二极管检波原理框图

通过数字信号校准和补偿,可以将单个二极管连续波平均功率探头的动态范围扩展到-70~+20dBm,有效满足使用要求。

平衡配置双二极管全波检波方式,具有多方面的优越性,具体如下。

(1) 采用平衡配置方式,可以消除-60dBm以下功率测量时,由不同金属连接所导致的接触电压问题。

(2) 减小测量误差,可以抑制输入信号中由于偶次谐波造成的测量误差。

(3) 抵消噪声或干扰,能有效抵消检波器输出端接地面上的共模噪声或干扰。

(4) 提高信噪比。通过采用双二极管检波,可以使信噪比提高1~2dB。

通过集成斩波电路、低漂移程控前置放大器、环境温度传感器、数字控制电路以及存储有探头线性度校准数据、温度补偿数据、校准因子等多种数据的 E^2PROM 电路,可以有效提高功率计对小信号的测量能力,提高功率计的功率测量范围。图3-128为一种典型的二极管连续波平均功率探头的原理框图,该探头的测量信号频率范围为50MHz~40GHz,功率范围为-70~+20dBm。

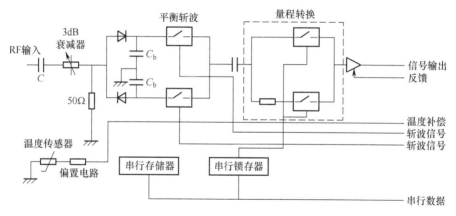

图3-128 二极管连续波平均功率探头原理框图

探头内的双检波二极管将输入的微波信号转化为直流信号,经斩波电路后变为交流信号,在功率计主机控制下,依据信号大小经量程开关控制后输入低噪声放大器。为了减小电缆等引入的瞬间干扰,该反馈放大器的一半放置于探头内,另一半通过电缆连接放置于功率计通道内,以提高抗干扰能力。放大后的信号经传输电缆送至功率计中进行后续的测量、处理及显示。微波检波组件部分还安装有温度传感器(热敏电阻),探头内部还包含有串行信号锁存器,用于控制探头的量程切换以及探头校准数据的读写。

近年来推出的新型多通道、宽视频带宽的二极管功率计,可以兼容大动态范围的二极管连续波平均功率探头以及不同视频带宽的平均/峰值功率探头,从而实现对不同类型信号的平均功率、峰值功率的测量。由于功率计普遍采用快速数据采集、高速 DSP 等技术,并可以实现对 A/D 采样信号的多种数字校准和补偿,因此可以保证在整个频率范围、功率范围、温度范围内功率测量的准确性。图 3-129 为宽视频带宽的二极管微波功率计主机的原理框图。

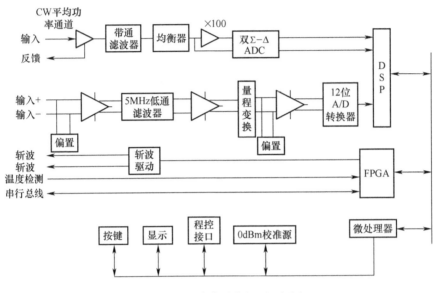

图 3-129　功率计主机原理框图

功率计主机包括连续波平均功率测量通道和调制波平均功率/峰值功率测量通道两个通道。连续波平均功率测量通道,用于处理二极管连续波平均功率探头输入的测量信号。连续波平均功率测量通道有两个量程,利用 DSP 的快速数字信号处理能力,去掉了量程转换的时间过渡,两个量程的信号同时被双路 $\Sigma-\Delta ADC$ 转换为数字信号送 DSP 进行数据处理,大大提高了测量速度。A/D 转换器的取样率与斩波频率有关,必须保证在每个斩波周期取样一定数量的数据值。$\Sigma-\Delta ADC$ 通过 I^2C 总线将采样数据送入 DSP,由 DSP 负责进行量程判断和信号去斩波等数字信号处理,最终将数据送入与主处理器共用的 RAM 中。主处理器通过 FPGA 实现与 DSP 的通信,配合 CPU 完成数据校准和补偿,以实现准确的功率测量。功率计主机的调制波平均/峰值功率测量通道,则用于处理调制波的平均/峰值功率探头检波输入的测量信号。

二极管功率计都要有一个绝对参考功率,从而使功率测量可以溯源于厂家或国家标准。因此,通常的二极管功率计内置有频率为 50MHz、功率极稳定的 1mW 校准源,功率探头接入校准源时产生的校准系数用于功率计主机数据校准,可消除由于时间老化、环境温度变化等因素造成的检波二极管检波效率变化,以及通道放大器增益变化引入的测量误差,进而实现功率的溯源。

3.5.4.2 调制波平均功率测量

由于在雷达、通信导航等系统中使用的并不是恒定幅度的连续波信号,而是复杂的数字调制信号或脉冲调制信号。与此同时,由于检波二极管存在检波电压的非平方律特性,而调制信号检波包络各点的检波电压的权值不一样,导致利用前面分析的二极管连续波平均功率探头进行调制信号的功率测量时,测得的平均功率误差较大,因此宽动态范围的连续波平均功率探头无法进行复杂调制信号平均功率的精确测量。在现代通信领域,如果调制信号的峰值因子大于 50dB 的动态范围,也会限制热偶式探头和通用的二极管检波在精确平均功率测量中的应用。为了满足大动态范围调制信号以及窄脉冲信号平均功率准确测量的需求,研制了多路径、多二极管调制波平均功率探头。

多路径、多二极管调制波平均功率探头兼有热偶式探头的高线性度、高准确度,以及二极管检波式功率探头宽动态范围和高测量速度的优点,其核心技术是利用多路径功率切换技术,将 $-60 \sim +20$dBm 功率范围分成多个测量路径,使每个路径内二极管检波器都工作于平方律检波区域,从根本上减小测量误差,从而满足宽动态范围内对复杂调制信号平均功率精确测量的要求。

图 3-130 为多路径、多二极管调制平均功率探头微波部分的原理框图,探头基于两通道功率检测技术,采用功分器将输入信号分为两路,在其中一个通路设置衰减器,根据输入信号的功率大小,确定使用哪个通道的检波信号,保证同一时刻只有一个检波通道有效,从而使通过功率探头内二极管检测的信号一直处于平方律区域,减小测量误差,提高探头的动态范围,满足调制波平均功率测量的要求。

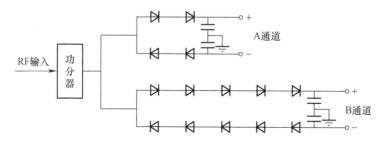

图 3-130 多路径功率探头微波部分原理示意图

图 3-130 中,A 通道采用 2 个二极管对垒检波方式(两个二极管串联),B 通道采用 5 个二极管对垒检波方式。这种结构方式由于测量电压在几个二极管之间分压,使得驱动每个二极管的电压降低,因此可以达到提高平方律检波功率的目的。在测量过程中,通过线性查表、温度补偿以及校准因子修正等手段,可以实现 80dB 以上范围复杂调制信号平均功率的准确测量。

此外,根据检波探头原理的不同,还有热电偶平均功率测量和热敏电阻平均功率测量等平均功率测量方式。热电偶平均功率测量由于具有较高的灵敏度,并可以实现真有效值平均功率测量,因此自80年代以来,一直是连续波平均功率和调制信号平均功率测量的重要仪器。但同样由于其原理所限,功率范围只有50dBm,因此在大动态范围数字微波信号以及窄脉冲微波信号平均功率测量方面受到了一定的限制,同时由于无法进行真正的峰值包络功率的测量,目前已经逐渐被高性能的宽视频带宽二极管式微波功率计所取代。热敏电阻功率计由于其探头内热敏电阻所吸收的射频功率与热敏电阻上的直流电流替代功率有相同的热效应,从理论上讲是"闭环"的,稳定性很好,因此热敏电阻功率计虽然由于测量功率范围小、测量速度低等原因,在普通的功率测量领域,已经被二极管式和热偶式功率计取代,但在功率传递领域仍然得到了广泛的应用。

3.5.5 峰值功率的测量

由于雷达、通信导航等系统中普遍采用了脉冲调制信号,因此对射频和微波脉冲调制信号功率的测量得到了快速发展。早期对脉冲信号包络的峰值功率特性和时域特性测量是分开进行的,峰值功率通常采取平均功率—占空比法、陷波瓦特计法、直流—脉冲功率比法等技术进行测量,而脉冲包络特性则采取高速检波二极管结合示波器的测量方法进行定性测量分析。

二极管检波器不仅测量功率的动态范围大,测量速度快,而且能够快速反应信号的包络变化,因此随着技术的发展,二极管检波器已经成为进行脉冲或复杂调制信号峰值功率测量分析的主要传感器件。目前二极管式峰值功率计可以测量的脉冲宽度已经达到20ns,部分可以完成10ns脉冲宽度的脉冲信号的功率测量,功率测量范围也达到60dB以上。

峰值功率计通常可以对脉冲信号的峰值功率、脉冲上升时间、脉冲下降时间等常见脉冲包络的幅度和时间参数进行测量,并可以独立或借助于外部示波器显示脉冲的包络迹线,但不能对脉冲参数进行全面分析测量。

峰值功率探头取样方式可分为跟踪取样保持测量方式和快速实时取样方式两种。跟踪取样保持测量方式是利用互为反相的取样信号控制脉冲包络跟踪/保持电路和取样/保持电路,实现在脉冲检波包络上取样而进行峰值功率测量分析。图3-131为典型的峰值功率探头的原理框图。

射频脉冲信号输入峰值功率探头以后,首先通过检波组件进行脉冲检波,检波后的脉冲包络信号通过探头内的宽带差动放大器进行信号放大,然后通过延迟器、放大器组成的延时放大单元进行两级信号放大及信号调整。两级延时放大的目的是使模拟通道的信号与有延时的数字控制信号保持时间上的一致性,从而保证取样点准确。在经过延时放大以后,脉冲包络信号一方面可以直接输出,并可使用示波器等仪器对微波脉冲信号的包络进行查看、分析;另一方面,脉冲包络信号被送

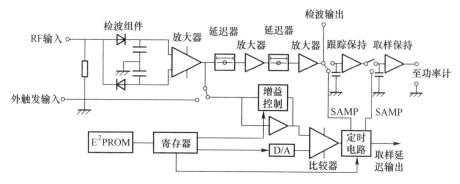

图 3-131 峰值功率探头原理框图

入跟踪保持电路和取样保持电路,跟踪保持电路和取样保持电路受控制电路产生的两个反向的取样控制信号控制,以保证跟踪保持在取样保持之前被执行。取样保持信号送入功率计主机,经过功率计主机的进一步放大处理、同步 A/D 变换以及数据校准等处理,得到取样点的信号功率。在实际的测量中,通过改变触发点与取样点的延迟时间设置,可以测量、查找出检波包络上最大的信号功率,即峰值功率。

峰值探头内的数字逻辑控制电路主要实现脉冲包络的取样控制以及以触发点为基准的取样延时时间控制,在完成以上功能的基础上,还负责完成探头数据的存储和读取。

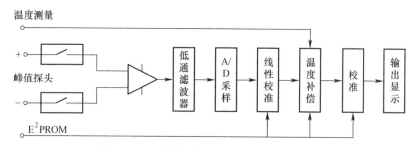

图 3-132 取样保持峰值功率计原理示意图

如图 3-132 所示,峰值探头检测的脉冲包络信号通过取样保持后近似为直流信号,以差分的方式送到功率计主机的输入通道。为了更好地抑制共模干扰,采用差动放大的方式。放大器选用高输入阻抗、低失调电压、高共模抑制和小温度漂移系数的程控仪表放大器,以保证对小信号的准确放大。采用程控增益放大的目的是保证测量通道有足够的动态范围,以实现对不同电平的信号无失真放大。若功率计主机连接连续波平均功率探头,并且检测功率电平大于-35dBm 或功率计主机连接峰值功率探头,则通道内的斩波电路工作于直通状态,为直流放大处理,以提高测量速度。若当功率计主机连接连续波平均功率探头,并且检测的功率电平小于-35dBm,则放大器采用斩波交流放大的处理方式,以减小信号通道的漂移。信号经程控放大后,采用3级二阶有源低通滤波器进行滤波,以减小测量噪声。

经过放大、调理后的信号送同步A/D变换器进行模拟/数字变换,所得的取样数据扣除校零数据以查表的方式得到功率初值,再按照一定的算法进行温度补偿、校准因子修正以及校准系数补偿后,得到测量的功率值,送液晶显示器或通过总线等方式供测量者得到测量数据。

3.6 频率及时间测量

3.6.1 基本概念

3.6.1.1 时间及频率基准

机载通信导航设备(如电台、无线电高度表、塔康、微波着陆设备等)的测试都有时间及频率参数的测试,时间与频率是两个重要的基本参量。我们都知道,在国际单位制中,时间是7个基本单位之一,频率可以通过时间导出,而且在目前的技术条件下,时间和频率的测量精度是电子测量中精度最高的。因此,为了提高其他量的测量精度,人们常把一些非电量或其他电量转换为频率或时间来进行测量。

1) 时间基准

根据国际单位制的规定,时间的基本单位是秒(s)。"秒"的定义也是随着科学技术的发展,特别是原子、激光等技术的发展而发展的,且在历史上曾经做过三次重大的修改。

(1) 世界时(Universal Time, UT)。最早的时间标准是由天文观测得到的,人们把地球自转一周所需要的时间确定为一天,规定地球上任何地点的人连续两次看见太阳在天空中同一位置的时间间隔为一个平太阳日,并把一个平太阳日的1/86400作为一个平太阳秒,称为世界时的1s。这种直接通过天文观察而测定的时间称为零类世界时(UT_0),其准确度在10^{-6}量级。由于地球的自转速度受季节等因素的影响,因此在此基础上,对地球自转轴的微小移动效应以及地球自转的季节性、年度性的变化等因素进行了综合考量并进行了校正,得到第一类世界时UT_1及第二类世界时UT_2,将其准确度提高到了3×10^{-8}量级。

由于地球自转不均匀,而地球的公转周期却非常稳定,因此国际天文学会定义了以地球绕太阳公转为标准的计时系统,称为历书时ET,并在1960年国际计量大会上正式定义1900年1月1日0时起的回归年长度的31556925.9747分之一为1s,称为历书时秒,同时规定86400历书时秒为1历书日,准确度也相应提高到了10^{-9}。

(2) 原子时(AtomicTime,AT)。随着原子等微电子技术的发展,人们开始利用原子能级跃迁频率作为计时的标准,并在1967年10月第十三届国际计量大会上正式通过了原子时秒的定义"秒是C_s^{133}原子基态的两个超精细结构能级[$F=4$, $m_F=0$]和[$F=3, m_F=0$]之间跃迁频率相应的射线束持续9192631770个周期的时间",从而将时间标准改为由频率标准来定义,并自1972年1月1日零时起,时间单位秒由天文秒改为原子秒,其准确度也达到了创纪录的$\pm5\times10^{-14}$量级。

目前铯原子钟精度已达到了$10^{-13}\sim10^{-14}$量级,甚至更高,相当于数十万年乃至百万年不差1s。其他的原子钟还有氢原子钟、铷原子钟、离子储存频标等。氢原子钟也称为氢原子激射器,其短期稳定度很好,可达$10^{-14}\sim10^{-15}$量级;铷原子钟具有体积小、重量轻、便于携带等优点,但存在老化频移等影响,其精度仅为10^{-11}量级,因此只适合作为工作标准;离子储存频标也称为离子阱频标,虽然存在由于碰撞频移、储存离子数量少等原因导致的信噪比较低等问题,但其精度可达$10^{-15}\sim10^{-16}$,具有较好的发展势头。

(3) 协调世界时(Coordinated Universal Time,UTC)。从以上的介绍我们知道,由于原子时只能提供准确的时间间隔,而世界时虽考虑了时刻和时间间隔,但局限于天文定义而且准确度也偏低,因此人们将原子时和世界时折中后,用闰秒的方法来对天文时进行修正,从而推出了协调世界时秒,并以此来发送时间标准。目前各国标准时号发播台所发送的就是世界协调时,其准确度优于$\pm2\times10^{-11}$量级。

2) 频率标准

生活中的地球自转、日出日落,力学中的重力摆或平衡摆轮的摆动,电子学中的电磁振荡等都是周期现象。我们知道,周期过程重复出现一次所需要的时间称为周期,记为T。在数学中,我们统一把这类具有周期性的现象概括为一种函数关系来描述,即

$$f(t)=f(t+mT), m=0, \pm1,\cdots \tag{3.129}$$

式中:T为周期。

在此基础上,我们定义频率为单位时间内周期性过程重复的次数,记为f。从定义可知,周期与频率的关系为

$$f=\frac{1}{T} \tag{3.130}$$

由于周期T的单位是秒(s),所以频率的单位是秒$^{-1}$(s^{-1}),记作赫兹(Hz)。对于简谐振动、电磁振荡等我们熟悉的周期现象,其运动规律可以用三角函数进行描述。正如前面我们所了解到的,一般将电压的变化规律写为

$$u(t)=U_m\sin(\omega t+\varphi) \tag{3.131}$$

式中:U_m为电压的振幅;ω为角频率,且$\omega=2\pi f$;φ为初相位。

由式(3.131)可知,鉴于频率与时间之间所具有的确定关系,因此频率标准通常可由时间标准获得。实际工作中常用的频率标准是石英晶体振荡器,由于石英具有较高的机械稳定性和热稳定性,因而石英晶体振荡器的振荡频率受外界因素的影响较小,输出频率比较稳定,可以达到 10^{-10} 的频率稳定度。另外由于石英晶体振荡器的结构简单,制造、维护、使用方便,并且其精确度可以满足大多数电子设备的需要,因而得到了广泛的使用。近年来,随着原子技术的发展,原子频标得以发展并广泛应用,具体内容在时间基准部分已有分析,在此不再赘述。

3.6.1.2 频率与时间测量的基本方法

频率测量的方法及复杂程度与其要求的测量精确度密切相关,在日常工作及科研过程中,频率的测量精度达到 $\pm 1\times 10^{-2}$ 即可以满足要求;对于电台等通信设备,频率测试精度需要达到 $\pm 1\times 10^{-7}$ 量级;而对于各种频率标准,则需要达到 $\pm 1\times 10^{-12}$ 以上。要求的测量精度越高,相应的测量原理及方法越复杂,根据测量原理的不同,通常将频率测量方法分为模拟法和计数法。其中,模拟法又分为直读法、比较法;计数法又分为电容充放电式和电子计数式。

1) 直读法

直读法是指直接利用电桥电路、谐振电路等具有特定频率响应特性的电路来测量频率的方法,也称为无源测频法或频响法。由于电桥电路、谐振电路等电路的频率与电压、电流等参数的关系可以通过确定的数学表达式进行描述,因此在电路的特定状态下,结合电路中其他元器件的参数,可以测量频率。

(1) 电桥法测频。电桥法测频是利用电桥的平衡条件和频率的特定关系进行频率测量的,这种方法常用于低频频段的测量。

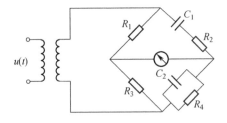

图 3-133 文氏电桥测频原理图

如图 3-133 所示,以常见的文氏电桥为例,该电桥平衡的条件为

$$R_1\left(\frac{1}{\frac{1}{R_4}+\mathrm{j}\omega_x C_2}\right)=R_3\left(R_2+\frac{1}{\mathrm{j}\omega_x C_1}\right) \tag{3.132}$$

进而有

$$\left(R_2 + \frac{1}{j\omega_x C_1}\right)\left(\frac{1}{R_4} + j\omega_x C_2\right) = \frac{R_1}{R_3} \tag{3.133}$$

电桥平衡时,满足以下条件,即

$$\frac{R_2}{R_4} + \frac{C_2}{C_1} = \frac{R_1}{R_3} \tag{3.134}$$

$$\omega_x = \frac{1}{\sqrt{R_2 R_4 C_1 C_2}} \tag{3.135}$$

或者有

$$f_x = \frac{1}{2\pi\sqrt{R_2 R_4 C_1 C_2}} \tag{3.136}$$

当满足 $R_2 = R_4 = R, C_1 = C_2 = C$ 时,有

$$f_x = \frac{1}{2\pi RC} \tag{3.137}$$

在进行测量时,如果调节电路中的电阻或电容值(另一个保持不变),使电桥在该输入信号的频率下保持平衡(检流计电流最小),则可测得输入信号的频率。

当然,使用该方法进行频率测量时,测量误差取决于电桥中各元件的精度以及电桥平衡准确度的判断,一般精度可以达到±(0.5~1)%,精度较低。由于寄生参数的影响,在调频时,测量的准确度大大下降,因此该种方法只适用于10kHz以下信号的频率测量。

(2) 谐振法测频。谐振法测频是利用电感、电容以及电阻的串联谐振或并联谐振特性来实现测频,如图3-134所示。

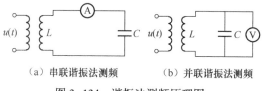

(a) 串联谐振法测频　　　(b) 并联谐振法测频

图3-134　谐振法测频原理图

以上电路的固有谐振频率为

$$f_0 = \frac{1}{2\pi\sqrt{LC}} \tag{3.138}$$

当输入信号的频率等于电路的固有谐振频率 f_0 时,电路发生谐振。此时电流表、电压表的指示最大。在该状态下,通过电感、电容的值可以计算出输入信号的频率。

实际电路中,通常通过改变电感的值,可以改变谐振频段,改变电容的值,实现

频率细调。谐振点的选择在实际操作中比较困难,为此可以利用谐振回路的谐振曲线具有对称性的特点,采用所谓对称交叉读数的方法,以提高测量精度,如图 3-135 所示。

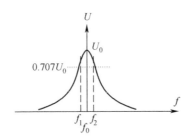

图 3-135　谐振曲线示意图

曲线以谐振频率 f_0 对称,并且在曲线的半功率点附近斜率最大,因此在实际操作时,可以在谐振回路失调的情况下,在谐振频率 f_0 两边对称地选取 2 个频率点,测出其相应的频率 f_1、f_2,则被测信号的频率可以表示为

$$f_x = f_0 = \frac{f_1 + f_2}{2} \tag{3.139}$$

式中:f_x 为被测信号的频率;f_1、f_2 为以谐振点为中心的两个对称点的频率。

从以上的分析可以看出,谐振法测频的精度与谐振回路的品质因数有很大的关系,品质因数越大,曲线越陡峭,测频精度越高,反之因为较难准确判定谐振点,导致测频精度相对较低。另外,回路中的电感、电容等由于温度、湿度等环境条件的变化,其元件参数也会有所变化,从而导致谐振频率的改变,最终影响测量效果。

2)比较法

比较法是通过将被测信号与已知频率的信号进行比较,从而获得被测信号的频率的方法。比较法包括拍频法、差频法以及示波法等。比较法测量频率的精度主要与标准参考频率的精度及判断两者关系的电路所能达到的精度有关。

(1)拍频法。拍频法是将被测信号与标准信号经线性元件(如耳机、电压表)等直接进行叠加而实现频率测量的方法。如图 3-136 所示,如果将待测频率为 f_x 的正弦信号 u_x 与标准频率为 f_c 的正弦信号 u_c 直接叠加在线性元件上,合成信号 u 为近似的正弦波,但合成信号的振幅随时间变化,并且振幅的变化频率等于参与合成的两信号的频率差,通常称为拍频。

通过研究人们发现,当 $f_x = f_c$ 时,拍频波的频率也为 f_c,拍频波的振幅不随时间变化,并且如果两个信号的初相位相同,则拍频波的振幅最大,等于两信号振幅之和;而当两个信号的初相位相差 π 时(反相),拍频波的振幅最小,等于两个信号振幅的差。如果 $f_x \neq f_c$,则拍频波的振幅随两信号的频率差 $F = |f_c - f_x|$ 而变化。因

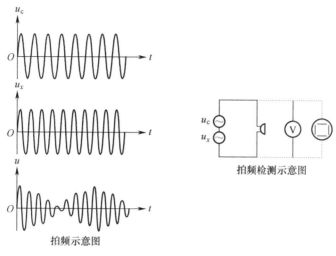

图 3-136　拍频及拍频检测示意图

此,可以根据拍频信号振幅变化频率 F 和已知频率 f_c 来确定被测频率 f_x,即

$$f_x = f_c \pm F \tag{3.140}$$

实际使用时,一般通过耳机、电压表或示波器作为指示器进行检测。调整 f_c,当 f_c 越接近 f_x 时,合成波的振幅变化同期越长。当两者的频率相差在 4~6Hz 及以下时,就很难区分两个信号频率在音调上的差别了,此时定为零拍。如果使用示波器进行检测,则可以看到波形幅度随着两个频率的逐渐接近而趋于一条直线,这种现象在声学上称为拍。

为了便于辨认拍频的周期或频率,应尽量使拍频信号的振幅变化更大,为此,根据前面的分析,应尽量使 u_c、u_x 两个信号的振幅相等。同时,参与比较的两个信号的频率漂移应较小,如果频率漂移过大,就很难分清拍频是由于两个信号频率不等还是频率不稳定而导致过大的测量误差。拍频法测频的误差主要决定于标准频率 f_c 的精确度,其次是 F 的测量误差。

(2) 差频法。如图 3-137 所示,差频法也称为外差法,通过将频率为 f_x 的待测信号与频率为 f_L 的本振信号共同加到非线性元件上进行混频,并将混频后的信号经过滤波、低放,通过耳机或电压表等判断出被测信号的频率。

频率为 f_x 的待测信号与频率为 f_L 的本振信号在经过混频器后,由于混频器的非线性,输出信号中除了原有信号的基波分量外,还有其谐波分量,频率分别为 mf_L、nf_x,以及相互作用产生的所谓交调分量 $mf_L \pm nf_x$,其中 m, n 分别为整数。通过调节 f_L,使 $mf_L - nf_x = 0$,则有

$$f_x = \frac{m}{n} f_L \tag{3.141}$$

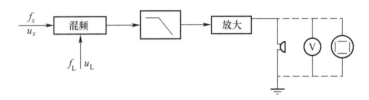

图 3-137 差频法测频原理框图

从上面的分析可以看出,差频法测量频率的关键在于判断式(3.141)的存在,以及确定 m,n 的值,当然,最简单的情况是 $m=n=1$,但此时标准频率源的变化范围与待测信号的变化范围一样,如果测量频率比较高的信号,对本地标准频率的要求也比较高,也就失去了该方法的意义。实际使用时还要辅助以其他电路才能完成,过程较为复杂,需要的可以参考相关专业资料进行详细了解。

一般来讲,差频法测量频率的误差是比较小的,可以优于 10^{-5} 量级,并且由于采用了混频、低放的方式,因此与其他测频方法相比,其测量的频率范围和测量灵敏度也较高,最高频率可以达到 3GHz 以上,最低可测信号幅度可以达到 $0.1\mu V$,从而使对高频和微弱信号的频率检测成为可能。

(3)示波法。用示波器法测量信号频率的方法主要包括测周期法和李沙育图形法。测周期法是通过测量输入信号的周期,从而得到被测频率;而李沙育图形法则是通过将待测频率信号和标准频率信号输入工作于 $X-Y$ 方式下的示波器的两个输入端,通过调节已知信号的频率,使荧光屏上显示特定的李沙育图形,然后根据公式 $f_y = f_x \dfrac{N_H}{N_V}$ 得到待测信号的频率 f_y。其中,N_H、N_V 分别为水平线、垂直线与李沙育图形的最多交点数;f_x 为已知信号的频率。该方法可以测量从音频到几百兆赫兹的高频信号的频率,测量准确度主要取决于示波器的分辨能力和已知标准信号的频率准确度,一般约为 0.3%,可以满足一般测量的需要。

以上频率测量的方法虽然原理简单,测量结果显示直观,但由于测量准确度、测量信号频段等方面因素的限制,目前只在相对有限的场合使用,因此我们只做简单介绍,下面主要讨论目前常用的计数法测频。

3.6.2 频率测量

3.6.2.1 基本原理

电子计数法频率测量是根据频率的定义,通过电子计数器测量单位时间内被测信号的周期个数来实现频率测量,具有测量精度高、测量速度快的优点,适合不同频率、不同精确度测频的需要,是目前应用最为广泛的一种测量方法。

从前面频率的定义我们知道,周期性信号在单位时间内重复出现的次数就是

频率,因此,如果在一定的时间间隔 T 内测得待测周期性信号 f_x 的重复次数 N,那么频率可表示为

$$f_x = \frac{N}{T} \quad (3.142)$$

因此从原理上讲,采用常规的数字逻辑及时序电路就可以完成信号周期的计数,进而实现频率的测量。

如图 3-138 所示,在双输入与门的一个输入端输入待测信号整形后的脉冲序列 f_x,在另一个输入端输入脉冲宽度为 T 的方波门控信号(也称为闸门信号),与门的输出接计数器。由于门控信号的作用,计数器的输入脉冲信号只在时间 T 内有效,设时间 T 内的脉冲计数值为 N,则有 $f_x = \frac{N}{T}$。通常取 $T = 10^n (n = 0, \pm 1, \pm 2, \cdots)$,则有 $f_x = 10^{-n} N (n = 0, \pm 1, \pm 2, \cdots)$。该方法的实质仍属于比较法测频,比较的时间基准是闸门信号 T。

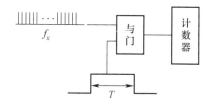

图 3-138 计数法测频原理框图

3.6.2.2 主要电路构成

计数法频率测量的原理框图如图 3-139 所示,主要由输入信号整形及计数脉冲形成电路、时基产生电路、控制及人机接口单元等电路组成。

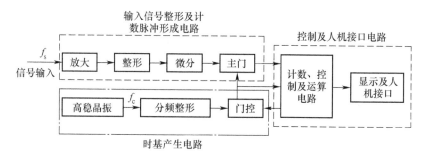

图 3-139 计数法测频原理框图

1) 输入信号整形及计数脉冲形成电路

该电路的主要作用是对输入的待测周期信号进行调理,以满足后续电路的需

267

要。信号调理包括幅度的调整和信号的整形,调理后的信号通过微分电路将其转换为适于计数的窄脉冲,送主门电路,输入信号的波形变换过程如图3-140所示。

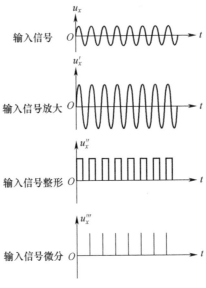

图3-140 输入信号的波形变换过程图

在实际的工程应用中,主门电路实际上是一个与门电路,与门的另一个输入端来自时基电路的闸门脉冲。闸门脉冲起到控制主门开启的作用,其中:当闸门脉冲到来时,开启主门,整形后的待测窄脉冲信号通过主门,送往后续的控制及接口单元进行脉冲计数;当闸门脉冲关闭时,待测窄脉冲信号不能在主门的输出端产生输出,通常将主门输出的脉冲称为计数脉冲。

2) 时基产生电路

时基产生电路的作用是在控制电路的控制下,将高稳晶振产生的高稳定度时钟信号变换为满足测量要求的准确的闸门控制信号。时基产生电路在电路构成上通常由高稳定晶振、分频整形与门控(双稳)等电路组成,在目前的现代电子设计中,以上电路通常结合 FPGA 等大规模可编程逻辑器件实现,以降低电路规模,提高设备性能。为了满足不同频率输入信号的测频需求,一般需要根据输入信号频率的不同,提供相应时间宽度的门控信号,为此,通过将高稳晶体振荡器的输出信号,经多次可变分频得到不同频率的正弦信号,将信号整形得到相应的窄脉冲,并通过窄脉冲触发一个双稳电路,从而得到所需要的宽度为基准时间 T 的脉冲,即闸门脉冲。

从以上的分析我们知道,闸门时间是计数法频率测量的关键,直接决定了频率测量的准确度;闸门时间的选择也与频率测量的准确度直接相关。因此,需要闸门

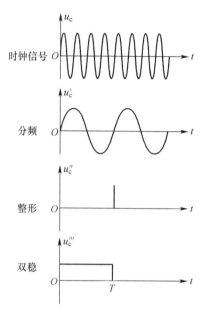

图 3-141 闸门脉冲产生波形示意图

时间有一个较高的准确度,一般要求比被测信号频率高一个数量级以上,而闸门时间的稳定度取决于晶振的频率稳定度,通常高稳晶振的频率稳定度要达到 10^{-6} ~ 10^{-10} 以上。

3) 控制及人机接口电路

控制电路的作用是产生输入信号调理、高稳时基生成、闸门时间控制、测量开始与结束等各种控制信号,使各单元电路按一定的工作时序完成特定频率的测量任务。人机接口电路则是提供仪器的输入控制及测量结果的输出、显示。测量开始前的仪器量程控制、输入阻抗选择等各种控制参数需要通过仪器的按键、程控总线接口等人机接口电路输入仪器,测量结果及仪器状态则通过仪器的液晶显示器等显示装置进行显示,并在必要时,通过仪器的程控总线接口或其他存储器接口电路,以文件的方式输出。

3.6.2.3 误差分析

1) 误差来源分析

通过前面的分析我们知道,电子计数法测频是通过在已知的标准时间间隔 T 内,测出被测信号重复的次数 N,然后通过公式 $f_x = \dfrac{N}{T}$ 计算出频率,因此从本质上讲,这种测量方法属于间接测量。由公式可知,频率测量误差取决于主门时间 T 和计数器的脉冲计数 N。根据测量误差的合成公式,可得

$$\frac{\mathrm{d}f_x}{f_x} = \frac{\mathrm{d}N}{N} - \frac{\mathrm{d}T}{T} \tag{3.143}$$

由于在相对误差的定义中一般使用增量符号 Δ，所以式(3.143)可以改写为

$$\frac{\Delta f_x}{f_x} = \frac{\Delta N}{N} - \frac{\Delta T}{T} \tag{3.144}$$

由式(3.144)可以知道，电子计数法测频的相对误差由两部分组成，即计数器计数的相对误差 $\frac{\Delta N}{N}$ 和闸门时间的相对误差 $\frac{\Delta T}{T}$。其中，前者也称为量化误差，是数字化仪器所特有的误差；后者是闸门时间的相对误差，取决于石英晶体振荡器所提供的标准频率的准确度和稳定度。按最差结果考虑，频率测量的误差为以上两种误差的绝对值之和，即

$$\frac{\Delta f_x}{f_x} = \pm \left(\left| \frac{\Delta N}{N} \right| + \left| \frac{\Delta T}{T} \right| \right) \tag{3.145}$$

2) 量化误差分析

由于作为计数法测量频率主体的计数器只能测量整数个脉冲，而计数法测量的实质又是测量一个已知的时间内累计的脉冲个数，属于一种量化过程，因此如果闸门时间的设置与待测脉冲周期不是整数倍的关系，并且闸门开启与关闭的时刻与计数脉冲的到来并不同步，则量化误差是不可避免的。此时，即使对于相同的闸门时间 T，计数器对同样的脉冲串进行计数，所得的计数值也可能会有不同。

对于如图3-142所示的脉冲计数，如果闸门时间为8.6个时钟周期，由于闸门开启时间等因素的影响，测量时可能在闸门时间内完成 8 个脉冲的计数，如图3-142(a)所示；也可能会在闸门时间内完成 9 个脉冲的计数，如图3-142(b)所示，即发生 ±1 个脉冲的误差。

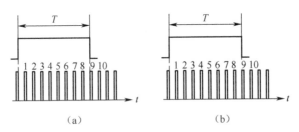

图3-142 闸门时间 $T=8.6$ 个时钟周期的量化误差

下面分析闸门时间为整数个时钟周期情况下的量化误差情况。假设 $T=8$ 个时钟周期，如图3-143所示。正常情况下，在该闸门时间内应能完成 8 个脉冲的计数，如图3-143(a)所示。受闸门打开时刻等因素的影响，在图3-143(b)所示的情况下，由于在闸门时间内检测到了 9 个脉冲的上升沿，因此会导致有 9 个脉冲计

数。对于图3-143(c)所示的情况,则由于闸门时间内只能检测到7个脉冲的上升沿,因此只有7个脉冲计数,同样会产生 ±1 的量化误差。

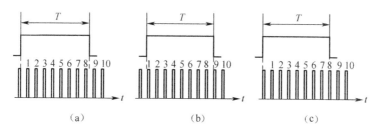

图3-143 闸门时间 $T=8$ 个时钟周期的量化误差

通过以上的分析我们可以知道,量化误差的极限范围是 ±1 个字,而且该误差与计数值的大小无关,因此有时又称作" ±1 个字的误差",简称" ±1 误差"。

基于误差合成的相关理论,计数法测频的量化误差的相对值为

$$\frac{\Delta N}{N} = \pm \frac{1}{N} = \pm \frac{1}{f_x T} \tag{3.146}$$

式中:f_x 为待测信号的频率;T 为闸门时间。由式(3.146)可以看出,测量的相对误差主要与闸门时间和被测信号的频率有关,其中:在被测信号频率一定的情况下,延长闸门时间,增大计数器的计数值 N,能够减小量化误差;在闸门时间一定的情况下,提高待测信号的频率,也可以减小量化误差的影响。因此在某些工程应用中,采取将输入信号倍频的方式,提高频率的测量精度。

3) 闸门时间误差

在相同的测量条件下,闸门时间的准确度和稳定度对测量结果会造成非常直接的影响。在实际应用中,闸门信号一般通过对高稳晶振输出的时钟信号变化得来,因此,闸门时间的准确性与稳定性取决于石英晶体振荡器,也与分频电路等时钟变换电路有关。分频电路等时钟变换电路一般通过 FPGA 等大规模可编程逻辑器件实现,因此其稳定性等指标可以保证,一般认为闸门时间的误差主要是由晶振的频率误差引起。

设晶振的频率为 f_c(周期为 T_c),频率变换系数为 m,则有

$$T = mT_c = m\frac{1}{f_c} \tag{3.147}$$

基于误差合成的相关理论,得

$$\frac{\mathrm{d}T}{T} = -\frac{\mathrm{d}f_c}{f_c} \tag{3.148}$$

使用增量符号 Δ 代替微分符号后,得

$$\frac{\Delta T}{T} = -\frac{\Delta f_c}{f_c} \tag{3.149}$$

式(3.149)说明,闸门时间的相对误差在数值上等于晶振频率的相对误差。由于该误差来自高稳晶体振荡器,因此也称为标准频率误差或时基误差。通常,对晶振输出频率的相对误差要求,可以根据所要求的测频准确度提出。例如,当需要测量的最小计数单位为1Hz,而待测频率 $f_x = 10^6$ Hz 时,在只考虑 ±1 误差的情况下,$T = 1$s 时的测量准确度为 $±1 \times 10^{-6}$。为了使标准频率误差不对测量结果产生影响,石英晶体振荡器的输出频率准确度应优于 1×10^{-7},即比 ±1 误差引起的测频误差小一个数量级。

总之,计数法测频的误差主要由两部分构成,分别是 ±1 误差和标准频率误差,总误差可以通过分项误差的合成得到,即

$$\frac{\Delta f_x}{f_x} = \pm\left(\frac{1}{f_x T} + \left|\frac{\Delta f_c}{f_c}\right|\right) \tag{3.150}$$

[例]:若被测信号的频率分别为 $f_{x1} = 1$kHz,$f_{x2} = 100$kHz,试计算闸门时间分别为 100ms、1s 时的量化误差。

解:

若 $f_{x1} = 1$kHz,$T = 1$s,则量化误差的相对值为

$$\frac{\Delta N}{N} = \pm\frac{1}{N} = \pm\frac{1}{f_x T} = \pm\frac{1}{1000 \times 1} = \pm 0.1\%$$

若 $f_{x1} = 100$kHz,$T = 1$s,则量化误差的相对值为

$$\frac{\Delta N}{N} = \pm\frac{1}{N} = \pm\frac{1}{f_x T} = \pm\frac{1}{100000 \times 1} = \pm 0.001\%$$

若 $f_{x1} = 1$kHz,$T = 100$ms,则量化误差的相对值为

$$\frac{\Delta N}{N} = \pm\frac{1}{N} = \pm\frac{1}{f_x T} = \pm\frac{1}{1000 \times 0.1} = \pm 1\%$$

若 $f_{x1} = 100$kHz,$T = 100$ms,则量化误差的相对值为

$$\frac{\Delta N}{N} = \pm\frac{1}{N} = \pm\frac{1}{f_x T} = \pm\frac{1}{100000 \times 0.1} = \pm 0.01\%$$

由该例可见,在闸门时间一定时,待测信号的频率越高,量化误差的相对值越小。同样,在待测信号的频率一定时,闸门时间越长,量化误差的相对值越小。

3.6.3 周期测量

3.6.3.1 基本原理

周期的测量通常仍采用计数法进行测量,与频率测量不同的是,闸门信号是通过对待测信号进行整形后得到的,闸门信号的宽度通常是待测信号周期的整数倍,

将标准频率信号送入由闸门信号控制的计数电路进行计数,得到一个待测信号周期内标准信号的个数,从而计算出待测信号的周期,即

$$T_x = NT_c = N\frac{1}{f_c} \tag{3.151}$$

式中:T_x 为待测信号的周期;T_c 为标准频率信号的周期;f_c 为标准频率信号的频率。

3.6.3.2 主要电路构成

计数法周期测量电路的原理框图如图 3-144 所示。电路的各主要组成部分与工作原理与计数法测频的原理相同,在此不再赘述。

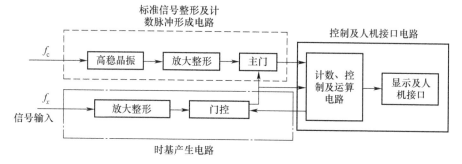

图 3-144 计数法周期测量电路原理框图

该电路与计数法测频的区别在于:时基产生电路中的闸门时间是通过待测信号整形后产生的;而用于计数的标准信号则来自高稳晶振。当输入信号为正弦信号时,其波形如图 3-145 所示。

3.6.3.3 误差分析

根据误差合成的基本原理,结合计数法测量周期的计算公式,得 $dT_x = T_c dN + N dT_c$,等式两边同除以 T_x,则有

$$\frac{dT_x}{T_x} = \frac{T_c dN}{NT_c} + \frac{NdT_c}{NT_c} = \frac{dN}{N} + \frac{dT_c}{T_c} \tag{3.152}$$

将微分换为增量后,得

$$\frac{\Delta T_x}{T_x} = \frac{\Delta N}{N} + \frac{\Delta T_c}{T_c} \tag{3.153}$$

式中:ΔN 为计数误差。通过前面的分析我们知道,$\Delta N = \pm 1$,因此有

$$\frac{\Delta N}{N} = \pm\frac{1}{N} = \pm\frac{T_c}{NT_c} = \pm\frac{T_c}{T_x} \tag{3.154}$$

实际情况下,晶振的频率误差可能是正值,也可能是负值,因此考虑最差情况,测量周期的相对误差可以表示为

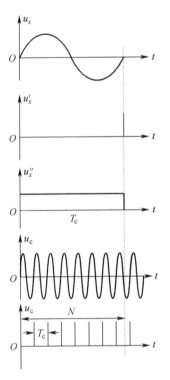

图 3-145 计数法测量周期波形示意图

$$\frac{\Delta T_x}{T_x} = \pm \left(\left| \frac{\Delta T_c}{T_c} \right| + \frac{T_c}{T_x} \right) \quad (3.155)$$

从式(3.155)可以看出，计数法测周期的误差表达式与计数法测频率的误差表达式非常相似。同样，标准频率信号的周期 T_c 一定时，待测信号的周期 T_x 越大（被测信号的频率越低），±1 误差对测量精度的影响越小；待测信号频率 T_x 一定时，标准频率信号的频率越高，T_c 越小，则测量误差越小。

[例]：某计数式频率计的标准频率准确度满足 $\left| \frac{\Delta f_c}{f_c} \right| = 2 \times 10^{-8}$，待测信号的频率分别为 1Hz、10kHz，若取时间闸门 $T_c = 1\mu s$，则在进行信号周期测量时，求测量的相对误差。

解：

根据公式：$\frac{\Delta T_x}{T_x} = \pm \left(\left| \frac{\Delta T_c}{T_c} \right| + \frac{T_c}{T_x} \right)$，将 $\left| \frac{\Delta f_c}{f_c} \right| = \left| \frac{\Delta T_c}{T_c} \right| = 2 \times 10^{-8}$，以及 $T_c = 1\mu s$、$T_x = 1s$ 代入后得

$$\frac{\Delta T_x}{T_x} = \pm \left(2 \times 10^{-8} + \frac{1 \times 10^{-6}}{1}\right) = \pm (2 \times 10^{-8} + 1 \times 10^{-6}) = \pm 2.01 \times 10^{-8}$$

若 $T_x = 0.1 \text{ms}$，则有

$$\frac{\Delta T_x}{T_x} = \pm \left(2 \times 10^{-8} + \frac{1 \times 10^{-6}}{1 \times 10^{-4}}\right) = \pm (2 \times 10^{-8} + 1 \times 10^{-2}) \approx \pm 0.01$$

可见，在标准信号的频率一定时，待测信号的频率越高，±1 误差对测量结果的影响越大。

由于在测量周期时，闸门时间信号是由被测信号经整形产生的，因此其稳定性、准确性与被测信号的特性直接相关，被测信号的幅度、波形特征、叠加噪声等情况都会影响闸门信号，从而影响到最终的测量结果。另外，输入待测信号过零上升沿的陡直及叠加噪声情况，将会对闸门信号产生电路的触发产生一定的影响，形成触发误差，并最终以时间闸门抖动的形式影响最终的测量结果。在实际的工程应用中，经常采用多周期测量的方式以减小以上因素的影响，多周期测量在可以有效减小 ±1 误差的同时，还可以减小触发误差。

3.6.3.4 中界频率

从以上的分析我们可以看出，无论是通过计数法测量频率还是测量周期，量化误差都是其主要误差来源。计数法测频时，在闸门时间一定的情况下，被测信号的频率越高，量化误差就越小；计数法测量周期时，在基准脉冲频率一定的条件下，被测信号频率越低，量化误差越小。基于同一信号周期与频率的固定对应关系，通过计数法测量周期和测量频率都可以完成信号时间特性的测量，但究竟采取哪一种方法可以使量化误差更小，在实际应用中需要考虑以下因素。

对于计数法测频，量化误差可表示为 $\frac{\Delta N}{N} = \pm \frac{1}{N} = \pm \frac{1}{f_x T}$；对于计数法测量周期，量化误差可表示为 $\frac{\Delta N}{N} = \pm \frac{1}{N} = \pm \frac{T_c}{NT_c} = \pm \frac{T_c}{T_x}$。基于以上公式，可以画出计数法测频与计数法测周的量化误差曲线，如图 3-146 所示。

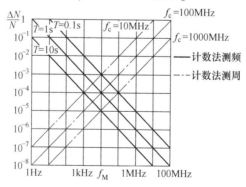

图 3-146 计数法测频与计数法测周的量化误差曲线

图 3-146 中,纵坐标为 $\frac{\Delta N}{N}$,横坐标为待测信号的频率,实线为计数法测频的量化误差曲线,虚线为计数法测周的量化误差曲线。图中分别给出了计数法测频时,闸门时间分别为 $T = 0.1\text{s}$、$T = 1\text{s}$、$T = 10\text{s}$ 的量化误差曲线和计数法测周时,基准频率分别为 $f_c = 10\text{MHz}$、$f_c = 100\text{MHz}$、$f_c = 1000\text{MHz}$ 的量化误差曲线。

从图 3-146 中可以看出,对于同一待测频率信号,不同的基准脉冲频率与不同的闸门时间的量化误差曲线有交点,在该交点处,两种测量方法的量化误差相同,该交点对应一个待测信号的频率,记为 f_M。当被测信号频率大于 f_M 时,计数法测频的量化误差较小;当被测信号频率小于 f_M 时,则计数法测周的量化误差较小。计数法测频和计数法测周两条量化误差曲线的交点处的被测信号频率称为中界频率 f_M。

在 f_M 处,计数法测周的相对误差为 $\frac{\Delta T_x}{T_x} = \pm\left(\left|\frac{\Delta T_c}{T_c}\right| + \frac{T_c}{T_x}\right)$,计数法测频的相对误差为 $\frac{\Delta f_x}{f_x} = \pm\left(\frac{1}{f_x T} + \left|\frac{\Delta f_c}{f_c}\right|\right)$。在以上两式中,由于 $\frac{\Delta T_x}{T_x} = \frac{\Delta f_x}{f_x}$,$\frac{\Delta T_c}{T_c} = \frac{\Delta f_c}{f_c}$,因此令以上两式取绝对值相等,则有

$$\left|\frac{\Delta f_c}{f_c}\right| + \frac{T_c}{T_x} = \frac{1}{f_x T} + \left|\frac{\Delta f_c}{f_c}\right| \tag{3.156}$$

以 f_M 代替 f_x,所以有

$$\frac{f_M}{f_c} = \frac{1}{f_M T} \tag{3.157}$$

可以解出 f_M 为

$$f_M = \sqrt{\frac{f_c}{T}} \tag{3.158}$$

因此在知道闸门时间、基准脉冲频率的条件下可以解算出中界频率,从而为后续采取测频还是测周提供参考。

3.6.4 时间测量

3.6.4.1 基本原理

在实际工程应用中,经常需要对信号波形的上升时间、下降时间、脉冲宽度、波形两点间的时间间隔等时域参数进行测量,以上参数的测量都可以归结为时间间隔的测量。时间间隔的测量与周期测量的原理基本相同,下面我们进行简单分析。

典型的时间间隔测量电路原理框图如图 3-147 所示。电路主要由三部分构成,分别是两个信号输入通道和 1 个时基、控制及人机接口电路,其中:信号输入通

道的主要功能是完成输入信号的调理、整形,并通过触发器形成触发脉冲,触发起始触发器和终止触发器送门控电路形成计时控制;时基、控制及人机接口电路的主要功能是完成电路的逻辑控制,并对计数脉冲进行计算处理,最终完成时间测量并送显示器显示或通过其他人机接口电路将测量结果输出。

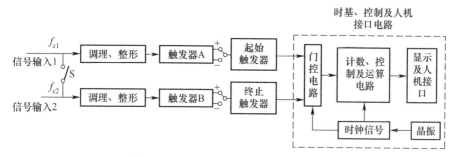

图 3-147　时间间隔测量电路原理框图

之所以有两个独立的信号输入通道,是因为在测量时间间隔时,需要一个事件构成的信号通道产生打开时间闸门的开门脉冲,另一个事件构成的信号通道产生关闭时间闸门的关门脉冲,从而实现对两个事件之间的时间间隔的测量。信号调理的目的是调整输入信号的电平,从而满足触发器等电路的需要。通过调整触发斜率和触发电平,就可以完成波形中任意两点间的时间间隔的测量。图 3-147 中的开关 S 用于对二个通道的输入信号进行控制。当开关 S 闭合时,两个通道输入的信号相同,可以用于测量同一波形中任意两点间的时间间隔;当开关 S 断开时,两个通道的输入信号不同,此时则可能完成两个不同信号的时间间隔的测量。门控信号形成以后,后续电路就是在门控信号的控制下,通过对标准频率的计数完成时间间隔的测量,与计数器测量周期的工作原理相同,在此不再赘述,其电路工作的时间间隔测量波形图如图 3-148 所示。

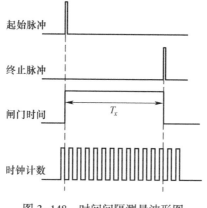

图 3-148　时间间隔测量波形图

1) 同一信号时间间隔的测量

如图 3-149 所示,对同一信号时间间隔的测量通常包括信号的上升沿、下降沿以及脉冲宽度的测量。具体到如图 3-147 所示的电路,在进行上升沿测量时,需将开关 S 闭合,两个通道的触发极性均选"+",根据实际信号的电平和波形情况适当选择控制闸门的开启电平 U_1 和关闭电平 U_2,即可以完成测试;在进行脉冲宽度测量时,同样需要将开关 S 闭合,闸门开启通道的触发极性选"+",闸门关闭通道的触发极性选"-",然后根据信号波形的实际情况选择控制闸门的开启电平 U_1 和关闭电平 U_2,即可以完成测试。在此需要说明的是,当进行手动测试时,需要结合脉冲宽度的定义进行闸门的开启电平与闸门关闭电平的选择;下降沿测试的原理与脉冲宽度的测量原理基本相同。

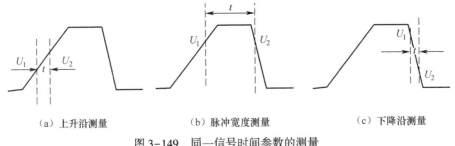

（a）上升沿测量　　　　（b）脉冲宽度测量　　　　（c）下降沿测量

图 3-149　同一信号时间参数的测量

2) 不同信号时间间隔的测量

如图 3-150 所示,当需要对不同信号的时间间隔进行测量时,需将开关 S 断开,根据待测信号的实际情况,确定两个通道的触发极性,并根据实际信号的电平和波形情况适当选择控制闸门的开启电平 U_1 和关闭电平 U_2,即可以完成测试。

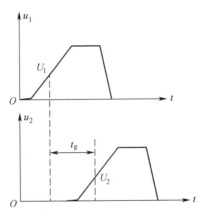

图 3-150　不同信号时间间隔的测量

3.6.4.2 误差分析

与通过计数法测量周期类似,计数法时间间隔的测量误差主要由量化误差、触发误差和标准频率误差三部分构成。但由于被测时间间隔不具有周期性,因此可以通过把被测时间扩大整数倍的方法来减小量化误差。通常情况下,时间间隔的测量误差比周期测量大。

从上面的分析我们可以看出,时间间隔测量的真值就是闸门时间 T_x,设偏差为 ΔT_x,如果待测信号为正弦信号,则还需考虑到触发误差。参照周期测量的推导过程,我们可以得到时间间隔的测量误差表示式为

$$\frac{\Delta T_x}{T_x} = \pm \left(\frac{1}{T_x f_c} + \left| \frac{\Delta f_c}{f_c} \right| + \frac{1}{\sqrt{2}\pi} \cdot \frac{U_n}{U_m} \right) \tag{3.159}$$

式中:U_m、U_n 分别为被测信号与噪声的幅值。因此在实际的工程应用中,为了减小测量的误差,通常选用频率稳定度、准确度高的高稳定时基信号,以减小由标准频率带来的误差、提高待测信号的信噪比以减小触发误差、提高标准时基信号的频率以降低量化误差。

[例]:某计数式时间间隔测量仪器的频率标准为 100MHz,在不考虑标准频率误差与触发误差的情况下,求被测时间间隔分别为 1μs 和 10μs 时的测量相对误差。

解:

由于不考虑标准频率误差与触发误差,因此当被测时间间隔为 1μs 时有

$$\frac{\Delta T_x}{T_x} = \pm \left(\frac{1}{T_x f_c} \right) = \pm \left(\frac{1}{1 \times 10^{-6} \times 100 \times 10^6} \right) = \pm 1\%$$

当被测时间间隔为 10μs 时,有

$$\frac{\Delta T_x}{T_x} = \pm \left(\frac{1}{T_x f_c} \right) = \pm \left(\frac{1}{10 \times 10^{-6} \times 100 \times 10^6} \right) = \pm 0.1\%$$

3.6.5 通用计数器

3.6.5.1 计数器的分类

电子计数器也称为数字式频率计,具有测量精度高、测量速度快、操作简单、显示直观等优点,特别是随着嵌入式控制器及大规模可编程逻辑器件的大量使用,其智能化水平不断提高,配有 LAN、GPIB 等程控接口后,使仪器具备了程控操作能力,更便于系统集成使用。

根据仪器的测量功能,通常将电子计数器分为通用计数器、频率计数器、时间计数器等三类。

(1)通用计数器。通用计数器是指具有频率、频率比、周期、时间间隔、累加计

数、计时等多种测量功能的电子计数器。例如思仪公司的3213系列频率计就属于通用计数器。

（2）频率计数器。频率计数器的主要功能是测频和计数，其典型特点是频率覆盖范围广，如是德科技公司的53210A射频计数器。

（3）时间计数器。时间计数器是以时间测量为基础的计数器，其测时分辨力和准确度都很高，可达纳秒的量级。

3.6.5.2 计数器的主要技术指标

（1）测量功能。测量功能是指仪器所具备的频率、周期、脉宽、上升时间、占空比等主要参数测量功能，某些频率计数器还可以完成峰值电压、功率等的测量。

（2）频率及时间测量范围。频率及时间测量范围通常是指仪器可以正常完成频率或时间测量的频率或时间的上限和下限。例如，思仪公司的3213A频率计的频率测量范围为1mHz~350MHz，时间间隔的测量范围为4ns~10^6s。仪器的测量范围还与仪器的测量选件有关。

（3）频率及时间分辨率。频率及时间分辨率是指仪器可以完成正常测量的最小频率或时间。主要取决于计数电路的最高计数频率。例如思仪公司的3213A频率计的频率分辨率为12bit/s，时间间隔测量分辨率为100ps。

（4）测量精度。计数器的测量精度取决于±1误差、标准信号频率的精度以及触发脉冲形成时的触发误差等因素，还与仪器的运算处理能力有关，通常以±频率分辨率±时基误差×被测频率的形式表示。

（5）输入通道及耦合方式。输入通道是指仪器所具有的输入通道数；耦合方式则是指待测信号进入输入通道的耦合方式，一般有AC和DC两种。

（6）输入阻抗。输入阻抗是指仪器的输入信号阻抗。中低频信号输入的输入阻抗一般为1MΩ；射频及微波信号输入的输入阻抗为50Ω。

（7）输入灵敏度。输入灵敏度是指仪器能够进行正常测量时所需的最小信号幅度。中低频信号通常以有效值或峰峰值表示；射频与微波信号则以dBm的形式给出。

（8）触发。在利用计数器进行信号参数的测量时，需要选择一定的起始时刻和结束时刻，因此需要进行触发，该指标包括触发信号的来源（内部、外部、总线）、触发形式（自动、定时、数字）、触发数量以及触发延时等。

第4章 机载通信导航设备测试专用仪器

4.1 无线电综合测试仪

4.1.1 概述

随着无线电通信设备的大量应用,功能性能各不相同的无线电通信测试仪器也应运而生。早期的无线电通信测试仪器功能单一,为了完成设备多个参数的测量,必须使用多种测试仪器,这使得测试工作异常烦琐,效率也比较低,而且众多的仪器设备堆叠在一起使用也带来许多不便。为此,无线电通信设备的测试者期望将一些常用的无线电通信测试仪器整合在一起,成为一台多功能的综合性仪器,以提高测试效率,于是便出现了无线电综合测试仪。

典型的无线电综合测试仪集成了 RF 信号源、RF 功率计、接收信号强度指示计(RSSI)、RF 频率计、AM 调制度表/FM 频偏表、音频信号发生器、基带调制解调器、音频信纳比计、音频失真度仪、音频频率计等多种仪器设备的功能,单台仪器可以实现无线电台等通信设备综合参数的快速检测。

4.1.2 无线电综合测试仪主要技术指标

以某国产手持式无线电综合测试仪为例,该测试仪集成了射频源,音频源,数字电压表,射频信号功率、频率、调制特性测量等多种激励及测量能力,主要技术性能(实际技术性能视仪器选件配置不同)如表 4-1 所列。

表 4-1 无线电综合测试仪主要技术指标

序号	指标名称	主要内容
1	频率范围	2~1000MHz(源1) 2~400MHz(源2,ANT 端口输出)
2	频率分辨率	1Hz
3	输出功率	−50~−125dBm(T/R,源1) 0~−100dBm(ANT,源2)
4	功率分辨率	0.1dB
5	功率准确度	±2dB

续表

序号	指标名称	主要内容
6	单边带相位噪声	≤-95dBc/Hz(频偏20kHz)
7	谐波寄生	≤-30dBc
8	非谐波寄生	≤-35dBc(频偏大于20kHz)
9	AM内调制	调制频率:30Hz~5kHz。 调幅度范围:0~100%。 调制精度:±(5%×调制深度+2%)(150Hz~5kHz调制频率,10%~90%调制深度)。 总谐波失真:2%(20%~80%调制,1kHz调制频率)
10	AM外调制	负载:150Ω,600Ω,1kΩ,High Z。 输入电平:$0.05V_p \sim 3V_p$。 频率范围:300Hz~5kHz
11	FM内调制	调制频率:30Hz~5kHz。 频偏范围:最大100kHz
12	FM外调制	负载:150Ω,600Ω,1kΩ,High Z。 输入电平:$0.05V_p \sim 3V_p$。 频率范围:300Hz~5kHz
13	音频输出	频率范围:20Hz~20kHz。 频率分辨率:0.1Hz。 频率精度:频标±2Hz。 输出电平:$20mV_{rms} \sim 1.57V_{rms}$。 输出电平分辨率:$0.01V_{rms}$。 输出电平精度:±(5%+5mV)。 谐波失真:<3%($1kHz,1V_{rms}$)。 输出:单音、双音、噪声、单音+噪声
14	射频测量指标	频率范围:2~1000MHz。 频率分辨率:1Hz。 频率准确度:时基准确度±2Hz。 功率范围:T/R:-50~+43dBm。 　　　　　ANT:-110~-10dBm。 功率分辨率:0.01dB。 功率测量精度:±1dB
15	AM测量	调制深度测量范围:5%~100%。 调制深度测量分辨率:1%。 调制深度测量精度:±5%

续表

序号	指标名称	主要内容
16	FM测量	频偏测量范围:500Hz~100kHz。 频偏测量分辨率:1Hz。 频偏测量精度:±10%,500Hz~100kHz频偏。 ±5%,1~10kHz频偏
17	音频测量	频率范围:20Hz~20kHz。 电平测量范围:20mV_p~30V_p。 阻抗:150Ω,600Ω,1kΩ,高阻(60kΩ)。 测量分辨率:0.1Hz。 测量精度:±1Hz
18	失真度(THD)测量	测量范围:0~100%。 测量分辨率:0.1%。 测量精度:±(5%×测量值+0.1%)
19	信纳比测量	测量范围:0~40dB。 测量分辨率:0.1dB。 测量精度:±1.5dB
20	电压测量	测量范围:100mV_p~60V_p。 输入阻抗:1MΩ。 测量模式:AC、DC可选。 测量精度:±10%(×1挡)

4.1.3 无线电综合测试仪基本原理

如图4-1所示,该无线电综合测试仪的设计充分运用了数字信号处理和软件无线电技术,结合高集成度的射频收发模块、音频处理等多功能组件的使用,实现了无线通信电台等通信设备的综合参数测试能力。

无线电综合测试仪的系统硬件可分为射频单元、中频处理单元、音频处理单元、CPU单元、供电电源单元等部分。射频单元实现被测电台与仪器的全双工互联,完成与中频处理单元的中频信号传递,它与数字信号处理单元、CPU单元共同构成无线电综合测试仪的硬件基础,可以完成实时RF频率误差测量、中频调制解调以及接收信号强度测量等功能,还可以对发射机信号进行实时频谱分析,完成对电台大部分性能指标的综合测量;音频处理单元中的信号发生部分为电台测试提供音频激励信号,音频分析部分则主要完成音频失真、音频信纳比和音频频率的测试,还可以通过示波器显示输出;供电电源单元完成交流输入电源的整流、电池的充电管理、仪器内部所需直流电源的AC/DC及DC/DC变换。

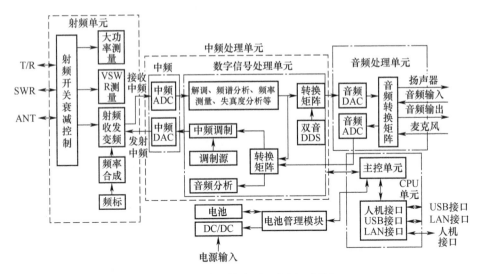

图 4-1 无线电综合测试仪原理框图

1) 射频单元

射频单元的对外测试端口有三个,分别为 ANT、T/R、SWR,其中 ANT、T/R 是全双工端口,实现被测对象的收发测试。在该单元内,通过射频开关及衰减器控制电路实现内部信号与测试端口的全双工互联。由频标、频率合成单元构成的本振电路,产生射频收发变频所需的可变本振信号,实现收发变频。接收测试时,接收通道通过开关选择由 T/R 端口或 ANT 端口输入的 2~1000MHz 信号,经过三级变频,产生 10.7MHz 的中频信号,送中频 A/D 单元。其中,频率为 1407.7~2405.7MHz 的一本振信号与输入的 2~1000MHz 的射频信号混频产生 1405.7MHz 的一中频,该信号经滤波、衰减及放大后,与频率为 1295MHz 的二本振信号混频产生 110.7MHz 的二中频。该中频信号经隔离、滤波及放大后与频率为 100MHz 的三本振信号混频产生 10.7MHz 三中频。三中频再经隔离、滤波及放大后,作为接收信号强度计与频谱分析仪的原始数据,送入低频板分析处理。

在发射测试时,发射信号经过三级变频,将中频信号在中频 D/A 处理后,实现 12.5MHz 的中频信号到 2~1000MHz 的发射信号的转换。12.5MHz 的中频信号由低频板上 DA 芯片产生,经放大衰减后,送入发射通路,作为发射一中频。射频板上由温补晶振产生的 100MHz 信号,作为第一次混频的本振。经一次混频后,产生 87.5MHz 的二中频,然后经滤波、放大后,与频率为 1312.5MHz 的二本振混频,产生 1400MHz 的三中频。三中频经滤波、放大后,与频率为 1402~2400MHz 的三本振混频,产生 2~1000MHz 的发射信号,并通过衰减控制电路,控制到合适的电平后发射输出。

输入信号功率测量时,将由 T/R 端口输入的 2~1000MHz 大功率信号经衰减器、功分器及检波、电压调节后,送入高精度/多通道 A/D 转换器,A/D 转换器将采样后的数字信号经低频板送入 CPU 单元进行分析处理,得出最终的功率测量结果。

VSWR 测量时,将射频信号经定向耦合器、模拟信号调节电路及电压调节电路后,送入高精度、多通道的 A/D 转换器,A/D 转换器将采样后的数字信号经低频板送入 CPU 单元进行分析处理,得出最终的测量结果。

本振部分是射频单元的核心。电路的主要部分是 4 个变频本振和 1 个 DDS 信号发生器,采用了集成锁相环电路,产生需要的上下变频本振。频标采用频率为 100MHz 的温补晶振,温补晶振的优点是体积小、稳定性高、频谱纯度好,可较好地满足整机输出信号的频谱纯度和测量稳定度等要求。

2）中频处理单元

中频处理单元包括中频单元和数字信号处理单元两部分电路。中频单元的主要功能是完成模拟中频信号与数字信号处理单元之间的信息传递。接收测试时,接收射频单元三级变频后产生的 10.7MHz 中频信号,经高精度 A/D 采样后,得到数字中频信号,并送入数字信号处理单元进行分析和处理;在发射测试时,将中频 DDS 产生的数字信号经 D/A 转换后,产生 12.5MHz 中频信号,经滤波放大后送至射频板,作为射频源的第一发射中频。

数字信号处理单元是无线电综合测试仪的核心部件,其主要功能包括中频信号发生及调理、音频信号发生和分析、调制解调。通过合成、解调、滤波和变换等,该单元一方面对来自接收变频通道的数字中频信号进行滤波变换分析,完成中频解调、调制度分析、频率计数、接收信号强度分析、频谱分析等功能;另一方面完成基带调制功能,调制源可以从芯片内部产生,也可以用外部音频信号转换产生。

3）音频处理单元

在音频处理单元的低频测试端口,有音频输入/输出、麦克风输入、DVM 输入及扬声器输出等多个端口。在音频处理单元,来自以上接口的信号通过音频转换矩阵实现与内部处理单元的双工互联。音频处理单元接收音频输入、DVM 或者麦克风输入信号,通过 A/D 转换电路转换成数字信号,经 FPGA 处理后送至 CPU 单元进行分析,实现音频信号的处理及电压、电流测量等功能。另外,音频处理单元还将解调后或者内部 DDS 产生的数字音频信号通过 D/A 转换电路转换成模拟信号,通过扬声器或者音频输出端口输出。

4）CPU 单元

CPU 单元通常采用 ARM 处理器架构,完成整机的控制、自检、校准和用户交互,实现多种测量功能,如射频功率测量、扫频 VSWR 测量、音频分析等。该单元还包括 CPLD 译码、键盘/触摸屏输入、SD 卡存储控制和显示驱动等电路,提供无线电综合测试仪对外的 USB、RS-232、LAN 接口及人机交互接口。

5) 供电电源单元

无线电综合测试仪整机采用电池或通过电源变换器的外接交流电源供电,电源模块设计了电池充电管理和 DC/DC 变换等单元电路,既可完成电池充电任务,还能为整机提供多路不同电压的直流电源。

4.2 无线电高度表测试模拟器

4.2.1 概述

如前所述,无线电高度表在进行功能及性能检测时的主要测试项目就是根据测试要求,测量高度表在不同高度时的高度测量精度和测高灵敏度,此时就需要通过高度表测试模拟器对高度表的测量高度进行模拟。基于无线电高度表的工作原理,在测试过程中,无线电高度表测试模拟器首先将测试需要的模拟高度转换为电磁波的传播时间,然后通过可控延时的方式,将高度表的发射信号延迟相应的时间,并进行功率衰减后,最后送高度表的接收通道进行高度测量,从而检验高度表在特定高度时的工作状态。

4.2.2 无线电高度表测试模拟器主要技术指标

以某无线电高度表测试模拟器为例,其主要技术指标包括高度模拟和功率衰减两部分,具体如表 4-2 所列。

表 4-2 无线电高度表测试模拟器主要技术指标

序号	指标名称	主要内容
1	频率范围	4200~4400MHz
2	高度模拟范围	0m、100m、418m、500m、1500m
3	高度模拟准确度	±0.5%H±0.2m
4	射频输入功率	平均功率:≥3W 脉冲峰值功率:≥100W
5	射频输入阻抗	50Ω
6	射频通道衰减范围	52~140dB
7	射频通道衰减步进	0.5dB
8	射频通道衰减准确度	±0.5dB
9	输入功率测量准确度	±0.5dB
10	控制方式	RS-232 总线

4.2.3 无线电高度表测试模拟器基本原理

无线电高度表测试模拟器的主要功能就是等效高度延时和等效外回路衰减,而通常实现等效高度延时的方法是对高度表发射信号进行可控延时,模拟电磁信号从高度表发射到接收的传播时间,然后再将延时后的发射信号送回到高度表的接收通路,进行高度测量,从而实现高度的模拟;根据模拟的高度,利用衰减器模拟电磁信号的传输路径衰减,从而实现外回路衰减的模拟;根据实现信号可控延时的方法,可以将高度表测试模拟器分为基于延时部件的高度表测试模拟器和基于储频转发延时的高度表测试模拟器,下面分别对其原理进行简单分析。

1)基于延时部件的高度表测试模拟器

实现射频信号可控延时的方法有很多,最常见的是采用等长度的同轴电缆进行模拟,但由于同轴电缆的体积、重量等因素限制,因此仅适用于模拟高度较小、模拟高度种类较少的测试应用场合。随着光纤技术的发展及应用的大量普及,将射频信号进行光电转换,通过光纤进行可控延时,最终再将信号转换为电信号,送高度表的接收通路,从而实现所需高度的模拟。这种高度模拟方式虽然在体积、重量上有所改进,但也存在模拟高度受限、模拟高度种类较少的缺点。由于声表面波在压电材料的表面传播的速率较慢,因此如果将电信号转换为声表面波,然后在一定的压电材料中进行传播,最后再将声表面波转换为电信号输出,那么在输入信号与输出信号之间就会产生一个固定的延时,而延时的控制可以通过改变压电材料的厚度、形状等参数实现,具有很高的灵活性和可定制性。不仅如此,声表面波还具有延时精度高、带宽大、抗干扰能力强等优点,因此可以满足不同频率、功率及延时时间要求的声表面波延迟线,开始应用于雷达、通信及电子对抗等领域,同时也应用于高度表测试模拟器中高度表发射信号的延时控制。基于以上原理的高度表测试模拟器有一个共同的特点,就是内部设计有单独的延时部件,延时部件可以是一定长度的延时电缆、光纤或者声表面波延迟线,因此都可以归于基于延时部件的高度表测试模拟器。基于延时部件的高度表测试模拟器通常由固定衰减器、程控衰减器、微波开关、控制单元和延时部件等组成,原理框图如图4-2所示。

在进行高度表测试时,根据测试要求,上层控制计算机通过 RS-232 总线将要模拟的高度、程控衰减器的衰减量等控制信息发送到高度表测试模拟器。高度表测试模拟器内部的控制单元将以上控制信息转换为具体的控制指令控制延时部件的延时量(根据需要选择相应的延迟线)以及程控衰减器的衰减量,实现对高度表发射信号的可控时间延时和功率衰减。经过延时和功率衰减的射频信号送高度表的接收通道,将高度表的高度测量值与高度表测试模拟器的设置值相比较,完成高度表的测高精度和灵敏度等技术指标的测试。

由于在测试时需要对零高度和多个高度条件下高度表的测高精度和灵敏度进

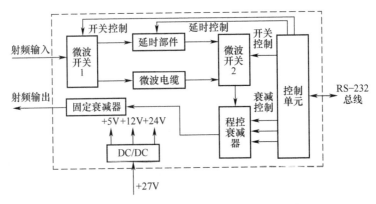

图4-2 基于延迟线的高度表测试模拟器原理框图

行测量,因此设计中使用了两个SPDT微波开关,当需要进行零高度模拟时,控制输入的射频信号直接通过微波开关1、微波电缆、微波开关2、程控衰减器、固定衰减器到达射频输出端;当需要模拟其他高度时,输入的射频信号经过微波开关1、延时部件、微波开关2、程控衰减器、固定衰减器到达射频输出端。根据具体测试的需要,可以在延时部件中设置多个固定高度的延迟线,在测试时有选择地模拟多个高度。

程控衰减器模块是一个可以根据需要控制信号衰减值的集成组件。例如通常采用的程控衰减器有7个不同的控制值,分别可以产生0.5dB、1dB、2dB、4dB、8dB、16dB、32dB的衰减量,通过不同控制方式的组合,可以实现以0.5dB为步进、衰减范围在0~63.5dB内的信号衰减。

为保证测试时电路安全并实现对外回路衰减量的控制,通常在射频输出端口连接一个固定衰减器模块。固定衰减器的衰减值可根据无线电高度表在特定高度的灵敏度测试要求,结合高频电缆、延时部件的损耗以及微波开关和程控衰减器模块的插损等因素综合确定。

控制单元是整个高度表测试模拟器的控制核心,主要负责同上位机进行信息交互、解析上位机指令、衰减控制算法的实现,以及通过相应的接口电路完成对程控衰减器模块、微波开关模块、延时部件的控制。为实现与上位机的通信,高度表测试模拟器通常设计有RS-232或LAN等通信方式,两种通信方式是完全独立的,在具体的测试过程中可以根据上位机的实际情况选择使用合适的通信方式。在测试过程中,控制单元接收到的程控指令主要包含高度(0m或其他高度)、衰减量等信息。高度通过模拟器内部的微波开关、延时部件的控制实现;衰减量则通过控制程控衰减器控制端的状态进行控制。

2)基于储频转发延时的高度表测试模拟器

从上面的分析我们可以知道,基于目前无线电高度表的工作原理,无论是脉冲体制还是调频连续波体制,只要对无线电高度表的发射信号进行适当延时再送回到高度表的接收机,就可以通过对信号的延时控制而模拟出所需的高度。随着数字储频技术的快速发展,通过对高度表发射信号的储频转发,并在进行储频转发的同时,精确控制转发信号的时延也可以实现所需高度的模拟。

基于储频转发延时的高度表测试模拟器原理如图 4-3 所示。高度表的发射信号经限幅等功率控制后,通过微波开关分为两路,一路完成下变频处理,变频为中频信号,在中频模块完成可控延时后,送信号调理模块、功率控制模块完成信号发射前所需的信号调理及功率控制,最后经发射端发送给待测高度表的接收端进行高度测量,从而完成高高度的模拟;当需要进行低高度模拟时,信号经过微波开关控制送到低高度延时模块,直接转发至主机射频输出端口,送入待测高度表的接收端,完成低高度的模拟。

从以上分析可以看出,基于储频转发延时的高度表测试模拟器的核心是中频模块,在中频模块对信号进行可控的信号延时,以实现所需高度的模拟。中频模块的原理如图 4-4 所示,经过射频模块信号调理后的信号进入中频模块后,首先通过 A/D 转换,将模拟信号转换为高速数字信号,然后通过 FPGA 处理后,将得到的复杂数字信号存储于内部的高速缓冲区中,而后根据控制单元接收的来自上位机的控制参数,对信号进行与要模拟的高度相对应的延时处理,最后通过高速 D/A 转换,将数字信号变换为模拟中频信号,经射频模块上变频后转发输出。

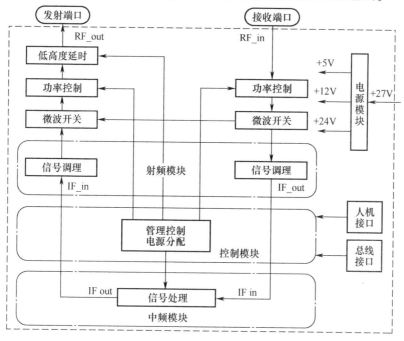

图 4-3 基于储频转发延时的高度表测试模拟器原理框图

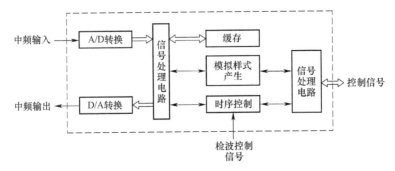

图 4-4 中频模块原理框图

信号的衰减控制由前置固定衰减、射频模块程控衰减、后置程控衰减等部分组成。当需要进行高度表的测高灵敏度等测试时,通过控制程控衰减器的衰减量,实现待测高度表接收信号功率控制的目的。

4.3 罗盘天线模仿仪

4.3.1 概述

在测试过程中,罗盘天线模仿仪接收上层控制计算机的程控指令和信号源的输入信号,模拟产生无线电罗盘组合天线系统的信号,与其他测试资源配合使用,可完成对无线电罗盘接收机的收讯灵敏度、定向灵敏度、方位准确度、定向速度等技术指标的测试。

4.3.2 罗盘天线模仿仪主要技术指标

以某型无线电罗盘测试时所需的天线模仿仪为例,其主要技术指标包括角度模拟值及模拟精度、频率范围、场强转换比等,具体如表 4-3 所列。

表 4-3 罗盘天线模仿仪主要技术指标

序号	指标名称	主要内容
1	频率范围	150~1749.5kHz
2	角度模拟范围	0°、45°、90°、135°、180°、225°、270°、315°
3	角度模拟精度	±0.5°
4	输出信号	垂直天线信号、环形天线信号
5	场强转换比	1:1
6	射频输入阻抗	50Ω
7	射频输出阻抗	50Ω

续表

序号	指标名称	主要内容
8	供电电源	电压：直流+27V；电流<1A
9	程控方式	标准 RS-232 总线

4.3.3 罗盘天线模仿仪基本原理

罗盘天线模仿仪的原理框图如图 4-5 所示，主要由接口电路、控制单元、多路天线信号发生器、方位信号合成单元、电源转换电路等构成。接口电路实现测试过程中罗盘天线模仿仪与外部控制单元的通信控制；控制单元用于上层控制信息的解算及天线模仿仪的内部控制；多路天线信号发生器产生罗盘天线模仿仪工作所需的两路环形天线和一路垂直天线信号；在方位信号合成单元中各路天线模拟信号与来自待测罗盘的低频调制信号经过平衡调制后叠加为组合天线的模拟信号，经信号调理后送待测试的罗盘接收机。

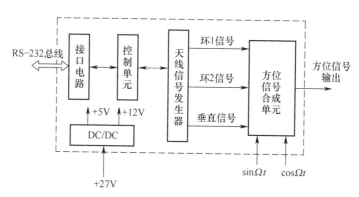

图 4-5 罗盘天线模仿仪原理框图

1）接口电路

该罗盘天线模仿仪的对外通信采用 RS-232 串行通信实现，波特率为 9600bit/s，输入/输出信号为标准电平，无校验。

2）控制单元

控制单元的主要功能是与接口电路配合实现与外部控制计算机的总线通信，并按照模拟方位角与幅值比例的相关对应算法，将控制信息解算为内部电路的控制字，并按控制逻辑控制电路正常工作。

3）天线信号发生器

天线信号发生器的主要功能是产生罗盘组合天线系统中的两路环形天线和一路垂直天线中未经平衡调制的载波信号。由于同时需要三路模拟信号，因此在实际电路中多采用基于 DDS 的频率合成器生成,产生的信号彼此同步,还可以利用 DDS 的特性实现对三路信号的振幅、频率、相位的精确控制。如果测试系统中有可以满足要求的信号发生器等测试资源,也可以直接使用标准信号发生器产生的信号。

在实际使用中,由于 DDS 输出信号存在较大的谐波,因此一般需要通过滤波后才能送至方位信号合成单元进行平衡调制。同时,由于无线电罗盘的工作频率范围为 150~1749.5kHz,因此如果仍使用通常的固定截止频率滤波器,将难以实现对整个频段的滤波,为此设计时通常采用可编程开关电容线性相位滤波器,以扩展滤波器的频段范围,实现对天线载波信号全频段的滤波。天线载波信号经滤波后,与待测无线电罗盘接收机的低频调制信号进行平衡调制,模拟双振幅比例调制天线系统的信号合成过程。

4) 方位信号合成单元

由前面的分析可知,机载无线电罗盘系统采用的组合天线系统主要由环形天线与垂直天线组成,组合天线信号则由两路环形天线输出的信号载波、垂直天线输出信号载波以及机载设备输出的低频调制信号合成而来。基于以上原理,罗盘天线模仿仪设计时,将来自于多路天线信号发生器的环天线信号和垂直天线信号与来自待测设备的低频调制信号通过平衡调制电路进行合成,以模拟组合天线的信号合成过程,具体原理如图 4-6 所示。

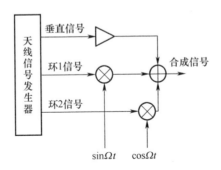

图 4-6 信号合成单元原理框图

如果设环 1 信号为 $A_1\cos\theta\sin(\omega t)$,环 2 信号为 $A_2\sin\theta\sin(\omega t)$,垂直信号为 $A_3\sin(\omega t)$,则通过以上信号合成单元的处理后,环形天线信号分别与来自待测罗盘接收机的低频信号 $\sin\Omega t$、$\cos\Omega t$ 进行平衡调制,并与垂直天线信号相加后,最终的输出信号如式所示。

$$\begin{aligned}u &= u_1 + u_2 + u_3 \\ &= A_1\cos\theta\sin(\omega t) \times \sin\Omega t + A_2\sin\theta\sin(\omega t) \times \cos\Omega t + A_3\sin(\omega t)\end{aligned} \quad (4.1)$$

在实际测试时,通过 DDS 电路对上式中的振幅、θ 进行控制。即可实现对无线电罗盘组合天线信号的模拟,进而完成对罗盘接收机的测向精度、测向灵敏度等技术指标的测试。

4.4 塔康/精密测距测试模拟器

4.4.1 概述

从前面的分析我们知道,塔康机载设备是与塔康地面信标台配合工作的,但由于塔康信标台体积、成本等限制,导致对塔康机载设备进行离位测试时,在测试现场配备塔康地面信标台是不现实的。因此,需要研制可以在测试时配合塔康机载设备工作的模拟地面信标台,为塔康机载设备提供 A/G 方式工作时的地面台信标信号、A/A 方式工作时的机载设备询问与应答信号,以及 DME/P 地面台精密测距询问应答信号,从而满足塔康机载设备的测试需求。

在塔康/精密测距测试模拟器的研制方面,早期艾法斯公司生产的 ATC-1400 应答机 DME 测试设备与 T-1401 附件相结合,可以完成对塔康系统的测试。近期国内思仪公司研制生产了基于 PXI 总线的 AV6931A 塔康信号模拟器,成为目前比较先进的塔康/精密测距测试模拟器。

4.4.2 塔康/精密测距测试模拟器主要技术指标

基于测试需求的不同,塔康/精密测距测试模拟器的技术指标可以分为塔康功能的技术指标和精密测距功能的技术指标,具体如表 4-4、表 4-5 所列。

表 4-4 塔康/精密测距测试模拟器塔康功能技术指标

序号	指标名称		主要内容
1	工作频率		962~1213MHz
2	工作波道		252(1~126X.Y)
3	输出功率电平		0~-120dBm
4	峰值功率测量		200~3000W
5	方位	方位模拟范围	0~359.9°
6		方位分辨率	0.1°
7		方位精度	±0.1°
8		方位连续变化速率	±30°/s
9		M_{15} 调制度	0~39%
10		M_{135} 调制度	0~39%
11		15Hz 相移	0~±39°

续表

序号	指标名称			主要内容
12	距离	距离模拟范围		0~699.9km
13		距离分辨率		0.1km
14		距离精度		±0.1km±0.05D%
15		距离连续变化速率		1~±3km/s
16		应答概率	A/G	0~81%
17			A/A	0~100%
18		零公里延时	A/G X	(50±0.1)μs
19			A/G Y	(56±0.1)μs
20			A/A X	(62±0.1)μs
21			A/A Y	(74±0.1)μs

表4-5 塔康/精密测距测试模拟器精密测距功能技术指标

序号	指标名称	主要内容
1	工作频率	962~1213MHz
2	工作波道	200(按国际民用航空组织规定与MLS配对)
3	输出功率	0~-120dBm
4	信号与编码	4种,按规定要求 X、Y、W、Z
5	工作模式	IA:>12km 初始进场
6		FA:≤12km 最终进场
7	波形	COS/COS² 波形 部分上升时间 t_{pr}:(0.25±0.05)μs。 上升时间 t_r:(1.6±0.1)μs。 宽度:(3.5±0.5)μs。 下降沿:(2.5~3.5)μs
8	频谱	与国际民用航空组织规定相符
9	距离范围	0~41km
10	精度	IA:PFE≤±15m。CMN≤±10m
11		FA:PFE≤±10m。CMN≤±8m

值得说明的是,以上指标仅满足某特定塔康机载设备的测试要求。实际使用时,还应根据被测对象的不同,有选择地进行调整。

4.4.3 塔康/精密测距测试模拟器基本原理

下面以某塔康/精密测距测试模拟器为例对其基本原理进行简要说明。该测试模拟器原理框图如图4-7所示,采用模块化设计思路,主要由接口通信单元、信号处理单元、射频处理单元、控制单元、电源单元等组成。在配合完成塔康机载设备测试时,塔康/精密测距测试模拟器接收塔康机载设备的发射信号,经过下变频后,在中频处理单元进行检波,并按要求模拟的方位、距离等参数,形成用于方位测量的主基准脉冲及辅基准脉冲、用于距离测量的应答脉冲,以及用于区别不同地面台的台识别脉冲。以上中频信号经射频处理单元上变频到962~1213MHz并通过衰减器控制后经天线耦合器送至待测机载设备。

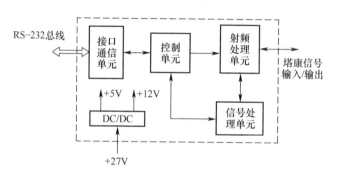

图4-7 塔康/精密测距测试模拟器组成框图

1) 接口通信单元

为满足测试过程中自动控制的需要,该测试模拟器设置了RS-232串行通信总线接口,用于与测试系统中的控制单元或上层控制计算机进行通信,主要内容是模拟器工作参数的设置、测试过程中的仪器状态控制以及测试数据的交互。

2) 控制单元

控制单元的主要功能是实现模拟器内部各功能电路的调度与控制。在实际工作时,控制单元将通过接口通信单元获得的、来自上层控制计算机的模拟器参数设置信息,转换为相应的控制指令与参数,下发至信号处理单元、射频处理单元等,使其产生满足特定测试要求的信号波形,并通过变频、功率控制等处理后送被测对象。当上层控制计算机需要时,将本模拟器的相关工作状态信息通过接口总线单元送上层控制计算机。

3) 信号处理单元

信号处理单元的主要功能是将来自射频处理单元的中频信号进行包络检波,并在此基础上,根据控制单元的要求,生成满足测试需求的中频信号。

(1) 包络检波。中频信号首先通过A/D采样后变为数字信号序列$X(n)$。对该数字信号进行绝对值平均检波,得到检波信号$Y(i)$为

$$Y(i) = \frac{1}{N}\sum_{n=i}^{i+N-1}|X(n)|, i \in Z_+ \tag{4.2}$$

对检波后的信号 $Y(i)$ 进行低通滤波,滤除多余频率分量后,就可以得到输入波形的检波包络。

（2）功率测量。为了实现塔康机载设备的发射功率测量,需要得到脉冲信号的脉冲宽度和峰值,因此需要找到接收波形 A/D 采样后高斯脉冲信号的峰值点与半幅点。具体测量时,通过脉冲峰值（A/D 编码值）的平方,计算脉宽持续时间内所有采样点的平方和,结合脉宽持续时间内采样点数量以及脉冲宽度,通过功率计算公式就可以得到当前脉冲的峰值功率与平均功率。

（3）中频信号生成。塔康中频信号主要由方位数据和脉冲数据两个部分组成。其中,方位数据由 15Hz 和 135Hz 正弦数据组成,初始方位、方位变化率以及幅度控制信息通过控制单元解算后,由单元内部的 FPGA 转换为相应的控制逻辑实现;脉冲数据序列由内部 FPGA 产生的可以实现塔康功能的高斯脉冲对组成。

正弦包络产生模块根据设置的初始方位以及方位变化率产生 15Hz 和 135Hz 合成的正弦包络;脉冲数据序列的产生主要根据不同模式的信号组成及编码方式生成。塔康空地模式主要由主基准脉冲、辅基准脉冲、识别脉冲、应答脉冲、随机脉冲组成。塔康空空模式则由随机脉冲、应答脉冲组成。DME/P 模式由识别脉冲、应答脉冲、随机脉冲组成。为了满足测试要求,以上脉冲产生后还需要按照优先级进行排列。在产生以上信号的基础上,脉冲调制模块用正弦包络调制脉冲序列生成需要的中频信号。

（4）识别信号生成。机载设备要准确找到对应的地面信标台,还需要有识别信号,因此要求塔康模拟器不断地发射识别信号,以便测试塔康机载设备的识别能力。空/地 X 模式下的台站识别码组如图 4-8 所示。

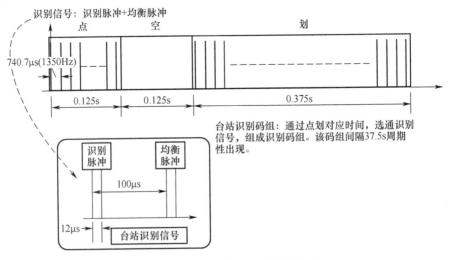

图 4-8 空/地 X 模式台站识别码组

识别码组由点和划(莫尔斯电码)组成,点长时间为0.125±0.0125s(8Hz),划长时间为0.375±0.0375s。用莫尔斯码信号来选通1350Hz识别脉冲和平衡脉冲,在点和划期间只发射识别脉冲和平衡脉冲,不能发射其他脉冲。点(或划)之间的间隔为一个点长的时间,用来发射距离应答脉冲对和随机填充脉冲对。识别码组最大信息长度不超过5s,码组重复周期为37.5±3.75s。不同模式下的识别信号组成及间隔见表4-6。

表4-6 识别信号组成及间隔

序号	模式		识别脉冲间隔/μs	均衡脉冲间隔/μs
1	TACAN	A/G X	12	12
2		A/G Y	30	30
3		A/A X	无识别脉冲	无均衡脉冲
4		A/A Y		
5	DME/P(IA/FA)	X	12	无均衡脉冲
6		Y	30	
7		W	24	
8		Z	15	

识别脉冲产生电路由莫尔斯码脉冲生成电路、识别脉冲单脉冲生成电路和莫尔斯码选通电路三部分组成。莫尔斯码脉冲格式如图4-9所示,可在8Hz时钟周期下按照一定的莫尔斯码重复周期将识别组信号按照从高位到低位的顺序输出。

根据模式判断,生成相应的识别脉冲的单脉冲。在塔康空地模式下生成识别脉冲与均衡脉冲,塔康空空模式下不生成识别脉冲与均衡脉冲,DME/P模式下只生成识别脉冲。将莫尔斯码脉冲相与,即可产生最终识别脉冲(均衡脉冲)的单脉冲。

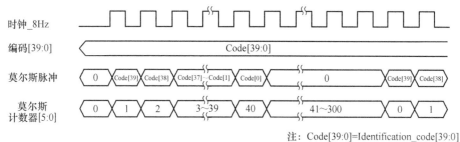

注:Code[39:0]=Identification_code[39:0]

图4-9 莫尔斯码脉冲格式

(5)正弦包络信号。正弦包络信号通过查表的方式产生,在ROM等存储器中存放经过数字量化处理后的正弦波形在一个信号周期内的二进制幅度值。具体信号产生时,在时钟的控制下,依次读出送相应的转换电路即可。

(6)信号波形。塔康模式脉冲为高斯脉冲。DME/P 模式下,在飞机进场着陆过程中,41~13km 为起始进近阶段,采用 IA 模式工作;13~0km 为最后进近阶段,采用 FA 模式。脉冲波形为 cos/ $\cos^2$,具有更加陡峭的上升沿。

4)射频处理单元

射频处理单元的原理框图如图 4-10 所示。

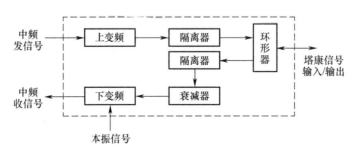

图 4-10 射频处理单元原理框图

从原理上可以将射频处理单元分为接收通道和发射通道,分别实现射频信号的接收及中频信号的发射。接收通道将接收到的来自塔康机载设备的射频信号进行隔离、衰减、下变频后,变为中频信号,送信号处理单元进行包络检波及定时点提取等处理;发射通道将来自中频处理单元的中频信号,上变频到相应的频率送环形器,输出到塔康机载设备进行塔康功能及性能的测试。塔康测试发射通道的频率为 962~1213MHz,接收通道的频率为 1025~1150MHz,同一波道的发射和接收频率相差 63MHz,通过环形器实现接收信号和发射信号的隔离。

5)方位模拟

方位模拟公式为

$$S(\theta,t) = P(t)(1 + m(\theta,t))\cos(2\pi f_c t) \tag{4.3}$$

其中

$$P(t) = \sum_{k=-\infty}^{+\infty} \sum_{n=0}^{N-1} \text{Rect}\left[\frac{t - nT_r - kNT_r}{T_P}\right] C_n \tag{4.4}$$

$$m(\theta,t) = A_1\sin(30\pi t - \theta_1) + A_2\sin(270\pi t - \theta_2)$$

式中:$P(t)$ 为脉冲的调制函数;N、C_n 分别为编码长度与序列;T_r 为发射重复周期;T_P 为发射脉冲;f_c 为工作频率;$m(\theta,t)$ 为 AM 调制信号;A_1、A_2 分别为 15Hz 及 135Hz 正弦信号的调制深度,θ 是模拟的方位角,$\theta_1 = \theta, \theta_2 = \text{Mod}(\theta,40°) \times 9$,

其中 Mod( ) 为取余数函数。

依照塔康系统规定,当机载设备在地面台的正南方向定位时,其方位指示器显示 0°;在正西、正北及正东方位定位时,指示器分别指示 90°、180°及 270°。将其对应的关系代入,可得地面台模拟信号 S 与机载设备显示方位角 θ 的函数关系如式(4.5)所示。

$$S(\theta,t) = \sum_{k=-\infty}^{+\infty} \sum_{n=0}^{N-1} \mathrm{Rect}\left[\frac{t - nT_r - kNT_r}{T_P}\right] C_n \times \\ (1 + A_1\sin(30\pi t - \theta_1) + A_2\sin(270\pi t - \theta_2))\cos(2\pi f_c t) \quad (4.5)$$

6) 距离模拟

塔康测试模拟器对距离的模拟实际上就是在接收到塔康机载设备的询问信号后,按指定的工作模式,经一定延时后产生应答脉冲对或单脉冲(空空模式),主要包括定时点提取和距离应答。塔康的定时点提取采用常规半幅值提取技术,门限为 50% 的幅度值,DME/P 取的是脉冲部分上升时间之内的点。距离应答如图 4-11 所示,其中延时包括特定距离模拟所要求的距离延时(根据距离、距离变化率计算)和设备由于信号传输、处理带来的固有延时。

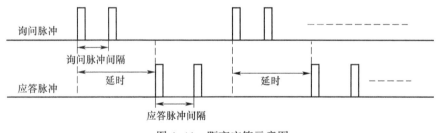

图 4-11 距离应答示意图

在实际模拟器设计时,距离延时通常采用 FPGA 实现。

7) 工作波道设置

工作波道的设置与设备的工作模式有关,在塔康空/地模式、塔康空/空模式及 DME/P 模式下各不相同。

(1) 塔康空/地模式。在该模式下,整个系统中共划分为 252 个工作波道。相邻波道间隔为 1MHz。在这 252 个波道中,又分为两种工作模式,即 X 模式和 Y 模式。按照规定,在整个塔康系统中,机载设备和地面信标都有接收和发射功能,且每一个波道号都有确定的收发频率,同波道号的接收频率和发射频率始终相差 63MHz。

在 X 工作模式下,从 1 波道到 126 波道,塔康机载设备的发射频率为 1025～1151MHz。而机载设备的接收则分为两段,其中:低波段 1X～63X 波道的接收频率为 962～1024MHz;高波段的 64X～126X 波道的接收频率为 1151～1213MHz。

299

在Y工作模式下,从1波道到126波道,塔康机载设备的发射频率为1025~1151MHz。对于机载设备的接收也分为两段,其中:低波段1X~63X波道的接收频率为1088~1150MHz;高波段64X~126X波道的接收频率为1025~1087MHz。

(2)塔康空/空模式。在空/空模式下,塔康机载设备同序号的X和Y波道询问/接收频率和空/地模式同序号Y波道的频率关系完全一致,只是以询问脉冲对的不同编码时间来区别X和Y波道。

(3)DME/P模式。在DME/P模式下,DME/P同序号X和W波道的询问/接收频率和塔康空/地模式同序号X波道的频率关系完全一致,同序号Y和Z波道的询问/接收频率和空/地模式同序号Y波道的频率关系完全一致。它们以询问脉冲对的不同编码时间来区别X和W波道、Y和Z波道。

通常情况下,DME系统可以使用252个波道,划分为126个X波道和126个Y波道。而DME/P又在这个基础上增加了两种模式W、Z,这两种模式采用相同的频段和不同的应答和询问脉冲编码。其中:W模式波道频率与X模式中波道18、20、22、…、56相同,共有20个波道;而Z模式波道频率与Y模式中波道17~56和80~119相同,共有80个波道。这样W与Z加起来共100个波道,再加上相同频率的X与Y模式下100个波道就构成了MLS所需的200个波道,彼此之间的区别在于询问及应答编码的不同。

4.5　微波着陆测试模拟器

4.5.1　概述

微波着陆测试模拟器是MLS机载接收机在研制、生产和维修过程中必不可少的一种专用测试设备,主要用于对MLS机载接收机进行定性和定量测试。在对微波着陆机载设备进行测试时,通过微波着陆测试模拟器,模拟MLS地面台向空中发播的进场方位、仰角、反方位角等角引导信号,以及多路径、螺旋桨调制等干扰信号。根据测试过程的需要,多路径干扰可以加在某一种角引导信号上,螺旋桨调制干扰也可以加在所有输出信号上。通道号、射频输出电平、前导码奇偶校验、正常和高速方位序列、功能更新率、同步脉冲等功能也可以根据测试需要进行改变和选择。

4.5.2　微波着陆测试模拟器主要技术指标

以某型微波着陆测试模拟器为例,其主要技术参数包括频率范围、频率准确度、输出电平、方位模拟、仰角模拟等,具体如表4-7所列。同样需要说明的是,该模拟器的主要参数也是与具体的测试对象相关,在实际应用时需要针对具体测试对象的需要,对相应技术指标进行调整与补充。

表 4-7 微波着陆测试模拟器主要技术指标

序号	指标名称	主 要 内 容
1	频率范围	5031.0~5090.7MHz
2	频率准确度	±1kHz
3	波道数	200 个,波道号 500~699
4	输出电平	−17~−120dBm
5	输出电平精度	±2.0dB
6	输出电平步进	1dB
7	方位模拟范围	−62°~+62°
8	方位模拟精度	±0.005°
9	仰角模拟范围	−1.5°~29.5°
10	仰角模拟精度	±0.005°
11	波束宽度	0.5°、1°、2°、3°、4°、5°
12	OCI 脉冲宽度	100±10μs 在(−3dB 点测量)
13	多路径功能	信号范围:方位−60°~+60°,以 0.05°为步进,精度±0.05°。仰角−1°~+20°,以 0.05°为步进,精度±0.05°。波束形状同主路径波束。 波束宽度:同主路径波束。 波束电平:相对于前导电平可调,步进量为 1dB
14	功能更新率	100%、75%、55%、45%、25%、0%可选
15	螺旋桨调制	对测试设备视频信号进行脉冲串幅度调制,脉冲工作比为 15%(±1%),重复频率为 10~100Hz(±1%),85%(±1%)的时间无调制

4.5.3 微波着陆测试模拟器基本原理

随着无线电及芯片技术等的快速发展,目前微波着陆测试模拟器通常采用软件无线电技术,使用高度集成的信号采集和信号处理芯片,将大量的波形发生、调制、解调和信号处理等工作在数字域实现。以某微波着陆测试模拟器为例,其原理框图如图 4-12 所示。

从前面的分析我们知道,微波着陆测试模拟器工作时需产生 DPSK 和幅度调制信号,信号的载波频率为 5031~5090.7MHz,分为 200 个波道,波道间隔为 300kHz。控制单元通过接口控制电路得到针对特定被测对象所需的模拟器控制参数,并将控制参数转换为各电路模块工作所需的控制指令,将控制数据下发到各单元电路。通过 FPGA 逻辑控制单元产生已调信号的数字基带信号,与通过 DDS 产生的载波数字信号进行混频,得到中频已调数字信号,在时钟的控制下,以上信号通过 D/A 转换为模拟信号,并经低通滤波、上变频、功率控制等电路调理后,得到所需的微波着陆机载设备测试所需的射频信号。

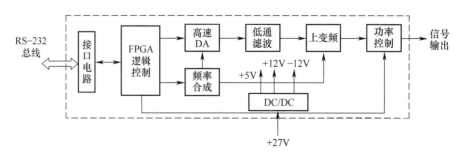

图 4-12 微波着陆测试模拟器原理框图

1) 接口电路

接口电路主要提供模拟器操作时的人机交互界面,输入测试时需要的频率、调制方式等模拟器工作所需的控制参数,并将必要的测试结果显示给用户。当模拟器程控操作时,通过相应的控制总线由上层控制计算机将以上信息传递到模拟器,并将必要的测量结果、模拟器状态等信息通过总线传送给上层控制计算机。

2) FPGA 逻辑控制

该部分是模拟器的核心。在模拟器工作时,根据接收到的模拟器频率、调制方式、输出功率等参数,通过 FPGA 产生相应的控制信号,发送到模拟器内部的各功能单元,同时生成波形转换所需的数字信号,送高速 D/A 转换电路,转换成模拟中频信号。

3) 频率合成

频率合成部分产生模拟器内部电路工作所需的多种高稳定的频率信号,一路送高速 D/A 转换电路用于信号产生时的时钟信号,另一路送上变频器,将中频信号进行上变频。

4) 功率控制

功率控制电路根据测试所需,将上变频后的射频信号进行功率控制并输出。

5) 信号产生

微波着陆测试模拟器需要产生方位制导信号、仰角信号、高速进场方位信号、拉平信号以及 6 种基本数据字、4 种辅助数据字等共约 14 种信号。

以上信号中,由于方位制导信号有严格的时序要求,因此也最为复杂,其产生原理框图如图 4-13 所示。时序控制单元通过计数器控制其他模块的使能信号是否有效,只有在本模块的使能信号有效的时候,该模块才输出功能信号,否则不输出。因此在逻辑控制单元和时序控制单元的共同作用下,可以按测试需要产生相应序列的方位制导信号,最终以上信号在调制单元与频率为 200MHz 的载波信号进行调制后输出。仰角序列的生成原理与方位制导基本一致,在此不再赘述。

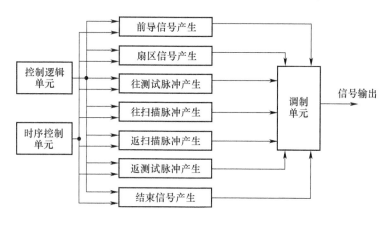

图 4-13 方位制导序列产生原理框图

6) 角度模拟

微波着陆测试模拟器采用查表的方式实现复杂波形的产生。根据具体的测试需求,将模拟波形数字化,并将波形数据存储在 ROM 等存储器中。波形产生时,在时钟的控制下,将以上数据读出,通过相应的 D/A 转换即可实现波形的产生。对于所需产生的角度,则可以根据 D/A 转换器的位数,在 FPGA 中定义波束幅度最小值 0dB 和最大值 13dB 分别对应的十六进制数值即可。

7) 数字信号的产生

通过前面的分析我们知道,微波着陆机载设备中前导信号、扇区信号以及数据字信号中的一部分信号均是使用 DPSK 编码,并添加适当的奇偶校验位进行差错控制,因此在产生以上信号时,可以通过模拟器中的 FPGA 电路完成。在 FPGA 内部的存储单元中存储各种不同功能所对应的功能识别码及其奇偶校验位,在信号产生时,FPGA 在接收到控制单元根据上位机下发的参数信号(功能选择)转换成的控制指令及控制数据之后,根据控制数据选择对应的功能选择码;针对前导码,在前导控制使能有效后,在载波截获段信号之后,将固定的基准时间码和功能识别码进行绝对码到相对码的转换并输出;针对扇区信号,在扇区控制使能有效后,将地面设置识别码、机载天线选择和覆盖区外指示 OCI 信号进行绝对码到相对码的转换并输出。MLS 中载波截获段的段同步头是使用一段未经调制的纯载波表示的,相当于调制度等于 1,因此,通过设置这一段时间的相对码为"+1"可以实现无调制的载波。

8）旁瓣干扰调制的模拟

按相关规定要求，扫描波束电平最大输出是满量程输出时，旁瓣要求低于波束电平 20dB，由于旁瓣脉冲形状与扫描脉冲完全相同，因此只需在中频部分读取存储的扫描脉冲数据，并将输出电平控制在相对最大波束电平低 20dB 即可生成满足要求的旁瓣脉冲。以方位制导信号为例，扫描区的往扫描开始时间为 2.560ms，停歇开始时间为 8.760ms，反扫描开始时间为 9.360ms，扫描结束时间为 15.560ms，只需在 2.560～8.760ms 和 9.360～15.560ms 之间连续填充旁瓣脉冲。填充完毕后，计算扫描波束脉冲，在相应的位置覆盖原有旁瓣脉冲，就可以得到具有旁瓣的方位制导信号。

9）多路径信号的模拟

设计的微波着陆测试模拟器可以选择在 5 种制导信号的某一种信号上添加多路径信号，多路径信号模拟的具体实现方法与主路径信号基本相同，只是具体模拟的角度值不同，导致在扫描区的位置不同。由于多路径的波束与扫描波束形状完全相同，因此在信号产生时，只需要在中频部分读取存储的扫描脉冲数据送信号产生电路即可。另外，多路径的波束电平要求与前导信号电平相比相差 $-14dB \sim +4dB$，因此在具体实现时，将多路径信号的电平适当控制即可。

10）衰落率的模拟

衰落率的模拟可以通过在整个微波着陆信号上加上一个特定频率的调制实现，频率可选择无、0.05Hz、1Hz、1000Hz。调制信号通常采用 DDS 实现，在中频输出之前叠加在微波着陆信号上即可。

11）螺旋桨调制的模拟

螺旋桨调制功能的模拟可以通过对产生的微波着陆信号进行脉冲串调制来实现。实际产生时，使用通过 DDS 等生成的调制脉冲，对中频输出端的微波着陆信号进行脉冲调制，调制脉冲为高电平时，微波着陆信号幅度降低 12dB；调制脉冲为低电平时，微波着陆信号幅值不变。经过以上调制后，即可模拟输出经螺旋桨调制后的微波着陆信号。

参 考 文 献

[1] 蒋焕文,孙续. 电子测量[M]. 3版. 北京:中国计量出版社,2014.
[2] 林占江,林放. 电子测量技术[M]. 4版. 北京:电子工业出版社,2020.
[3] 李立功,年夫顺. 现代电子测试技术[M]. 2版. 北京:国防工业出版社,2008.
[4] 贾丹平,姚丽,桂珺. 电子测量技术[M]. 北京:清华大学出版社,2018.
[5] 杜宇人. 现代电子测量技术[M]. 北京:机械工业出版社,2009.
[6] 张永瑞,刘振起. 电子测量技术基础[M]. 西安:西安电子科技大学出版社,2007.
[7] 林占江,林放. 电子测量仪器原理与使用[M]. 北京:电子工业出版社,2007.
[8] 刘国林,殷贯西. 电子测量[M]. 北京:机械工业出版社,2003.
[9] 盖强,蔡畅. 军用传感与测试技术[M]. 北京:国防工业出版社,2014.
[10] 高成,杨松. 传感器与检测技术[M]. 北京:机械工业出版社,2017.
[11] [美]Robert A Witte. 电子测量仪器原理与应用[M]. 何小平,译. 北京:清华大学出版社,1995.
[12] 朱辉,冯云. 实用射频测试和测量[M]. 北京:电子工业出版社,2020.
[13] 白居宪. 低噪声频率合成[M]. 西安:西安交通大学出版社,1994.
[14] 张厥盛,郑继禹. 锁相技术[M]. 西安:西安电子科技大学出版社,1994.
[15] 雷斌,张旭东. 无线电通信设备测量[M]. 北京:清华大学出版社,2014.